U0242554

猪周期背景下
猪场提质增效解决方案

赵鸿璋　王晋晋　曹广芝　编著

猪周期的背后是供求关系在起决定作用，它也是外部冲击机制与内部传导机制共同作用的结果。抓住知识中的关键点，将庞大、复杂的知识转化为有效的操作方案。吐故纳新、脱离旧俗，猪场盈利就会有保障。

中原农民出版社
·郑州·

图书在版编目（CIP）数据

猪周期背景下猪场提质增效解决方案 / 赵鸿璋，王晋晋，曹广芝编著 . —郑州：中原农民出版社，2023.10
ISBN 978-7-5542-2828-9

Ⅰ . ①猪… Ⅱ . ①赵… ②王… ③曹… Ⅲ . ①养猪场–经营管理 Ⅳ . ①S828

中国国家版本馆CIP数据核字（2023）第202083号

猪周期背景下猪场提质增效解决方案
ZHU ZHOUQI BEIJING XIA ZHUCHANG TIZHI ZENGXIAO JIEJUE FANGAN

出 版 人：刘宏伟
策划编辑：朱相师
责任编辑：肖攀锋
责任校对：李秋娟
责任印制：孙 瑞
封面设计：杨 柳
版式设计：薛 莲

出版发行：中原农民出版社
　　　　　地址：郑州市郑东新区祥盛街 27 号　　邮编：450016
　　　　　电话：0371-65713859（发行部）　　0371-65788652（编辑部）
经　　销：全国新华书店
印　　刷：新乡市豫北印务有限公司
开　　本：710 mm × 1010 mm　1/16
印　　张：18
字　　数：304 千字
版　　次：2023 年 10 月第 1 版
印　　次：2023 年 10 月第 1 次印刷
定　　价：68.00 元

编 委 会

主　　编　　赵鸿璋　王晋晋　曹广芝

副 主 编　（按姓氏笔画为序）

　　　　　　王丽华　范泽乡　周献民　胡文平

　　　　　　潘佳佳

编写人员　（按姓氏笔画为序）

　　　　　　王嘉威　卢共有　严洪涛　李贝贝

　　　　　　李海艳　李强强　张路锋　赵波涛

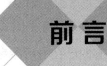

前 言

猪价暴跌时，如潮水退去，养猪企业如裸泳者一般浮出水面。如何破解猪周期，让我国养猪业健康稳步发展？作为一名从业者，再三深思，拿出百分之百面对现实的勇气，下决心撰写《猪周期背景下猪场提质增效解决方案》，以尽微薄之力为行业纾困解难。

本书共分四篇二十章，囊括了猪周期演绎的过程、后猪周期时代猪场提质增效的方案及猪场治未病的理念。

第一篇：不可不知的猪周期。猪周期的波动牵动着从业者的心，本篇以翔实的最新的数据，揭开了猪周期像雾像雨又像风的神秘面纱——背后是供求关系这个杠杆在起决定作用，是外部冲击机制与内部传导机制共同作用的结果；同时也告诉从业者破解猪周期的途径及后猪周期时代猪场的盈利之道和未来养猪发展的方向。本篇在撰写的过程中，多处引用了关键的数据，从不同角度阐述问题，以帮助读者更全面深刻地认识问题的症结。

第二篇：猪场提质增效的法则。在当今信息化时代，养猪从业者获取具体的养猪知识并不困难，而如何抓住知识中的关键点，将庞大、复杂的知识转化为有效的操作方案才是关键。本篇从猪场管理、生产基础设施、猪的品种、猪的营养和生物安全五个方面进行了论述。如果抽时间静下心去读一读，就会找到猪场盈利的关键点。

第三篇：猪场提质增效的密码。只有吐故纳新，才能脱离旧俗。本篇重点介绍了猪繁育领域的新技术——猪冷冻精液深部输精、批次化管理和猪场日常精细化操作的技能。如果新技术和常规技术在生产中得到有效的执行，猪场的盈利就会有保障。

第四篇：猪场治未病。授人以渔，教你治未病。中医经典名著《黄帝内经》中有"不治已病治未病，不治已乱治未乱"的观点。借此提醒大家对猪场疾病要防患于未然，要懂得防重于治的道理，探究中国式猪场疫病防控之道。

本书参阅的专著与学术论文，有的已在书后参考文献中列出，有的则由于多种原因未能一一标注，在此深表歉意。借此机会向所有作者表示衷心感谢。限于编者水平，虽然竭尽所能，将书稿反复推敲、编撰，但书中错误之处定有不少，恳请广大读者批评赐教。

赵鸿璋

2023 年 5 月

目录 /CONTENTS

第一篇 🐷

不可不知的猪周期

　　"金猪"时代，近40元/千克的猪价，已是历史，大概率是不可超越的历史。这个数字几乎定格在养猪人的脑海。不得不说，正是因为这个定格，很多人一次次错过了"止损"的机会，期盼着猪价像过去几次一样，大跌后反弹至高位。正是因为无法忘记这个高度，无法忘记过去暴利时的喜悦，所以，躁动代替理智成为常态，一味追求"大"。自古以来，农耕畜牧都不是暴利行业，而是需要"精耕细作"的行业，其魅力不在于"快"，而在于"恒"，不能盲目扩张。2022年养猪人一路风雨兼程，经历了刺骨的寒冬，也迎来了热烈的旺季。都说"阳光总在风雨后"，却未曾想"阳光之后又是暴风雨"。年末猪价暴跌的最大因素是情绪，无论是看涨情绪还是看跌情绪，都深刻影响着行情走向。但如果将10~12月的猪价行情拉平来看，养猪依旧有较大的盈利空间，因此相信随着生产回到正轨，猪产业前景依旧可期。

第一章
猪周期让人欢喜让人愁

　　养猪行业越来越难，不仅仅是价格"跌跌不休"，更要命的是整个畜牧产业全从业人员心态失衡，盲目追求规模，坐待"金猪"时代来临。从管理学角度上讲，不追求"时"与"效"，贪欲极大，在行情低谷时不及时出手，把猪养成"牛"，结果"牛"猪还是卖个"猪"价格。形成这种局面的原因是多方面的，业内人或许不够冷静，也或许真的是身不由己。

第一节
业绩"大变脸"

2021 年，生猪价格暴跌的行情让很多企业和从业者措手不及：重量级的企业陷入巨亏，乃至不得不断臂求生；猪价前高后低、人们前赚后亏，主要原因是暴利冲昏了大家的头脑，使他们忘记了风险。很多企业抱着最后一桶金陷入泥淖，希望通过大幅度迅速去产能熬过漫长的冬天，没想到 2022 年却和大家开了个大玩笑：10 月，猪价逼近 30 元 / 千克的高位让人惊喜，12 月跌到 16 元 / 千克的价格又让很多人措手不及。历史总是惊人的相似，却在不同时间以不同的方式出现。规模企业没有抓住暴利，却规避了风险；散户和二次育肥猪场看到了暴利，却未必能够抓住这个机会。国内养猪业有大赢家，却是少数，它符合"二八定律"，再次彰显了智慧与决策的魅力。概括起来一句话：目前养猪业已从成本时代进入"成本 + 经营"双轮驱动的时代，甚至在某一阶段，会养的不如会卖的。

1. 2021 年四大养猪上市公司的经营状况

（1）河南牧原食品股份有限公司

① 2021 年牧原股份股市状况。2021 年 2 月 22 日，牧原股份股价最高涨至 92.53 元（前复权），总市值突破 4 800 亿元。然而，仅仅过了 4 个月，牧原股份股价累计下跌近 29%，总市值蒸发逾 1 400 亿元。

② 2021 年业绩。2021 年度实现营业收入 770 亿～800 亿元，2020 年同期为 562.77 亿元；2021 年归母净利润在 65 亿～80 亿元，比 2020 年同期下降 70.86%～76.32%；扣除非经常性损益后的净利润在 70 亿～85 亿元，比 2020 年同期下降 71.90%～76.86%。

（2）江西正邦集团有限公司

① 2021 年正邦科技股市状况。2022 年 2 月 8 日，猪肉股正邦科技，继春节后首个交易日的跌停后，开盘继续跌停，报 7.17 元，跌幅 10.04%，市值为 225.6 亿元。

② 2021 年业绩。春节前 1 月 28 日晚间，正邦科技发布 2021 年度业绩

预告称，预计 2021 年归属于上市公司股东的净利润为亏损 182 亿 ~ 197 亿元，成为此次业绩预告中亏损金额最高的上市猪企。正邦科技预计 2021 年扣除非经常性损益后的净利润为亏损 173 亿 ~ 188 亿元，比 2020 年同期下降 388.57% ~ 413.59%。

（3）广东温氏食品集团股份有限公司

① 2021 年温氏股份股市状况。2021 年度温氏股份业绩快报显示，期内公司实现营业总收入为 649.63 亿元，同比下降 13.31%，归母净利润为 -133.37 亿元，2020 年同期盈利 74.26 亿元，归属于上市公司股东的净利润同比下降 279.60%。

② 2021 年业绩。销售肉猪 1 321.74 万头（含毛猪和鲜品），毛猪销售均价 17.39 元 / 千克，同比下降 48.18%。生猪价格大幅下跌，同时因饲料原料价格连续上涨、公司外购部分猪苗育肥、持续推进种猪优化等因素推高养猪成本，公司肉猪养殖业务利润同比大幅下降，出现深度亏损。

（4）新希望六和股份有限公司

① 2021 年新希望股市状况。2021 年度业绩预告显示，2021 年，新希望六和归母净利润亏损 96 亿元。养猪业务是公司的核心业务之一，年报数据显示，其 2021 年猪产业营业收入为 172.03 亿元，同比下降 30.57%，同时养殖业营业成本却同比增加 9.47%，猪产业毛利率跌至 -21.2%。

② 2021 年业绩。该公司报告期内出栏生猪 997.81 万头，较同期增加 20%。但由于国内生猪产能逐渐恢复，2021 年生猪价格较 2020 年同期大幅下降（公司商品猪销售均价同比下降约 42%）。同时因饲料原料价格连续上涨（国内玉米价格创历史新高、豆粕现货价格也大幅上涨）、公司仍有部分外购猪苗育肥出栏以及公司持续推进种猪更替与优化等因素，使得生猪养殖成本同比明显上升，公司生猪养殖业务出现大幅亏损。

2. 2022 年四大养猪上市公司的经营状况

上市猪企陆续发布 2022 年度业绩预告。从预告来看，随着 2022 年生猪行情有所回暖，生猪养殖企业的业绩相较于 2021 年大部分出现好转。但是受各方面因素的影响，上演冰火两重天：有的赚百亿元，有的亏百亿元，其中，牧原股份与正邦科技的业绩出现明显分化。

（1）牧原股份和正邦科技冰火两重天。牧原股份预计 2022 年营业收入为

1 220 亿 ~ 1 270 亿元，净利润 135 亿 ~ 155 亿元。归母净利润预计 120 亿 ~ 140 亿元，比 2021 年同期增长 73.82% ~ 102.79%，扣除非经常性损益后的净利润预计 130 亿 ~ 150 亿元，比 2021 年同期增长 73.12% ~ 99.76%。根据牧原股份 2022 年前三季度的数据，牧原股份在第四季度预计实现归母净利润 104.88 亿 ~ 124.88 亿元。正邦科技预计 2022 年归母净利润亏损 110 亿 ~ 130 亿元，扣除非经常性损益后的净利润预计亏损 95 亿 ~ 15 亿元。正邦科技 2021 年亏损了 188.2 亿元。根据其 2022 年前三季度的数据，四季度依然没能止亏。

（2）新希望、温氏股份减亏或扭亏为盈。新希望、温氏股份这两家上市猪企减亏或扭亏为盈，数据变动相对平稳。2022 年，新希望归母净利润预计亏损 4.1 亿 ~ 6.1 亿元，2021 年同期亏损 96 亿元。温氏股份 2022 年的归母净利润预计为 48 亿 ~ 53 亿元，2021 年同期亏损 134.04 亿元；扣除非经常性损益后的净利润预计为 45 亿 ~ 50 亿元，2021 年同期亏损 146.66 亿元。温氏股份称，报告期内，公司生猪销售量及价格同比上升，同时生产成绩提高，养殖综合成本下降，公司生猪养殖业务利润同比大幅上升，实现扭亏为盈。

第二节
对猪周期怪圈下行业迷局的反思

诡谲，一个之前只适用于资本市场的词汇，最近这几年却频繁现身于农产品市场。"姜你军""豆你玩""蒜你狠"……就是它的真实写照。对于生猪养殖户来说，"猪周期"这个看似普通的词汇，却让他们压力很大、备受煎熬，有人欢喜有人忧。

1. 压垮养猪人的"三座大山"

坚守阵地的家庭猪场经历了 2019 ~ 2020 年的养猪高利润之后，从 2021 年到现在，差不多又吐了回去。与前几年相比，现在仍有"三座大山"压在养猪人身上。

"第一座大山"：饲料成本上涨——行业阵痛短期仍然存在。这一点相信养猪人都深有体会，尤其是进入 2022 年之后，饲料价格多次上调，大家都清楚，养殖成本里面，饲料成本占比差不多要到 70%。进入 2022 年后，豆粕价格最高的时候达到了 5 500 元 / 吨，玉米价格也一度上升到了 3 000 元 / 吨的价位。近期受国际大环境趋势缓和影响，饲料成本价格才有了小幅的回落。但是与前两年相比，仍旧维持在较高位置。高成本与低售价，双向挤压养殖户，如果这种情况长期持续的话，会严重影响养殖户的积极性。

"第二座大山"：供需关系失衡——价格"跌跌不休"。2018 年到 2019 年上半年受非洲猪瘟影响，大量养殖场被迫清栏，能繁母猪快速出清。直接导致 2019 年上半年至 2020 年上半年生猪产能严重缺乏，出栏量锐减，猪价开始迅速上涨。2019 ~ 2020 年维持在 30 元 / 千克以上的高位运行，生猪价格于 2019 年 11 月达到周期高点 40.98 元 / 千克。来到 2020 年，新冠疫情使得猪肉消费需求在一定程度上有所缓解，生猪价格有所回落，但仍然保持着高位宽幅震荡的态势，整体上行周期总计约为 28 个月。正是由于整体盈利处于高位，大量资本涌入该行业，产能得到快速修复，短期生猪供应明显出现供过于求，价格也开始持续下跌。到 2021 年 10 月，生猪价格触及周期低点 10.78 元 / 千克，2022 年生猪价格"两头低，中间高"，整体行情呈现旺季不旺、淡季不淡的特点。

"第三座大山"：疫情下的消费疲软以及消费结构的转变。2018 年，非洲猪瘟在国内暴发，由此引发 2019 年、2020 年猪肉价格暴涨，禽肉挤占部分猪肉消费，导致猪肉占家庭肉类消费的比例从之前的 65% 左右一度跌至 55% 左右。2019 ~ 2020 年生猪产能受损，猪肉消费量由正常年份的 5 500 万吨，锐减至 4 500 万吨，这中间 1 000 万吨的消费缺口由禽肉、牛羊肉补足，且禽肉、牛羊肉未来继续维持增长趋势。尽管随着 2021 年中国猪肉产量基本回归常值，猪肉占家庭肉类消费的比例也跟随回升至 65%，但肉类消费格局的转变已经在路上。

从短期来看，肉类消费下降主要是受新冠疫情等因素影响。从中长期来看，主要受人口年龄结构影响。随着中国老龄人口比重的提升，也意味着禽肉消费未来还有一定增长空间。同时，随着预制菜、快餐等产品的兴起和普及，也会进一步带动禽肉消费增长，以及牛羊肉消费需求的稳中有增。

2. 猪周期——像雾像雨又像风

从改革开放至今，我国生猪生产呈现波动中增长的态势。先后在 1985 年、1988 年、1994 年、1997 年、2004 年、2007 年、2010 年、2015 年、2018 年经历了9次明显的价格波动。振幅之大，有些超过了80%。猪周期并非我国独有，从美国的猪粮比看，也存在周期性变化，但猪周期的时间存在不稳定性，一般2~6年为一个周期。2022年，全国猪肉价格连续走低，根据农业农村部发布的数据，生猪价格连续下降，3月全国生猪平均价格为12.62元/千克，同比下降55.7%。进入三季度后，生猪价格快速上涨，环比上涨40%，10月中旬生猪均价达到28.3元/千克，10月下旬至12月，猪价高位跳水，猪价跌破16元/千克，两个月累计跌幅近45%，养殖企业结束5个月的盈利期，再度步入亏损阶段。也像一位学者说的，本轮的猪周期让他感觉到从未有过的混乱，"直接是猜不透了"，至今看不到回升的迹象。

3. 猪企在亏损泥潭中不能自拔

有人说过：风口来了，猪也能飞起来！的确，过去的两年，猪"飞"起来了。所谓的养猪概念股，有的涨了数倍，有的涨了10多倍，被称为"猪业茅台"。可以肯定的是，没有资本的加持，现在排名前五的养猪企业，没有一家可以有那么大的能力快速扩产。猪可以飞上天，那么，风从哪里来呢？疫情、资本、政策。疫情带来的是供应缺口，资本带来的是火助风威，而政策则是推手。如2019年一季度，牧原股份卖出了300万头生猪，反而亏损5.41亿元。此后猪价开始大涨，到2020年一季度，牧原股份只卖了256万头，盈利却超过40亿元。更疯狂的是股价。2019年年初，牧原股份的股价还在28元左右，10月底就涨到了103.6元，累计涨幅高达260%，股民数量更是成倍增长。

4. 问题的反思

我国生猪产业正处于转型深水期，一个产业，总会有波峰、波谷，在这个意义上，猪周期的出现是必然。但周期过短和振幅过大并不是猪周期的必然特征，需要有一套系统的政策措施，在此基础上，才会有效消除猪周期的破坏性。

（1）政策拟定要从宏观上去分析。2018年受非洲猪瘟的影响，出现新一轮超长的猪周期。在这期间各级政府为满足居民生活"菜篮子"的问题，频频出台一系列扶持生猪养殖业发展的政策，致使越来越多的社会资本进入养殖行业。支持国家行业部门按2022年的一号文件精神，严守18亿亩耕地红线，把打着养殖旗号以圈地为目的的资本投机者拒之门外。

（2）不能只靠政策、行情。政策的制定者是有关部门。政策是杠杆、是导向。

养猪赚钱不能靠收储。受规模、价格等综合因素影响，国家启动冻猪肉收储，更多的是影响市场心理，对于减轻当前生猪业的阵痛、缓解猪周期只能起一定作用。一方面，养殖户若是指望收储能让自己止损，甚至盈利，必定会失望。另一方面，若养殖户只能把盈利的希望寄托在收储上，说明他在养猪生产上是不合格的，还是退出市场为好。

养猪赚钱不能靠行情。每逢猪价下跌时，养殖户就会更加关注价格，希望能把准脉，然后适时出栏和补栏。这种心态能够理解，养猪这个事，行情再好也有人赔钱，行情再差也有人赚钱。建议养殖户不要跟随行情养猪，一看赚钱了就上，赔钱了就退，这是"炮灰"的节奏。行情不会总是低迷，在市场出现大面积亏损的时候，养殖户不要盲目宰杀、抛售母猪，也不必过度去关注价格，而应把精力集中在如何降低成本养好猪上，做好市场上升期到来的准备。

（3）练内功，降成本。养猪总指望价格上涨行不通，养殖户要从品种、营养、疾病防控等方面着手，通过合理的养猪理念、科学的养猪技术以及先进的经营管理方式，降低成本，提高养猪效率和效益，这才是根本之道。

至于如何练内功，简单来说就是两个字：用心。养殖户要善待猪，你善待了猪，猪才会更好回报你。所以，当养猪赔钱时，养殖户不能一味怪饲料、怪品种、怪兽药、怪疫苗，甚至怪市场没有好行情。认真检讨自己才是最重要的，只要练好了内功，使自己的养猪水平超过80%的人，再不利的市场，也阻挡不了你的发展。

第二章
猪周期的前世今生

　　猪周期是一种经济现象，是指由于生猪供需不平衡导致的猪肉价格周期性变化。当生猪供给不足时，猪价上涨，刺激养殖规模扩大，母猪存栏量大增；生猪供应增加，市场供给过剩，导致猪价下跌，进而使养殖规模缩减，养殖户大量淘汰母猪，生猪市场再次出现供给不足，猪价再次上涨……如此循环往复，形成周期性变化。

第一节
历次猪周期行情的演绎

猪价尚在"冰封"之际，猪企在亏损泥潭中不能自拔。生猪价格的周期性波动有一定的规律性，其背后是供求关系这个杠杆在起决定作用，也是外部冲击机制与内部传导机制共同作用的结果。

1. 最近的五次猪周期波动

猪周期跌宕起伏，回顾整个养猪行业的发展，2002 ~ 2022 年，养猪人大致经历了五轮比较大的猪周期波动。

（1）第一轮猪周期。2000 ~ 2003 年，这一轮为自然周期。猪价 6.5 元 / 千克，长期平均成本稳定在 5.8 元 / 千克，每头猪盈利在 70 元左右。

（2）第二轮猪周期。2004 ~ 2006 年，这是第二个自然周期，2004 年猪价依然维持在 7 元 / 千克左右，2005 年由于市场缺猪，价格最高上涨至 11 元 / 千克，2006 年生猪产能恢复，价格再次回落到 6.4 元 / 千克。当时整个畜牧行业还没有形成规模化生产，养猪主要以家庭农场和散养户为主。随着粮食价格的上涨，养猪成本达到 6.7 元 / 千克，头均亏损 54 元。

（3）第三轮猪周期。2007 ~ 2010 年，行业逐步向规模化、集约化靠拢。在规模上，万头养殖小区、大型养殖场逐步建立。在品种上，开始引进国外优良种猪，显著改善了养殖报酬。伴随着 2008 年无名高热病的暴发，大量猪死亡，养猪损失惨重。当年猪价也超越以往任何时期，达到了 18.4 元 / 千克，因为疾病而减产造就了历史的高猪价，一头猪平均盈利达到 810 元。

（4）第四轮猪周期。2011 ~ 2018 年，猪场的疾病防控开始成为养猪人最糟心的事。在这一轮周期中，流行性腹泻反复发生，产能忽高忽低。规模化养猪企业基数增多，饲料需求加大，成本增加，生猪价格连续 3 年在 13 元 / 千克低位徘徊，头均亏损达 340 元。2015 ~ 2018 年，养猪规模进一步扩大，但随着环保政策一声令下，大量猪场被关停。从南方到北方，环保禁令犹如一把快刀，迅速砍去了近一半的产能。环保退养、功能性拆除使养猪产业迅速去产能化，因供需失衡猪价达到了 21.5 元 / 千克的历史新高。

（5）第五轮猪周期。从 2018 年下半年开始持续至今，非洲猪瘟在短短一年之内席卷全国，能繁母猪存栏出现断崖式下跌，养猪业遭受前所未有的重创。自此之后，猪价一路飙升，2020 年最高价时达到 44 元 / 千克，7 千克仔猪售价更是高达 2 550 元 / 头，这个畸高的价格不管是对养猪业还是市场经济来说危害极大，同时对社会的经济稳定造成影响。一时间各类资本的大量涌入让养猪业迅速趋于饱和，伴随着产能的快速恢复，2021 年行业开始出现大面积亏损，从年初的 36 元 / 千克一路下行到 9 月的 9 元 / 千克，断奶仔猪更是无人问津，育肥猪头均亏损最高达 1 500 元。2022 年生猪市场表现不俗，一季度生猪价格表现低迷，生猪价格在 12 元 / 千克左右震荡运行。二季度供需逐步趋紧，生猪价格从 4 月下旬的 12 元 / 千克左右，上涨至 7 月初的 23 元 / 千克。三季度供需趋紧的格局依然未变，生猪价格并未跌破 21 元 / 千克。四季度承压下行，国庆节过后，随着气温骤降带来猪肉消费预期增长，养殖者压栏、二次育肥情绪强化，生猪供应阶段性缩减，带动猪价上涨至 28 元 / 千克的高位。在宏观调控的引导下，生猪价格从 10 月下旬承压回落，挤出泡沫。生猪价格将在高位震荡博弈，粗略估算全年均价在 16 元 / 千克。相应的猪肉价格变化见图 1-2-1。

图 1-2-1　猪周期的历史猪肉价格变动（元 / 千克）

2. 猪周期形成的本质原因：供需错配

（1）生猪养殖周期较长。能繁母猪存栏数量变化到商品猪供给变化历时10～12个月，产能变化滞后于价格，能繁母猪存栏是生猪供给的先行指标。能繁母猪配种后约4个月产出仔猪，再过约6个月商品猪出栏。能繁母猪存栏数量变化对应10～12个月后生猪供给变化。虽然近年来我国生猪养殖规模化程度有所提高，但出栏量占比仍以散户为主。散户养殖更倾向于直接根据猪价决定当期是否养殖，且较难做长期资金规划，故猪价上升，当期增加产能，未来供给增加，猪价下降，当期产能下降，未来供给不足的长期规律仍存在。见图1-2-2。

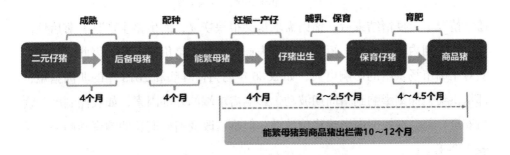

图 1-2-2　商品猪供给繁殖周期

（2）供需跨期错配形成猪周期波动。供给是周期循环的关键因素，当猪价处于上升周期时，养殖成本相对固定，养殖盈利提升，现金流增加。为了增加出栏量获得更多的利润，养殖户补栏种猪或外购仔猪甚至二次育肥，以增加商品猪出栏，获得更多利润。当能繁母猪存栏增加到一定量时，预示着未来10～12个月的商品猪供应增幅较大，可能出现供给过剩，猪价到达峰值回落。当商品猪供给开始增加，猪价开始下降，养殖利润减少，供给严重大于需求时，猪价甚至低于育肥成本，养殖亏损，现金流紧张，仔猪需求下降。养殖户或者养殖场减少配种，并开始淘汰能繁母猪，能繁母猪存栏下降，产能逐渐去化。当能繁母猪产能下降到一定程度时，预示着未来10～12个月的商品猪供应减幅较大，可能出现供给不足，猪价触底。见图1-2-3。

（3）供需是猪周期的决定因素。供需失衡将会带来猪周期的拐点，疫病是历次猪周期最关键的外部因素。生猪疫病对生猪市场的影响往往具有双向性：一是导致费者降低消费信心，对猪肉的需求减少；二是会使生猪存栏下降。

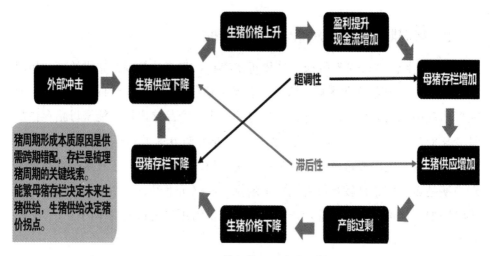

图 1-2-3　供需错配形成猪周期

通常情况下，疫情结束后，猪肉需求量会很快恢复，而生猪生产具有滞后性，难以在短期内补给到位，短期内供需失衡会导致生猪价格上涨。因此，生猪疫病对猪肉市场供给的影响更大，如 2006 年的猪蓝耳病和 2018 年的非洲猪瘟，都从供给上深刻影响到猪周期波动。影响需求端的外部因素，如收储制度、食品安全，都会在短期内影响猪价波动，但难以改变猪周期长期的变动趋势。见表 1-2-1。

表 1-2-1　猪周期上行、下行期

猪周期	2002 ~ 2006	2006 ~ 2009	2009 ~ 2014	2014 ~ 2018	2018 ~ 2022.4
上行周期	2002.7 ~ 2004	2006.8 ~ 2008.3	2009.6 ~ 2011.8	2014.5 ~ 2016.4	2018.6 ~ 2021
持续时长（月）	26	20	27	24	32
增幅	70%	158%	111%	97%	262%
外部因素	"非典"	猪蓝耳病	—	环保政策、猪丹毒病	非洲猪瘟
下行周期	2 004.9 ~ 2 006.7	2 008.4 ~ 2 009.5	2 011.9 ~ 2 014.4	2 016.5 ~ 2 018.5	2 021.2 ~ 2 022.4
持续时长（月）	23	14	32	25	—
降幅	-40%	-49%	-47%	-50%	—

续表

猪周期	2002~2006	2006~2009	2009~2014	2014~2018	2018~2022.4
外部因素	猪链球菌	猪流感、瘦肉精	政府收储	—	—

第二节
能繁母猪的存栏与生猪猪价的关系

从母猪存栏到生猪出栏往往需要10~12个月，当猪价处于上升周期时，养殖盈利提升，母猪存栏增加，预示着未来10~12个月的商品猪供应增幅较大，猪价到达峰值回落。当商品猪供给开始增加，需求相对稳定或不足，猪价开始下降，养殖利润减少，养殖户或者养殖场淘汰能繁母猪，能繁母猪存栏下降，产能去化。当能繁母猪产能下降到一定程度时，预示着未来10~12个月商品猪供应减幅较大，可能出现供给不足，猪价触底。

1. 2002~2006年："非典"影响下，生猪供需矛盾突出

（1）从外部因素看本轮猪周期。2003年"非典"期间，养猪场屠宰停工，交通限制造成生猪供需矛盾。2003年5月"非典"疫情暴发，疫情期间宰杀母猪、补栏停滞，地区间生猪运输受阻，造成生猪供求矛盾突出，导致猪价反弹明显。再加上2004年暴发的禽流感疫情，引发猪肉需求大增，导致猪价持续攀升，2004年8月达到最高水平。随后产能恢复，猪价下行，并由于2005年年初部分地区（如四川、广东等）出现了猪链球菌病，导致猪肉需求明显降低，供需矛盾突出。见图1-2-4。

（2）从存栏看本轮上行周期。1997~2000年间生猪价格维持下跌趋势，长期的猪价走弱使得养殖主体的能繁母猪补栏意愿较弱，"非典"疫情后需求复苏驱动猪价上涨。2002年年底广东发生"非典"疫情，关停生猪市场、限制生猪流动等政策打断了猪价上涨节奏。直至2003年6月中旬国内疫情基本结束，消费复苏，生猪需求回升。需求快速恢复但供给恢复需要时间，2002年和2003年年底全国生猪存栏量分别同比下降0.4%和0.9%，供需错配使得猪价上升持续至2004年9月。见图1-2-5。

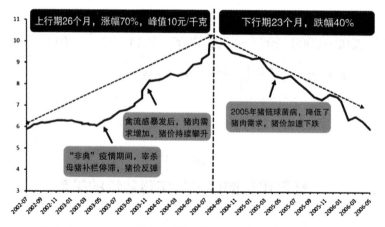

图 1-2-4 2002～2006 年猪周期价格变化（元 / 千克）

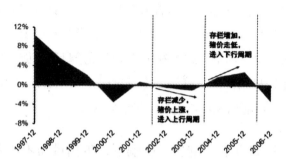

图 1-2-5 1997～2006 年生猪存栏同比增速变化

（3）从存栏看本轮下行周期。猪价上涨激励母猪补栏扩产，供给增加导致猪价下降。由于猪价在 2003 年下半年和 2004 年开始大幅上涨，激发了养殖热情，母猪和仔猪补栏开始增加，2004 年和 2005 年年底全国生猪存栏量分别同比增加 1.8% 和 2.8%。2004 年和 2005 年全年生猪出栏量分别同比增加 3% 和 5%。生猪供给增加，猪价下降，到 2006 年 7 月触底。

2. 2006～2009 年：猪蓝耳病降低存栏，加速猪价上行

（1）从外部因素看。上行期暴发的高致病性猪蓝耳病从供给源头上加速了本轮猪价上涨，下行期猪流感、瘦肉精等食品安全问题抑制消费需求，加速了猪价回落。2006 年下半年以来的猪蓝耳病疫情，除生猪直接死亡造成的损失外，还导致种猪生产性能严重下降，这从源头上加剧了生猪的短缺和恢复生产的困难，猪价在 2008 年 3 月达到高点，较 2006 年 7 月低点上涨了 158%。此后随着供应恢复，猪价逐渐回落，2009 年暴发的猪流感疫情冲击到终端消费，

导致价格加速下行，至 2009 年 5 月达到本轮周期的低点。见图 1-2-6。

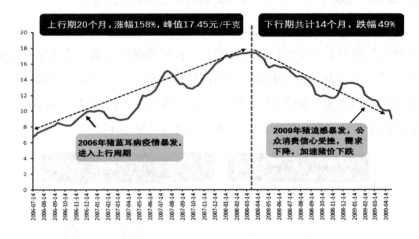

图 1-2-6　2006 ~ 2009 年猪周期价格变化（元 / 千克）

（2）从存栏看本轮上行期。由于此前的行业亏损和猪蓝耳病合力导致存栏下降，供给不足驱动猪价上涨。由于 2005 ~ 2006 年生猪价格大幅下降，养殖端盈利下降，母猪补栏减少，养殖产能下降，叠加 2006 年夏季至 2007 年暴发的猪蓝耳病，2006 年年底全国生猪存栏同比降低了 3.4%，2006 年 8 月生猪价格触底。

（3）从存栏看本轮下行期。养殖户母猪补栏积极性大幅提高，产能快速恢复，猪价走低。2007 年较高的生猪和仔猪价格刺激产能增加，产能步入上升通道，2007 年和 2008 年年底生猪存栏分别增长了 5%、5.3%，2008 年和 2009 年生猪出栏量分别增加了 8%、5.7%，在高供给影响下猪价走低。此外，2009 年猪流感疫情导致需求减弱，猪价加速见底。见图 1-2-7。

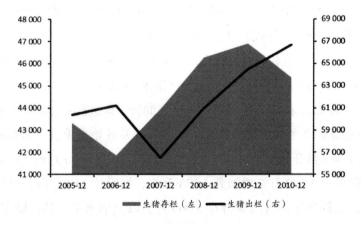

图 1-2-7　2006 ~ 2010 年生猪存栏和生猪出栏变化（万头）

3. 2009~2014年：养殖利润驱动存栏变动内生周期

（1）从外部因素看。第三轮猪周期的生猪供给受到的外部干扰整体较小，属于由内生供需因素驱动的经典猪周期。下行周期期间，为了稳定猪肉价格，2013年5月，商务部等三部委联合开启冻猪肉收储工作，提振了市场信心，短期猪肉价格有所恢复。到了2014年，猪肉价格维持下行趋势。总体上，这轮猪周期以内生因素为主，属于经典的猪周期波动。见图1-2-8。

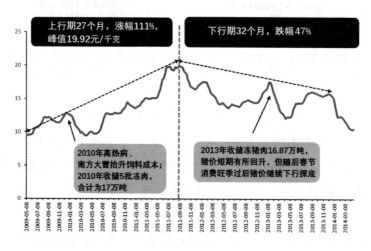

图1-2-8　2009~2014年猪周期猪肉价格变化（元/千克）

（2）从存栏看本轮上行周期。2009年以来养殖亏损导致能繁母猪去产能化，供给下降驱动价格上涨。2009年以来生猪价格较低，养殖利润较差，能繁母猪存栏持续下降。2019年年初到2010年8月，全国能繁母猪存栏数量由4 987万头下降至4 580万头，降幅达8%。2010年8月全国能繁母猪存栏数量触底，8个月后生猪存栏触底，随即猪价在2011年9月后达到峰值。2010年7月开始，自繁自养养殖利润由负转正，逐渐上升，2011年6月养殖利润达到最高值690元/头，能繁母猪存栏与养殖利润同向变动。

（3）从存栏看本轮下行周期。养殖利润转正促进能繁母猪存栏增加，能繁母猪存栏回落10个月后猪价触底。2010年7月开始自繁自养养殖利润由负转正，2010年8月开始能繁母猪存栏触底回升，2012年10月到达峰值，其间能繁母猪存栏由4 580万头增加到5 078万头，增幅达11%。能繁母猪存栏达到峰值后，大约半年的时间保持在5 000万头以上的水平，猪价随即在10个月后触底。本轮猪价下行周期持续时间较长，主要原因是能繁母猪存栏增加持续时间较长，且能繁母猪存栏水平较高，产能去化周期较长。见图1-2-9、图1-2-10。

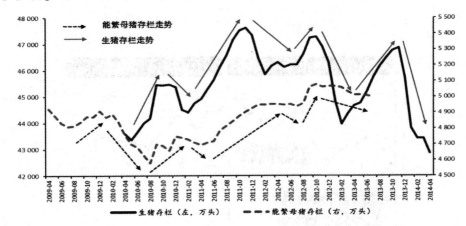

图 1-2-9　能繁母猪存栏走势和 8~12 个月后生猪存栏走势一致

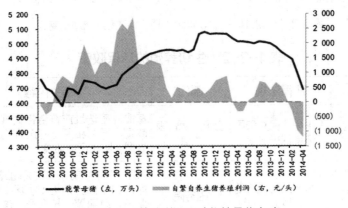

图 1-2-10　养殖利润驱动能繁母猪变动

4. 2014~2018 年：产能大幅出清，环保政策影响下母猪存栏处于低位

（1）从外部因素看。第四轮猪上行周期受到环保政策推动（表 1-2-2），大量散户退出市场，供给持续下降，下行周期在非洲猪瘟影响下完成筑底。从2014 年起，我国政府陆续出台《中华人民共和国环境保护法》《水污染防治行动计划》《关于促进南方水网地区生猪养殖布局调整优化的指导意见》，开始实施严格的环保养殖政策，并着力提升生猪养殖业的规模化程度，导致大量散养户退出市场，生猪和能繁母猪存栏开始进入持续性的下降通道。猪价在 2014年 5 月见底以后，一路上行至 2016 年 6 月，其中 2015 年上半年暴发的猪丹毒

疫情起到了推波助澜的作用。但随着行业集中度不断提高，大企业养殖效率提升，出栏生猪体重大幅增加，猪肉供给持续增加，后续猪价随后一路走低。见图 1-2-11。

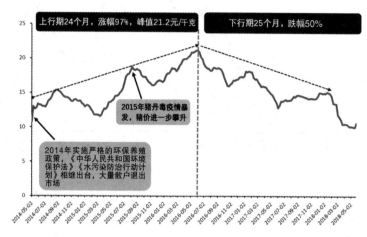

图 1-2-11　2014 ～ 2018 年猪周期价格变化（元 / 千克）

表 1-2-2　生猪养殖的环保政策

时间	法律法规	部门	相关内容
2014 年 4 月	《中华人民共和国环境保护法》	全国人民代表大会	畜禽养殖选址应符合相关规定，畜禽粪便、尸体和污水等废弃物进行科学处置，防止污染环境
2015 年 4 月	《水污染防治行动计划》	国务院	2017 年年底前，依法关闭或搬迁禁养区内的畜禽养殖场（小区）和养殖专业户，京津冀、长三角、珠三角等区域提前一年完成
2015 年 11 月	《关于促进南方水网地区生猪养殖布局调整优化的指导意见》	农业部	大力发展生猪标准化规模养殖，提高养殖的生产效率和生产水平
2016 年 4 月	《全国生猪生产发展规划（2016—2020 年）》	农业部	将全国划分为重点发展区、约束发展区、潜力增长区和适度发展区四个区域，推进标准化规模养殖，促进养殖废弃物综合利用

（2）从存栏看本轮上行周期。经历了养殖亏损，使得能繁母猪存栏大幅下降，环保政策又清退了小规模养殖户。2011 ～ 2014 年，全球饲料原材料价格大幅上涨，生猪养殖成本较高。2013 年 7 月开始，由于上半年的持续亏损，能

繁母猪存栏从 5 000 万头以上的水平开始下降；2014 年和 2015 年上半年养殖再次亏损，能繁母猪存栏加速下降。2013 年 7 月至 2015 年 6 月，全国能繁母猪存栏由 5 013 万头下降至 3 899 万头，降幅达 29%。本轮猪价上涨周期持续 24 个月，持续时间长于前两个上升周期，主要原因是 2012～2015 年饲料原料成本较高，每年上半年生猪养殖均出现亏损情况，母猪存栏恢复较慢。

（3）从存栏看本轮下行周期。饲料原材料成本大幅下降使得养殖成本降低，但能繁母猪存栏依然不断下降，养殖效率提高使得猪肉供给总量并未受到明显影响。亏损主要发生在 2018 年上半年。尽管环保政策的初衷是为了促进规模化、集约化，改善我国以散户养殖为主的存栏结构，在初期也确实在一定程度上抑制了非理性补栏，并起到了提振价格的作用，但随之而来的是养殖效率的提升，一方面出栏生猪的体重大幅增加，在存栏未变甚至下行的状态下，总猪肉产出反而增加；另一方面是母猪效率提升，尽管能繁母猪存栏下降，但生猪存栏下降不明显，甚至部分时段上涨，总的生猪屠宰量未受明显影响，养殖能力却明显提升。见图 1-2-12、图 1-2-13。

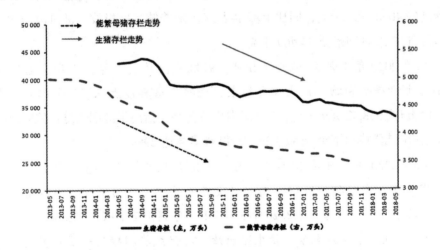

图 1-2-12　2013～2018 年能繁母猪存栏、生猪存栏走势

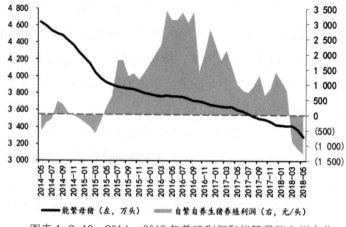

图表 1-2-13　2014～2018 年养殖利润和能繁母猪存栏变化

5. 2018 年至今：非洲猪瘟下的大级别猪周期

本轮猪周期根据猪价波动特征和驱动原因，可以分为四个阶段：

（1）2019 年 1 月至 2019 年 12 月，非洲猪瘟疫情暴发，能繁母猪和生猪存栏量最高分别下降 38.9% 和 41.4%。2019 年 11 月 1 日，生猪均价达到历史新高的 40.98 元/千克，同比上涨 172.6%。随着储备肉投放、进口肉增加，生猪价格在 12 月回落至 34 元/千克。

（2）2020 年 1 月至 2020 年 5 月，新冠疫情暴发，停工令和交通运输限制对生猪屠宰和物流产生较大约束，生猪价格再度上涨。2 月 14 日，生猪均价飙升至 38.32 元/千克；3 月国内疫情转好，猪肉供应端恢复，但需求端受疫情影响超预期下降，导致生猪均价跌幅最高达 29%。

（3）2020 年 6 月至 2020 年 8 月，生猪养殖端挺价惜售，疫情引发全国冻肉检查，进口猪肉减少，南方水灾进一步冲击猪肉供给，同时需求端复苏，助推生猪价格攀升。2020 年 8 月 7 日，生猪价格上涨至 37.83 元/千克。

（4）2020 年 9 月至今，受生猪出清、潜伏式非洲猪瘟等因素影响，猪价开始波动下跌。2020 年 9 月 18 日，生猪均价跌破 35 元/千克，10 月 16 日，生猪均价跌破 30 元/千克。2021 年 1 月开始，受生猪存栏恢复、出栏增长、消费下滑等多重因素影响，本轮猪周期迎来下行周期。生猪价格（22 个省市生猪平均价格）快速下跌，半年内由最高的 36.34 元/千克下跌至 6 月 25 日的 12.73 元/千克，小幅反弹后进一步下跌至全年价格最低点，即 10 月 8 日 10.78 元/千克，跌幅 70.34%，在此期间全行业深度亏损。2021 年 5 月 14 日，生猪均价跌破 20 元 / 千克，截至 6 月 18 日，22 省市生猪出栏均价仅 14.36 元 / 千克。2022 年生猪市场表现不俗，粗略估算全年均价在 18.71 元 / 千克，其中价格低点出现在 3 月，最低为 3 月下旬的 11.53 元 / 千克，价格高点出现在 10 月，最高为 10 月下旬的 28.47 元 / 千克，高低价差为 16.94 元 / 千克。

第三节
猪周期对养殖业的影响

猪周期波动明显，给养殖企业造成了重大损失，因散养户、中小型猪场资金不足，同时也加速了小规模企业的退出，催生我国生猪市场行业格局重塑，使行业壁垒逐步提升，养殖行业面临整合和洗牌。

1. 盲目扩张

经历了非洲猪瘟的洗礼，近两年的养猪业开始恢复理性，盲目扩张得到了遏制，但非洲猪瘟的后遗症却长期存在。如今生猪产业面临着一个新的现象：①非洲猪瘟疫情反复抬头，稍有不慎就会"中招"。②由于"大干快上"，待投产及在建母猪栏舍、育肥栏舍严重过剩。③后备母猪存栏量大幅增加，产能随时可以饱和。

在这样的现状下，只要猪价有上涨迹象或进入上行周期，这些生产资料就会迅速被激活，形成产能。因此，养猪业的剩余产能将会长期在猪价上涨时进入，猪价下跌时退出，使全年猪价走势呈现出"两头低，中间高"的 W 形曲线。养猪的盈利期可能会被压缩至 6 ~ 8 个月的时间，随即就又会走下坡路。

2. 产业竞争

当前整个养猪行业内部竞争严重，由于高猪价的诱惑，养猪企业大举扩张，将赚到的巨额利润投入基建，甚至举债扩产。一时间房地产、金融业、互联网以及屠宰和食品加工企业纷纷加码养猪。随着养猪企业规模越来越大，一直延伸到了产业链的上下游，自建饲料厂、屠宰厂和食品加工厂，产能结构不断优化，生猪养殖企业和养殖户净利润严重下滑。养殖企业输出的产品已经不仅仅是毛猪，还有肉制品。据不完全统计，养殖企业涉足的屠宰产能已经达到年屠宰 7 280 万头的规模，如今屠宰企业的竞争对手当中又多了这些猪企，屠宰场占据了几十年的市场价格话语权开始逐渐丧失，由于屠宰产能的增加，养殖端逐渐掌握了猪价市场的话语权，扭转了屠宰企业控制猪价的局面。

3. 内控竞争

养猪产业也发生了结构性变化，原来散养户占据了我国 90% 的市场，但经过几轮猪周期的洗礼，尤其是非洲猪瘟疫情暴发后，由于资金实力欠缺、技术能力欠缺、销售通路欠缺、抗风险能力不足和养殖成本过高，散养户开始逐渐退出养猪舞台。规模化、集约化养殖企业大规模进入，这些集团和上市公司有着散养户无法比拟的资源优势，如扩张速度快、养殖规模大、技术水平高、成本控制低、融资渠道广、资金实力强、经营状态稳、人才队伍优，散养户在后非洲猪瘟时代几乎没有竞争能力。规模化企业、集团公司和放养公司养殖规模迅速扩大，比例甚至达到 40% ~ 50%。养殖公司不再只有单纯的养猪业务，同时也是食品加工公司，在饲养和屠宰之间可以无缝切换。因此，整个养猪产业形成了内部竞争严重的现状：养猪场的竞争对手变成了养猪集团，屠宰场的竞争对手变成了养猪集团，散养户的竞争对手变成了养猪集团，养猪集团的竞争对手变成了养猪集团，内部竞争到最后，拼的都是综合实力。

（1）经营能力。各资源合理配置，产供销联动一体。养猪业从粗放的农业生产更新迭代到了今天的产业化、规模化。养猪企业的经营能力直接决定了生产的效率和盈利能力。人力资源、生产板块、原料供应、采购物流都需要合理规划，配置资源产供销联动一体化。

（2）融资能力。产能布局广泛，融资渠道多样，融资额度有保障。养殖业是重资产行业，企业融资能力尤为重要，流动资金必须保障充足。融资渠道要多样化，上市公司融资渠道更多、更优。集团公司有更多的固定资产优势、银行资源优势，大集团企业融资更有保障。

（3）技术能力。育种、营养配备、技术和生产体系完备。集团公司在养殖技术上有完备的人才体系，从育种到营养配备，从畜牧到兽医，从生产到数据收集分析，都具有完善的技术力量，保障养猪过程中的各项环节顺利进行。

（4）团队能力。企业文化、团队建设和人才培养系统落实到位。现代养猪业人才排在第一位，在企业文化的建立、员工的培训体系建设、团队建设、人才培养体系、晋升机制等方面，各部门团队相关协作能力尤为重要，人才团队的融合，直接提升企业运营效率。

（5）市场能力。产业链布局完整，销售系统和客户开发长期稳定。规模化的养殖企业一定要有较强的市场能力。企业规模不断上升，需要有强大的销售体系，数据收集判断能力，根据生产规划行情变动，适时调整销售节奏。也需要做客户长期开发及稳定工作。需要企业自身修炼内功，树立良好的口碑，提升服务客户的水平。

第三章
谁动了猪周期

　　猪周期是对生猪养殖行业供给与需求周期性失衡的表述。猪肉消费需求整体是平稳的，供给却因养殖户的非理性逐利呈现周期性波动，导致猪肉价格和养殖利润周期性波动，便形成了猪周期。

第一节
猪周期的概念与 CPI 变化的关系

说起猪周期，很多朋友或许都知道这是生猪产业链里的一个循环交替过程，而对于猪周期的具体情况，可能很多养猪人还一知半解。其实，和许多农牧领域一样，生猪市场有着典型的周期属性：猪肉价格高的时候，大大小小的猪企开始增加产能，导致生猪的供应增加，价格逐渐走低，然后普遍开始去产能，生猪的供应减少，让价格再度提高……

1. 猪周期的概念

猪周期是指由于生猪供给需求不平衡导致的猪肉价格周期性变化，是经济学中蛛网模型的经典案例。一个典型的猪周期包括猪肉供给下降、猪肉价格上升、猪肉供给增加、猪肉价格下降四个阶段，时间跨度约为四年。

猪周期的循环轨迹一般是：肉价上涨——母猪存栏量大增——生猪供应增加——供大于求——肉价下跌——大量淘汰母猪——生猪供应减少——供不应求——肉价上涨。猪肉价格上涨刺激从业者的养殖积极性，造成供给增加，供给增加造成肉价下跌，肉价下跌打击从业者的养殖积极性，造成供给短缺，供给短缺又使得肉价上涨，周而复始，这就形成了所谓的猪周期。见图 1-3-1。

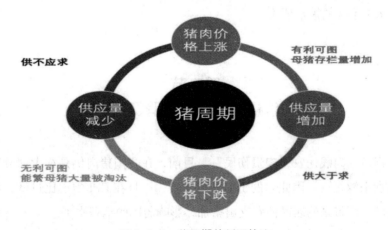

图 1-3-1 猪周期的循环轨迹

2. 猪周期与 CPI（消费者物价指数）变化周期的关系

合理范围内的猪价波动有利于产业的优胜劣汰，但价格过低不利于生猪生产的稳定，价格过高不利于满足居民消费需求。另外，猪价波动不仅影响着牛肉、羊肉、禽肉等替代品市场，也对经济诸多方面会产生一定影响。研究表明，猪肉价格变化与 CPI 呈现高度正相关性，猪周期与 CPI 变化周期密切相关。由于在 CPI 中的占比较大，2010 年以来我国生猪价格的几次大幅波动，均对 CPI 影响较大，引起行业及社会广泛关注。

3. 解读猪肉价格对 CPI 的影响

要想了解猪肉价格对 CPI 的影响，首先要理解 CPI 权重的构成。根据金融数据和分析工具服务商给出的数据，猪肉 2015 年的权重值是 2.88%，而同期的粮食、鲜菜、水产品、鲜果占 CPI 的权重分别为 2.97%、3.09%、2.85% 和 2.44%。

需要注意的是，猪肉的权重已经和粮食、水果这样的食品大类的权重差不多了，而像粮食、鲜菜、水果这些食品大类的价格因为下面又包含很多种食品的价格，其环比波动不会很大。而对比来说，猪肉价格的波动就成了 CPI 波动的一个明显的因素，所以我们会觉得猪肉价格对 CPI 的影响比较大。

简单来说，猪肉占 CPI 的权重为 2.88%，也就是说如果 6 月猪肉价格 10 元 / 千克，7 月涨到 15 元 / 千克，同比上涨 50%，那么如果除了猪肉之外的所有类别的价格保持不变，7 月的 CPI 同比将上涨 1.4%。当然这是一种设定其他物价水平不变的极端假设。

第二节
猪肉价格波动对居民消费的影响

常言道"肉贱伤农，肉贵伤民"。目前，在我国猪肉仍是绝大部分居民主要的肉食来源之一。因此它的价格非常重要，一旦在 CPI 中占比过低，可能会忽视猪肉上涨带来的居民消费支出增加，影响居民的消费水平。

1. 城乡居民猪肉消费状况

2018 年 8 月以来，在非洲猪瘟疫情的冲击下，生猪生产的产能持续下降。2019 年春季生猪价格在触底反弹后一直震荡前行，生猪市场供求形势紧张，猪肉价格快速上涨，加之生猪复养需要周期较长，"后市乏猪"和"猪价高涨"依旧是市场的主基调。2019 年年初，猪粮比达到 9.01∶1，明显偏高。从我国居民的肉类消费结构来分析，伴随生活水平的提高，城乡居民对肉类的消费需求量也在与日俱增，需求结构也发生了相应改变，但猪肉消费在肉类消费中的比重仍旧最大。2000 ~ 2019 年，我国城乡居民的猪肉消费量总体上呈上升趋势。2000 年，城镇居民人均猪肉消费量为 16.73 千克，2005 年增长至 20.15 千克，2018 年城镇居民人均猪肉消费量为 22.7 千克。对于农村居民而言，2000 年人均猪肉消费量为 13.28 千克，与城镇居民的人均猪肉消费量存在差距。2005 年农村居民的人均猪肉消费量为 15.62 千克，2017 年上升至 19.5 千克，2018 年更是上升至 23 千克，反映出随着城乡居民收入差距的缩小，城乡居民的消费需求差距也越来越小。见图 1-3-2。

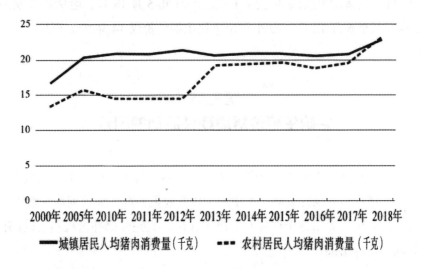

图 1-3-2 城乡居民人均猪肉消费需求量

2. 高价猪肉带来消费转移

猪肉价格的波动，导致消费者对猪肉消费意愿的下降，居民消费形态发生改变。1995 年至今，我国城乡居民人均肉类消费量快速增长。从肉类消费结构来看，我国猪肉消费占比远高于世界平均水平，其他肉类占比则与世界平均水平存在较大差距。猪肉价格上涨，首先导致消费者对猪肉消费需求数量的下跌，在收入未能获得同比增长的前提下，猪肉价格的居高不下会抑制人们对猪肉的消费需求，使猪肉消费数量呈下降态势。居民消费价格调查报表也显示牛肉、鸡肉、鸭肉等替代品消费呈增长态势，价格有所上涨。2019 年高价猪肉带来消费转移的影响，作为猪肉替代品的首选，禽（蛋）市场相对活跃，价格不断走高。由于生猪自然生长周期较长，产能恢复要明显滞后于肉禽、蛋禽的养殖。生猪产能的约束使得猪肉仍旧维持高位运转，消费者对肉蛋消费开始增加，推动了禽肉、禽蛋养殖产能的快速增长。以 2019 年 10 月为例，我国农产品市场中，其他肉类批发价格呈现不同程度上涨，牛肉价格为 65.81 元 / 千克，羊肉价格为 62.73 元 / 千克，分别上涨 1.2% 和 1.7%。禽产品批发价格也呈现上涨趋势，其中鸡蛋价格为 11.67 元 / 千克，白条鸡价格为 20.22 元 / 千克，分别上涨 5.3% 和 5.2%。尽管存在消费转移，但是猪肉消费仍是我国居民肉类消费的主体，禽肉、鸡蛋的消费替代作用是有限的。2020 年 9 月 18 日，生猪均价跌破 35 元 / 千克；10 月 16 日，生猪均价跌破 30 元 / 千克。2021 年 5 月 14 日，生猪均价跌破 20 元 / 千克，截至 6 月 18 日，22 个省市生猪出栏均价仅 14.36 元 / 千克。

第三节
影响生猪价格周期性波动的因素

生猪养殖行业为典型的周期性行业，是 CPI "篮子" 商品中权重较大的单一商品。生猪价格周期性波动，本质源于供需跨期错配，波动周期一般为 3 ~ 4 年，其背后是供求关系这个杠杆在起决定作用，它是外部冲击机制与内部传导机制共同作用的结果。

1. 猪周期的特征

猪周期的根源在于生猪市场中供应与需求双方相互作用的独特性质，表现为生猪价格和生产的周期性变动。20 世纪中期后，我国生猪价格由市场进行自由调节。自此，生猪生产及其价格出现多次异常波动，给起始阶段的生猪生产者、中间阶段的加工者、终端的消费者都带来不小的影响，影响到从饲喂到零售的整个行业。从近十几年来我国生猪生产与价格波动情况看，我国猪周期主要有以下几个方面的特征：一是生猪周期跨度总体比较稳定，一般维持在 3 年左右的时间；二是生猪周期的波幅逐步加大；三是生猪周期重心不断上移；四是生猪价格与猪粮比的分化逐步扩大。另外，判断我国猪周期是否在底部，生猪养殖户是否有退出意愿，其中之一就是生猪养殖的盈利情况。猪肉价格通常在春节后下跌，4~5 月达到最低点，三季度企稳，四季度回升。仔猪价格的走势和生猪价格基本吻合。然而，其波动幅度要大得多。疫情对于仔猪价格波动幅度的影响非常大。

2. 猪周期的新变化

近年来，我国猪周期出现了一些新的变化，猪周期长度变异。由于生猪养殖户对短期和中长期生猪价格走势判断的不同，构成了不同补栏结构组合，进而形成不同生猪供给时间跨期组合，加上生猪散养户在某一时间段预期趋同，可能引起猪周期的变异。第一种变异情况是：当生猪养殖户一致判断短期和中长期生猪价格都上升时，猪周期将会趋于缩短。第二种变异情况是：当生猪养殖户一致判断短期内生猪价格上升、中长期将趋于下降，猪周期将会趋于拉长。近年来，我国出现了猪周期的另一个新变化，即规模化养殖影响猪周期的长度和波动性，主要表现在养猪集中化程度逐步提高、生猪产能调整幅度有所下降、整个生猪的周期有逐步拉长的趋势。

3. 我国猪周期的形成原因分析

影响生猪生产与价格周期波动的主要因素有市场机制、生物机制、内部结构和外部冲击。

（1）市场机制。

①生猪市场价格影响。一般情况下，生猪市场价格同生猪生产数量呈相同的方向变化。当生猪市场价格上涨时，生猪饲养者往往开始增加生猪的饲养数量，随之而来的是生猪市场供给渐多，造成市场生猪供应过多、市场过剩，继而生猪市场价格逐步下跌，生猪饲养者亏本生产。接下来就是饲养者减少生猪的饲养数量，市场生猪供应相对不足，生猪市场价格又逐步趋于上升，以此形成一个又一个循环周期。

②饲料成本对生猪价格的影响。事实上养殖户是根据养猪利润而非生猪价格安排生产规模的，因此分析养猪利润必须考虑生产成本。在生猪生产过程中，饲料成本占养猪成本的六成以上，生猪饲料主要由玉米、大豆等粮食作物构成，因此猪价与粮价之间必然存在一种相应的规律，即"猪粮比价规律"，以生猪与玉米价格之比作为养殖盈亏平衡点，超过 6∶1 养殖户盈利，反之则亏损。

（2）生物机制。生猪养殖的周期性直接决定了生猪价格波动的周期性。从实际情况来看，中国生猪养殖周期主要包括后备母猪、能繁母猪、仔猪、大猪等几个环节。其中一头母猪从后备母猪到最后生出的生猪可以出栏至少需要18 个月的时间，一头母猪从出生到配种需 8～10 个月，妊娠期平均 114 天，一头生猪从断奶到可以出栏至少需要 5 个月。在这么长的一个周期中，会面临多种不确定因素，每种因素都有可能引起生猪价格波动。由于生猪生产周期长，生产者不能对市场上的供求信号马上做出反应，这种滞后性容易造成生产者的决策偏差，即"价高——增存栏，价低——减存栏"的决策规律，最终使生猪价格处于不停波动状态。且一旦发生重大疫情等外部冲击，要恢复正常的养猪生产往往需要 3 年的时间乃至更久，从而加大了生猪价格的异常波动。

（3）内部结构。随着我国环保政策执行日趋严格，近年来生猪规模化养殖比例日益提高，对生猪价格波动周期的影响主要体现在多方面。一是在一定程度上拉长了生猪价格波动周期。规模化养殖场对市场的判断明显更加科学，出现跟风养殖现象的可能性大大下降。因此，在一个完整的周期内，无论是价格上行阶段的产能扩张，还是价格下行阶段的产能缩减，都不会出现一窝蜂的情况，产能会相对稳定，从而拉长生猪价格波动周期。二是规模化养殖在正常市场状态下会使生猪价格波动相对温和。在规模化养殖条件下，无论是市场进入还是退出都有较高的门槛，即使是根据当前生猪价格走势进行生产计划调整也需要一定的时间，这在很大程度上保证了生猪市场的供应稳定，进而避免生猪市场价格大幅涨跌。三是在面临重大外部冲击时容易造成生猪价格大起大落。如 2018 年非洲猪瘟暴发，一些大型养殖场一度亏空，短期内难以恢复，加上一些散养户的关停，导致生猪供应严重不足，价格一路攀升。

（4）外部冲击。

①国家行业政策对生猪价格的影响。行业政策对生猪价格的影响是长期的，每次相关行业政策调整都会对生猪价格产生明显影响。如 2014 年，国家开始收紧环保政策，2019 年年初国家出台政策，农村养猪需相关证书，使生猪养殖

逐渐向规模化养殖转变，大量生猪养殖散户退出，生猪存栏量下降，致使生猪价格上涨。为应对非洲猪瘟疫情，国家在 2019 年 6 月出台政策，提出加大对规模养猪场户的短期贷款贴息、信贷担保以及提高能繁母猪和育肥猪保险保额等，有效增强了生猪养殖户的信心，对养殖户扩大生猪养殖规模产生了较大的促进作用。

②道德失范等行为造成的影响。近些年，随着猪肉安全事件的接连曝出，市场上的一些道德缺失等行为成为生猪价格波动的潜在因素。一方面一些养殖户养猪保险不健全，缺乏利益保障，贩卖病猪死猪；另一方面收购者在高利润的驱使下，低价收购病死猪，高价卖猪肉，同时生猪市场上不乏一些大商贩打压养猪户的售卖价格，肆意哄抬市场价格等造成生猪价格波动频繁。

③疫情对生猪价格波动的冲击。每次重大疫情都会对生猪市场价格产生较大的冲击，如自 2018 年 8 月以来，非洲猪瘟疫情在全国多个地方发生，疫情前期消费者与养殖户都存在恐慌心理，造成"卖猪难"现象，生产者为降低损失大规模售卖，导致价格低迷。为了控制疫情进一步扩散，政府采取了极其严格的禁运等控制措施，捕杀了大量存栏生猪，许多小型养殖户深度亏空退出市场，加上生猪养殖产业的集中度高，大型养殖企业一旦遭遇疫情，就会对生猪市场的供给产生重大的影响。疫情后期全国存栏生猪和能繁母猪大幅下降，在很大程度上导致本轮生猪价格的大幅、长期上涨。在 2018 年 8 月低谷期，我国生猪均价为 13.36 元 / 千克，到 2020 年 2 月最高价为 37.11 元 / 千克，涨幅高达 178.00%。从 2018 年 8 月非洲猪瘟疫情发生后生猪价格上涨至 2020 年 3 月已经有 19 个月，生猪价格上涨周期明显拉长。此外，在非洲猪瘟疫情发生后，中国能繁母猪价格和仔猪价格均处于历年来的较低水平，且该轮生猪价格涨幅远超以往，周期内波动幅度大大增加。

④生猪进口量变动的影响。中国是全球最大的猪肉消费国，当国内生猪供应出现缺口时，从国际市场进口猪肉是一个替代选择。自 2018 年下半年生猪价格上涨以来，特别是随着国内多个地区出现非洲猪瘟疫情，中国逐步加大了鲜冷冻猪肉的进口数量。2020 年春节后，随着国内生猪价格持续上涨，中国对冷冻猪肉的进口短时间内缓解了生猪价格一路攀升的问题，这对生猪市场价格波动产生了积极影响。

⑤人民生活水平的提高对生猪价格波动的影响。随着居民生活水平的提高，消费结构的升级，人们平时对猪肉的消费大大增加。2018 年，全国主要批发市

场的猪肉销售中，春节档 3 个月的猪肉销售占比较 5 年前下降了 4.00%，淡旺季区分已经不如以前那么明显。这些现象，都会在后势上使生猪价格更加平衡，短期内大涨大跌的情况会有所缓解。

第四节
破解猪周期的路径选择

多年来，尤其是 20 世纪 80 年代以来，经常出现上一轮猪周期走过、下一轮猪周期又至的情况。由于我国生猪产业集约化程度有限，产业基础还相当薄弱，要从根本上破解猪周期难题，还应统筹兼顾、综合施策、长短结合、标本兼治，因此加速产业升级迫在眉睫。

1. 大力发展生猪规模化养殖，建立稳定的风险承担机制

只有结合我国国情，大力发展生猪规模化养殖，才能进一步增强我国生猪饲养者抵御市场风险的能力，便于推广先进的生猪养殖技术，也便于集中购买所需生产物资，进一步降低生猪饲养成本，提高市场竞争力，同时，也有利于培育生产主体的诚信度。而且，由于规模化养殖户能及时与市场进行沟通，便于及时掌握市场上有关生猪的信息动态，具有较强的抵御市场风险能力，同时，还可在一定程度上减少生猪市场的波动。因为生猪规模化养殖户以养猪为其主业，一般不会随意退出生猪市场，能够为市场提供较为稳定的生猪源，国家也便于调控市场、稳定价格、保障供应。从国外来看，规模化养殖是稳定发展生猪饲养业、有效保障市场供应的一条正确路径。目前我国生猪供应与需求端不能直接对接，容易导致生猪价格暴涨暴跌。我国应借鉴国外的一些优秀养殖模式，大力发展生猪规模化养殖，稳定生产，建立起养殖户与屠宰场联合一体化的生产模式，减少生猪生产与市场价格的波动。另外，还要进一步健全生猪市场流通体系，将生猪现货、期货市场和农村信息化发展相结合，建立覆盖各养殖区的生猪养殖信息网络。

2. 探索生猪目标价格制，熨平、减缓猪周期

目标价格政策，即在市场价格过高时补贴低收入消费者，在市场价格低于

目标价格时按差价补贴生产者。目前，农产品目标价格制度试点已经开始，新疆棉花、东北及内蒙古大豆被纳入首批试点范围。如果试点成熟，可以进一步总结推广。生猪（猪肉）也适合这样的目标价格制，即设定目标价格，进行差价补贴，既可稳定生猪生产，降低生猪养殖户的生产风险，同时又可保障消费者需求，稳定终端消费价格。国家应在生猪目标价格方面探索政策框架，进行顶层设计，为生猪生产持续稳定发展提供政策指导与路径设计，减少猪周期给我国生猪产业带来的诸多负面影响。

3. 试点推广生猪价格指数保险，引导生产者规避市场风险

生猪价格指数保险，即以生猪为保险标的、以生猪价格指数为保险责任的一种保险。

北京市正式启动了生猪价格指数保险，平均猪粮比低于 6∶1，视为保险事故发生，保险公司按保险合同给予生猪养殖户赔偿，避免了生猪生产的大幅波动。目前，有的地方通过保险提供补偿保障，已成为现代农业规避风险的主要手段。南方不少地方已经试点政策性农业保险，农民可为生猪、奶牛、肉鸡等投保，保费享受 70% 的财政补贴。面对大幅涨落的生猪价格，我国应引导生猪养殖主体在积极调整生产结构的同时，开发商品猪保险产品等，为稳定发展生猪生产、保障市场供应奠定坚实基础。

4. 推广"公司＋养猪"模式，发展生猪订单生产

目前，我国生猪养殖模式既规模偏小又分散，从业人员素质不是很高，即使推出生猪期货，操作也面临困难。在美国，由于产业成熟、个体养殖规模大、从业人员素质高，几万个人就可以养殖 1 亿头猪。但是，中国有将近 6 000 万的养猪人才养 7 亿头猪。在生猪产业链中，养殖环节最难，投入成本最多，面临风险最大。"公司＋养猪"模式是一种农企对接订单生产模式，由公司向合作养殖户统一供应苗猪、饲料、兽药，无偿提供技术服务，实行保护价收购，养殖户只管养好猪。这样，既保证了养殖户和投资者的收益，也对生猪市场价格起到了稳定的作用。应大力鼓励大型屠宰加工企业与养殖场（户）合作，采取订单方式采购，提升行业抗风险能力。

5. 推出生猪期货贸易，引导现货市场运行发展

期货的主要功能是通过套期保值和价格发现机制能动地调节和引导现货市场的运行和发展。我国加快建设生猪期货市场，有利于增强生猪业在国际上的竞争力、增加话语权。我国是全球猪肉第一生产大国，国内需求巨大。但国内养殖户多为中小散户，资本实力弱，抵御风险能力相对较差。鼓励屠宰、养殖大型企业参与大宗饲料原料期货市场和生猪电子交易，积极培育和发展生猪期货的机构投资者，为推出中国生猪期货和保障养猪业持续稳定发展打下坚实基础。在全球的期货市场上，开展过猪类期货交易的交易所已有很多，如美国中美洲商品交易所、美国芝加哥商品交易所、波兰波兹南交易所、荷兰阿姆斯特丹农业期货交易所、德国汉诺威商品交易所和韩国交易所等。我国可借鉴国际上开展生猪期货的成功经验，在连续推进生猪产业一体化经营的基础上，建立适合我国国情的生猪期货合约标准。

6. 培养比较完整的生猪产业链，注重提升生猪产业化水平

总体上来讲，我国目前生猪产业集中度还不够高，使得生猪生产者难以根据市场价格及时调整生产。国际上有两种成功的生猪产业化经营模式——美国模式和德国模式。以美国为例，有规模非常大的生猪饲养场，生猪生产者完全可以根据价格信号来有序妥善安排生猪生产，及时进行价格指导，在完全竞争的市场可以起到很好的作用。至于德国，也是家庭农场养猪，单个猪场就是几百头母猪，规模没办法跟美国比。虽然没有推出生猪期货，但是价格也非常平稳。原因在于从业人员的素质高、组织性强，农业协会起到很大的作用，有效实现了产销对接。我国应在大力发展生猪产业链基础上，进一步优化整合繁育、饲养、运销、加工、屠宰等环节，培养比较完整的生猪产业链，建立现代化的生猪产业生产经营体系。

7. 加强生猪市场信息服务体系建设

信息服务不及时、信息内容不精准或信提供不对称，都会导致生猪生产者决策失误，导致区域生猪生产失衡。应加强大数据分析、云计算、物联网等高新技术应用，为生猪生产、流通、消费提供优质服务。一方面，加强对生猪从生产、流通到消费的全链条信息监测和采集，为生产者、经销商和消费者提供

最真实、最及时的信息。另一方面，加强对信息的预测分析，为生猪市场供需双方提供有价值的调研报告。特别是要加强生猪生产环节的信息采集发布，如能繁母猪数量变化、生猪存栏数量变化及未来一段时期生猪出栏数量变化等，切实提高生猪养殖者、经营者的决策水平。

第四章
生猪产业的爱恨情仇——来自业界的声音

回首过去，相信对于每个养猪的从业者而言，影响都是极为深刻的，生猪价格"过山车"式的剧情在现实中被演绎得淋漓尽致，可谓一年走完一个小周期。可以说，2022年是近十年来形势最复杂的一年，为此，2022年，国家各级政府、各级管理部门继续给予养猪业极大的关注和重视，出台了诸多政策以指导产业的高效、健康、平稳发展。

第一节
2022 年养猪业十大最具影响力事件

2022 年养猪业风起云涌，若用一个词描述 2022 年的养猪业，应该是"捉摸不透"。2022 年养猪业十大最具影响力事件，有惊亦有喜，件件震动行业。有些令人满怀希望，有些引人深思，还有些事件的发生似乎早有预知。

1. 种业芯片

国以农为本，农以种为先。农业农村部办公厅 2022 年 8 月印发《关于扶持国家种业阵型企业发展的通知》，提出加快构建"破难题、补短板、强优势"种业企业阵型。据悉，国家畜禽种业阵型企业共遴选了 86 家，其中 25 家生猪育种企业均被纳入补短板阵型，牧原、温氏、正邦等养猪大企业均在其列。

2. 饲料涨价

2022 年受全球粮食减产、贸易摩擦等不利国际局势影响，饲料原料价格持续上涨，致饲料价格创历史新高。据国家统计局数据显示，豆粕价格自 7 月开始直线攀升，月均增幅高达 500 元 / 吨，其中 11 月 10 日豆粕价格甚至达到历史最高价 5 661 元 / 吨，较 1 月暴涨 1 988 元 / 吨，涨幅高达 55.6%。

饲料价格也随着豆粕价格疯涨，据统计，从 9 月到 11 月上旬，饲料连续 12 轮涨价，每次提价幅度均在 75 ~ 300 元 / 吨。多个品种的饲料价格上涨超过 1 200 元 / 吨，肥猪料价格高达 4 600 元 / 吨。为缓解饲料粮食危机，农业农村部在 9 月全面推行豆粕减量替代，牧原、温氏、大北农等饲料、养殖集团都通过采用豆粕替代原料的方式进行日粮配方调整，力求降低饲料成本，但在实际生产中应用的效果评价还是说法不一。

3. 楼房养猪

26 层世界最高楼房养猪场——湖北中新开维现代牧业一号生产大楼，首批生猪经过 3 个月的饲养，于 2022 年 12 月 28 日上市 138 头生猪，这是该场自 2022 年 9 月 30 日投产以来上市的第一批生猪，标志着世界最高、单体面积最大的楼房养猪示范基地取得了第一步生产运营成功。该生产大楼共有 3 700 头生猪"入住"，两栋大楼的总投资额为 40 亿元，占地 39 万平方米，年出栏量可达 120 万头。

4. 政策调控

政府对于猪价的调控史所未见。2022 年 10 月 14 日至 10 月 21 日，国家发展和改革委员会为了稳定生猪价格走势，七天连续四次发文，一边约谈猪企，一边投放储备肉，双管齐下，以稳定猪价。9 月，国家和各地合计投放猪肉储备 20 万吨左右，单月投放数量达到历史最高水平，投放价格低于市场价格。在上半年生猪价格低位运行时，国家连续 13 批次累计挂牌收储 52 万吨猪肉，提振了市场信心。

5. 《中华人民共和国畜牧法》修订

2022 年 10 月 30 日，新修订的《中华人民共和国畜牧法》(以下简称《畜牧法》)自 2023 年 3 月 1 日起施行。新修订的《畜牧法》旨在规范畜牧业生产经营行为，保障畜禽产品供给和质量安全，保护和合理利用畜禽遗传资源，培育和推广畜禽优良品种，振兴畜禽种业，维护畜牧业生产经营者的合法权益，防范公共卫生风险，促进畜牧业高质量发展。新《畜牧法》的修订，必将给养猪业带来新变化。

6. 猪价大起大落

2022 年猪价频繁出现"短期大起大落"，猪价明显地呈现"淡季不淡""旺季不旺"变化。

7. 正邦科技"爆雷"

2022 年正邦科技原本想通过变卖资产减少债务，但还是于 10 月 22 日，被锦州天利公司以不能清偿到期债务且明显缺乏清偿能力但具有重整价值为由，向南昌市中级人民法院申请对公司进行重整及预重整。10 月 26 日晚间，正邦科技发布《关于公司预重整债权申报通知的公告》，公告显示，南昌市中级人民法院决定自 2022 年 10 月 24 日起对江西正邦科技股份有限公司启动预重整程序，预重整期为三个月。12 月 27 日，正邦科技发布《关于预重整事项的进展公告》，公告显示，临时管理人与公司正在积极推进预重整相关工作，包括债权申报及审查等事项，截至公告披露日，公司尚未收到法院关于受理重整申请的裁定文书。截至 2022 年第三季度，正邦科技总资产约 306.64 亿元，总负债 349.02 亿元，资产负债率达 113.82%。而在这 349.02 亿元的负债中，其短期负债达到 254.19 亿元，占比高达 72.83%，短期借款达到 124.45 亿元，资金压力巨大。

8. 各大展会延期

受新冠疫情反复影响，2022 年养猪行业各大会议一再延期，有的在会前两天临时更换地点举办，有的甚至取消。譬如，原定于 2022 年 11 月 6 ~ 8 日在长沙举办的第十一届李曼中国养猪大会延期举行，延期至 2023 年 3 月 23 ~ 25 日，养猪人新理念、新技术的交流碰撞也只好延期。

9. 寡头时代来临

据统计，2022 年 1 ~ 11 月，13 家上市猪企生猪出栏共计 9 569.88 万头，超出 2021 年全年出栏总量 1 536.52 万头，占 2021 年全国生猪出栏总量的 16.54%，规模化程度进一步提升。

随着三季度猪价回暖，各大养猪集团实现扭亏为盈，开始谋划 2023 年新增产能，据统计，11 家大猪企 2023 年生猪出栏目标将达到 1.6 亿头，养猪业的寡头时代已经来临。

10. 环保压力尚存

2022 年以来，猪场因环保问题而被罚巨款甚至被拆除事件频发，牧原、温氏、新希望、正邦、神农、京基智农等养猪业巨头也均在列，罚单在几万至几百万元不等。值得一提的是，文昌京基智农也因违规排污行为被罚 981 万元。随着养殖业规模化进程加速，今后环保标准只会更严，生态养殖、循环养殖将占据养猪的主导地位。

第二节
养猪业将迎来历史性时刻——政策支持

我国的猪周期是客观存在的，并已经在畜牧业的发展中产生重要影响。养猪业在之前受到非洲猪瘟、新冠疫情的双重影响，猪价波动较大，猪价关系民生，引起政府的高度重视。2022 年，国家根据实际情况，及时出台了相关政策，以指导产业的高效、健康、平稳发展，希望养猪界的从业者能吃透政策的真正内涵，利用好政策，养好猪。

1. 国家政策

（1）农业农村部印发《国家动物疫病强制免疫指导意见（2022—2025年）》。为切实做好全国动物疫病强制免疫工作，根据《中华人民共和国动物防疫法》规定，结合我国动物防疫实际，农业农村部制定了《国家动物疫病强制免疫指导意见（2022—2025 年）》（以下简称《意见》），于 2022 年 1 月4 日印发各省、自治区、直辖市及计划单列市农业农村（农牧）、畜牧兽医厅（局、委），新疆生产建设兵团农业农村局，部属有关事业单位。《意见》的基本原则是：坚持人病兽防、关口前移，预防为主、应免尽免，落实完善免疫效果评价制度，强化疫苗质量管理和使用效果跟踪监测，保证"真苗、真打、真有效"。目标要求是：强制免疫动物疫病的群体免疫密度应常年保持在 90%以上，应免畜禽免疫密度应达到 100%，高致病性禽流感、口蹄疫和小反刍兽疫免疫抗体合格率常年保持在 70% 以上。

（2）国务院："十四五"猪肉产能稳定在 5 500 万吨左右。2022 年 2月 11 日，国务院印发《"十四五"推进农业农村现代化规划》（以下简称《规划》）。在发展现代畜牧业方面，《规划》提出，健全生猪产业平稳有序发展长效机制，推进标准化规模养殖，将猪肉产能稳定在 5 500 万吨左右，防止生产大起大落。实施牛羊发展五年行动计划，大力发展草食畜牧业。加强奶源基地建设，优化乳制品产品结构。稳步发展家禽业。建设现代化饲草产业体系，推进饲草料专业化生产。

（3）中央一号文件：稳定生猪基础产能。2022 年 2 月 22 日，《中共中

央　国务院关于做好 2022 年全面推进乡村振兴重点工作的意见》（2022 年中央一号文件，以下简称《文件》）正式发布。《文件》指出，要坚持和加强党对"三农"工作的全面领导，牢牢守住保障国家粮食安全和不发生规模性返贫两条底线，突出年度性任务、针对性举措、实效性导向，充分发挥农村基层党组织领导作用，扎实有序做好乡村发展、乡村建设、乡村治理重点工作，推动乡村振兴取得新进展、农业农村现代化迈出新步伐。对比 2021 年中央一号文件，2022 年中央一号文件将"保护生猪基础产能"目标调整为"稳定生猪基础产能"，并首度提出要防止生产大起大落，并鼓励发展工厂化集约养殖、立体生态养殖等新型养殖设施。同时，非洲猪瘟再次被一号文件纳入重点防控范围，要确保非洲猪瘟、草地贪夜蛾等动植物重大疫病防控责有人负、活有人干、事有人管。做好人兽共患病源头防控。

（4）《病死畜禽和病害畜禽产品无害化处理管理办法》发布。2022 年 4 月 22 日，农业农村部第 4 次常务会议审议通过了《病死畜禽和病害畜禽产品无害化处理管理办法》（以下简称《办法》），《办法》自 2022 年 7 月 1 日起施行。《办法》分为总则、收集、无害化处理、监督管理、法律责任、附则，共 6 章 39 条，是今后一段时期指导做好相关工作的重要依据和指南。

此《办法》适用于《国家畜禽遗传资源目录》明确的畜禽种类范围，覆盖畜禽饲养、屠宰、经营、隔离、运输等过程中病死畜禽和病害畜禽产品的收集、无害化处理及其监督管理活动。《办法》力求进一步完善健全病死畜禽和病害畜禽产品无害化处理制度机制，促进畜牧业高质量发展。

（5）农业农村部：《动物检疫管理办法》2022 年 12 月 1 日起施行。《动物检疫管理办法》于 2022 年 8 月 22 日经农业农村部第 9 次常务会议审议通过，自 2022 年 12 月 1 日起施行。2010 年 1 月 21 日公布、2019 年 4 月 25 日修订的《动物检疫管理办法》同时废止。

2. 省级政策

（1）广东印发《广东省生猪产能调控实施方案（暂行）》。2022 年 1 月 25 日，广东省农业农村厅印发《广东省生猪产能调控实施方案（暂行）》（以下简称《方案》）。《方案》提出，"十四五"期间，广东省能繁母猪保有量稳定在 190 万头左右，最低保有量不低于 171 万头，规模猪场（户）保有量不低于 4 500 户，生猪自给率保持在 70% 以上。此外，《方案》还公布了各市能繁母猪和规模猪场保有量调控目标。该实施方案自2022年1月31日起实施，有效期3年。为强化督导考核，广东省农业农村厅将保有量指标列入省对各市的乡村振兴实绩考核和"菜篮子"市长负责制考核。《方案》提出四大支持政策：一是维护养殖生产稳定；二是强化财政资金保障；三是加大金融支持力度；四是推进产业转型升级。

（2）安徽印发《安徽省兽用抗菌药使用减量化行动实施方案（2021—2025年）》。安徽省农业农村厅印发《安徽省兽用抗菌药使用减量化行动实施方案（2021—2025年）》（以下简称《方案》），提出到2025年年末，全省50%以上的规模养殖场实施养殖减抗行动，建立完善并严格执行兽药安全使用管理制度，做到规范科学用药，全面落实兽用处方药制度、兽药休药期制度和兽药规范使用承诺制度。《方案》提出，安徽省将以生猪、蛋鸡、肉鸡、肉鸭、奶牛、肉牛、肉羊等畜禽品种为重点，稳步推进兽用抗菌药使用减量化行动，切实提高畜禽养殖环节兽用抗菌药安全、规范、科学使用的能力和水平，确保"十四五"时期安徽省产出的动物产品兽用抗菌药的使用量保持下降趋势，肉蛋奶等畜禽产品的兽药残留监督抽检合格率稳定保持在99%以上，动物源细菌耐药趋势得到有效遏制。

（3）陕西全力推动生猪产业健康稳定发展。2022年3月25日，陕西省农业农村厅召开生猪产业发展座谈会，分析研判生产形势，研究稳定生猪生产的政策措施。会议要求，各地要切实增强稳定生猪生产的责任感，尽快采取措施积极应对。坚持市场调节和政府调控两手抓，形成多方协同支持生猪生产稳定的强大合力，防止生产大起大落。一是加强养殖企业信贷支持；二是加强冻猪肉收储；三是加强监测预警；四是加强服务指导；五是加强疫病防控。

（4）河北八大举措精准防控非洲猪瘟。为打好非洲猪瘟防控持久战，2022年3月下旬，河北省农业农村厅印发的《2022年非洲猪瘟精准防控八大举措》提出，按照全链条科学防控、全程依法监管总要求，紧紧抓住关键环节，深入推进非洲猪瘟精准化防控，全面提升防控工作质量，有效防止疫情发生。八大举措包括：深化"三式管理"、彻底清洗消毒、严格调运监管、强化风险管控、强化差异管理、科学监测预警、规范应急处置以及严格责任落实。

（5）江西加大金融支持力度，稳定生猪生产。2022年4月，江西省出台举措进一步加强金融支持力度，着力稳定生猪生产。江西要求各银行机构加大对生猪产业的信贷支持力度，对符合授信条件但暂时遇到经营困难的生猪养殖场（户），不得盲目限贷、抽贷、断贷。各银行机构对省级以上农业产业化龙头企业因猪周期导致还款困难的，不盲目下调主体评级，在原授信基础上不额外增加授信要求。江西还要求各地金融、农业农村部门加强会商，指导银行机构落实银行调整信贷规模报告制度，对国家级、省级生猪产业化龙头企业，以及国家级、省级生猪产能调控基地，如要调整信贷规模或提高信贷条件的，应提前与生产企业协调沟通，确保企业生产经营正常有序。江西将鼓励银行机构创新金融产品和服务模式，健全生猪产业贷款尽职免责和激励约束机制，支持银行机构稳妥开展土地经营权、养殖圈舍、大型养殖机械、生猪活体等抵押贷款试点。

（6）四川发布七大措施促进生猪稳产保价。2022 年 4 月 20 日，四川省委农村工作领导小组发布七大措施，促进生猪稳产保价，提升养殖主体信心。七大措施包括：进一步强化稳定生猪产能财政支持力度；进一步做好生猪生产发展融资需求保障；进一步提高保险保障水平；迅速启动猪肉储备收储工作；进一步做好价格监管和市场引导；进一步加强非洲猪瘟等重大动物疫病防控；进一步压实工作责任等。

（7）湖南加大信贷投放力度促进产业稳定发展。2022 年 4 月 29 日，湖南省农业农村厅、湖南省财政厅、湖南省地方金融监督管理局、中国银保监会湖南监管局联合发布《关于进一步加大金融支持力度促进生猪产业稳定发展的通知》（以下简称《通知》），将进一步加大生猪产业信贷投放力度，支持生猪企业化解风险、做大做强，促进湖南省生猪产业持续健康发展。《通知》瞄准促进生猪产业稳定发展的目标，出台一揽子计划，将进一步加大信贷支持力度，对省级以上农业产业化龙头企业，以"公司＋农户"模式生产经营的生猪企业，挂牌国家级、省级生猪产能调控基地的生猪养殖企业予以信贷支持上的政策倾斜。同时，创新信贷服务模式，加快推广土地经营权、养殖圈舍、大型养殖机械、生猪活体等抵押贷款，更好满足生猪产业融资需求。该政策措施自发布之日起施行，有效期 5 年。

（8）四川将建 100 个优质商品猪战略保障基地县。2022 年 6 月 10 日，四川省农业农村厅印发《四川省"十四五"生猪产业发展推进方案》，明确"十四五"期间，四川将建设 100 个优质商品猪战略保障基地县，在全省五大经济区布局，年出栏生猪 6 000 万头左右。方案提出，结合全省生猪生产资源禀赋与"十四五"期间城乡统筹发展规划，这 100 个优质商品猪战略保障基地县布局为：成都平原经济区 36 个、川南经济区 23 个、川东北经济区 29 个、攀西经济区 11 个、川西北经济区 1 个。

（9）重庆发布措施指导生猪生产防旱减灾。为降低高温干旱对重庆生猪养殖的影响，2022 年 8 月 19 日，重庆市畜牧技术推广总站、重庆市生猪产业技术体系发布《生猪养殖应对高温干旱十条措施》，指导重庆养猪场及广大养殖户做好防旱减灾工作，确保生猪稳产保供。十条措施具体涵盖猪只营养供给和细化管理、调整猪饲养密度和生产节律、减少猪高强度运动和应激反应、加强圈舍降温工作和通风换气、加强猪场卫生消毒和猪粪处理、做好猪场饮水供给和储水节水、确保猪场线路安全和电力供应、坚守疫情防控措施和人员管控、抓好猪场物资储备和防范火灾、加强猪场应急管理和警示预警等。

（10）天津推进活体畜禽抵押融资支撑产业发展。为贯彻落实《中国人民银行关于做好 2022 年金融支持全面推进乡村振兴重点工作的意见》，进一步拓宽涉农贷款抵质押物范围，积极发挥金融支持畜牧业高质量发展的重要作用，2022 年 10 月中旬，天津市相关部门结合全市工作实际，制订了推进活体畜禽抵押融资工作方案，明确了工作要求、融资标准、规范融资环节等内容。天津市农业农村部门负责畜禽养殖场户的管理指导，推动养殖、防疫、检疫等数据互联互通，支持金融机构加快创新活体畜禽抵押贷款金融产品、服务模式。支持金融机构做好借款人的筛选、推介、尽职调查等工作。推动畜牧业数据化转型，提升畜牧业金融服务数字化水平。

第五章
猪场盈利的觉醒年代

　　面对这两年养猪业如同坐过山车一样的经历，面对大利润空间的诱惑和行业的跌宕起伏，要想使企业立于不败之地，养猪行业从业人员一定要紧跟时代步伐，把握好宏观方向及学习更多的管理前沿知识。

第一节
农户养猪的背景与市场经济

农户养猪是我国广大农村地区的常见生产行为。农户养猪经历了从传统经济时期到现代经济社会的历史变迁，其中受到国家调控和市场的作用，经历了农户养猪自给自足阶段和市场经济条件下的国家鼓励阶段，这对实施乡村发展和产业振兴、优化养殖布局、提升整体技术水平、保障养猪业市场稳定均产生了深远影响。

1. 农户养猪产生的历史背景及特点

农户养猪在形式上大致经历过这样几个阶段：第一阶段，传统时期——自给自足，这里的传统时期主要是指新中国成立以前的历史时期。这一时期主要是通过历史资料的搜集和分析来展现传统社会农户养猪的行为和动机。第二阶段，计划经济时期。国家从 1953 年开始对农业进行了社会主义改造。中国农村进入了集体化时代。在集体化时代乡村农户养猪行为受到了限制，出现了前所未有的变化。改革开放后，农户养殖开始规模化。私养与公养的对立消失，取而代之的是散养与规模养殖，散养农户能否成功融入规模养殖成为衡量新时代生猪生产政策的重要标准。第三阶段，规模化猪场形成时期。各阶段的特点如下。

（1）传统时期——自给自足。

①农户养殖消费与缴纳地租。中国封建社会的农民一直是由占有少量土地和生产资料的自耕农和依附于地主阶级的佃农构成的。但不论是哪种农民，都是一家一户男耕女织自给自足的小农经济。农民的生产通常是农业和家庭手工业相结合，以满足自己衣食的基本生活需要。因此，在中国传统社会，农户养猪这种种植业之外的畜牧业也属于小农生产、消费的范畴。农户养猪的目的主要是满足日常肉食的需要，这种消费通过两种方式体现：一是自耕农农户自身的肉食消费需要；二是佃农以实物地租的形式上缴地主阶级。传统社会农村农户养猪属于家庭生产的范围，生产的主要目的是缴纳地租或者肉食消费需要，因而生产的猪肉很少拿到外面市场上去卖。随着商品经济的发展，到了货币地

租盛行的时代，有一些农户把猪肉出卖交换的目的也是缴纳地租。

②国家鼓励——增加税收。在传统农业社会，农业生产是社会经济的主要支柱，也是国家税赋收入的主要来源。在农户税赋沉重的各个历史时期，养猪都被纳入税收的范围。

（2）计划经济时期。

①国家主导，产权安排。国家从 1953 年开始对农业进行了社会主义改造。养猪被纳入国家计划，在国家力量的作用下，农户养猪没有多大的选择空间。在计划经济时代，为了保证物质的供应和经济建设的需要，国家逐渐对农副产品实行统购和派购，对生活物资实行凭票供应。农户生产、消费都被国家纳入计划范畴，市场处于缺位状态。

②市场经济时期（过渡时期）——商品化与货币收入。20 世纪 70 年代末到 20 世纪 90 年代初是过渡时期，以杂交猪、专业化饲养为主，并逐步向良种猪转变，由副业向专业化、集约化转变。适度规模的养猪已有较大发展，但传统养猪仍占很大比重。育种方向则逐步由培育脂肪型、兼用型猪向培育瘦肉型猪转变。

（3）规模化猪场形成时期。20 世纪 90 年代至 21 世纪初是我国养猪集约化、现代化、标准化发展的重要时期。随着农业产业结构的调整，养猪业已成为我国农牧业的一项支柱产业。这一阶段的养猪技术主要表现在：

①养猪设施现代化。伴随我国养猪产业化的发展，一批专业化养猪设备企业研制开发了一些新型猪舍建筑材料、设施、设备和产品，并应用计算机辅助设计技术装备了工厂化猪场，实行了标准化的生产技术、流水式的生产工艺、适宜化的饲养环境。特别是引进开发了粪污处理设施生产生物有机复合肥、建设沼气池等进行粪污处理和再生利用，减少了环境污染，提高了养猪的综合经济效益。

②养猪工艺流程化。工厂化养猪就像工业生产一样，以生产线的形式，实行流水作业，按照固定周期节奏，连续均衡地进行生产。生产过程主要包括了配种、怀孕、分娩、哺乳、育成和育肥等六大环节。现代工化养猪的生产工艺就是按照上述六个环节组成一条生产线进行流水式生产。

③养猪饲料系列化。随着新型养猪饲料的研究开发，养猪生产可充分按照哺乳仔猪、保育仔猪、育成猪、后备猪、空怀母猪、妊娠母猪、泌乳母猪、种公猪的生理特点、营养特点、生产特点，生产系列化日粮。

④养猪育种配套化。目前我国畜牧科技工作者充分利用国内外两类猪种基因资源，培育出了多个专门化父母本品系，性能和技术水平接近或达到国际先进水平，猪育种已转向适应不同市场需求的专门化品系培育，并配套生产。2010年后，随着城市化规模越来越大，部分农民都进城上楼了，留在农村家乡的人越来越少。由于猪肉价格存在周期，利润低，小规模养猪模式抵抗周期的风险能力不足，没办法与大规模养殖场相比，所以小规模养猪模式既辛苦也赚不了太多钱，还要面对猪肉周期、各种疫病等风险。在这种背景下，一些小规模养殖户也开始不养猪了，而一些大型的现代化养猪企业，在政府和政策的鼓励下，开始在各地新建大型的现代化养猪场。

2. 农户养猪市场经济条件下的经济学分析

生猪散养农户大规模退出是当前生猪产业的一个突出现象。生猪散养农户退出既关系养猪业本身的发展，也关系养猪农户的生产与生活。在城镇化、工业化背景下，生猪散养农户退出既是一种历史趋势，也意味着农业农村经济结构的转型和重构。

农户自主养猪，实现货币收入。家庭联产承包责任制实行后，国家逐渐放开对农户生产资料的控制，农户在生产经营中的自主权利得到恢复与扩张。在包产到组、包产到户和家庭副业的基础上，农户实现自主经营。农户获得经营自主权以后，养猪的积极性大为增加，通过养猪的商品化来增加家庭货币收入。

（1）农户自主卖钱增收。1985年取消了生猪派养派购政策，农民实现了"养多少猪、卖多少猪、卖给谁"都由自己决定，政策顺应民心，从此激发了广大养猪户的积极性，农业推行"三自一包"，也需要肥料来增产，我国的养猪业走上了快车道。

（2）国家政策扶持。猪肉是我国城乡居民的生活必需品。国家采取不同形式不断加大对生猪生产的投入。比如对种猪生产、饲料加工、生产资料生产供应、疫病防控、技术推广、经济合作组织、产业化龙头企业、母猪生产与保险、规模化猪场技术改造、废物的无害化处理等不断加大扶持力度，不断改善生猪生产条件和环境，促进生猪产业的健康、稳定、持续发展。

（3）市场介入的风险与机遇。随着农业经济的发展，粮食饲料的丰富，以及人们对肉食的消费数量的增加，农户养猪数量快速增长。农户养的猪除了供自家宰杀食用以外，其余都被卖入市场，而专业养猪农户的主要目的就是商品化，获取货币收入。

国家放开生猪价格后，养猪业发展迅猛，随之猪肉供求矛盾形成，开始出现市场波动。市场供求关系不断变化，居民消费数量增长缓慢，而规模养猪数量增多，生猪市场出现周期性价格波动。后来，养猪业的波动更加频繁，生猪价格随着养猪数量的增减呈反向波动，波动的特点呈锯齿状，低潮期持续时间一般不超过一年，高潮期一般持续3～5年。由于城乡居民肉食消费的多元化，专业养殖规模的扩大，普通农户养猪受到了很大的影响，甚至一部分农户养猪出现了亏损情况。而专业饲养农户由于规模较大，成本降低，能够挺过市场低迷期，最后靠管理和技术上的优势实现盈利。

（4）行业协会抵抗风险。在国家调控和市场双重作用下，农户养猪面临着更多的风险和机遇。为了有效应对各种市场风险，改变农户养猪一家一户应对大市场的局面，养猪合作组织应运而生并且蓬勃发展。国家也积极支持农民按照自愿、民主的原则，发展多种形式的农村专业合作组织。各地的养猪协会是随着生猪产业的发展，由农民和龙头企业自主发起，政府引导而逐步建立和发展起来的。养猪协会是政府职能部门联系广大养猪生产者的纽带，既是民间组织，也是职能部门，他们负责向养猪生产者宣传政策、提供信息、组织交流经验、进行技术服务和技术培训，参与制定和监测行业产品质量标准，协助进行宏观调控，是具有一定权威的行业组织。

养猪协会对促进生猪产业发展发挥了积极作用，提高了生猪产业社会化服务水平。通过对会员养猪提供产前、产中、产后全程服务，有效地解决了养猪户普遍面临的信息难寻、疫病难防、资金难筹、生猪难销等问题，完善了生猪产业服务体系。养猪协会还提高了农民的组织化程度，协会的发展，使分散的农户与龙头企业建立起了多种形式的联合与合作，解决了小生产与大市场的矛盾，使分散经营的小农户组合成专业生产联合体或大规模的生猪生产基地，从而有效地提高了农民发展生猪产业的组织化程度。一家一户不再直接面对市场，解决了养猪户的后顾之忧，增强了他们抗御市场风险的能力。

第二节
农户养猪效益差的原因及对策

尽管如今养猪的农户逐渐少了，农民养猪也越来越没有优势，但不得不承认，因为国情的决定和自身的需要，农民养猪短期内不会消失，却会越发显得弱势。在市场风云变幻的时代，如何帮助农民养好猪、养出高品质的猪，让农民靠养猪过上好日子，更需要广大畜牧工作者思考。

1. 农户养猪存在的问题

相比传统的种植业，一部分农民为了提高生活质量，依然选择了养殖业。然而，因为条件所限，单枪匹马、势单力薄及其他多种因素影响，有一部分农民辛辛苦苦养猪，经济效益却很差，甚至亏损，无疑更需找出问题的根源，针对性地去解决。

（1）养猪规模小，技术含量低。目前大多数农户养猪多为散养户，饲养规模以 5 ~ 20 头基础母猪，或年出栏 1 400 ~ 1 800 头育肥猪的中小型场多见。因饲养规模小、技术含量较低，对市场风险的抵御力差，极易受市场行情波动的影响，从而蒙受较大的经济损失。

（2）品种杂交方式简单，杂种优势表现不明显。良好的品种是取得高经济效益的前提条件之一。要想取得数量多品质优的商品猪，必须采用优良种猪，同时还要注意配种方式的选择。目前农户养猪缺乏科学的指导，采用的配种方式较混乱，使原有品种的优势没有充分表现出来。有的养猪户为了减少经济投入而直接从杂交猪中选留种，由于杂交猪的遗传性能不稳定，后代易出现性状分离，从而造成经济效益下降和残次猪增加，继而影响优良品种的推广及应用，导致养猪户经济收入降低。

（3）建筑形式落后，生产性能受影响。目前农村养猪场常见高舍建筑形式有三种：开放式、封闭式、大棚式。开放式：形式简单，通风好，造价便宜，但舍内温度不易控制，适宜做北方的成年畜舍。封闭式：采光好，防潮，有利于保温，适宜做寒冷地区的育肥舍。大棚式：通风好，空气新鲜，不宜控温，适用于炎热地区。在开封通许地区大多数养猪户采用的是开放式舍，这种猪舍适用于种猪的饲养管理，不利于育肥猪和仔猪的饲养管理，其最大缺点是环境、温度不易控制，不利于不同阶段猪的生长和管理，使其生产性能得不到充分表现而造成经济效益的降低。

（4）营养不平衡。在饲料平衡上易出现以下五个误区。一是农户营养平衡观念淡薄，还采用传统的"稀汤灌大肚"，想着只要吃得多，就会长得快。二是把全价饲料当作添加剂用。为了省钱，每天像吃馍配菜一样，每一顿给一点全价饲料，这对猪的生长起作用不大。三是缺乏正确的喂料方法，主要是对不同的全价饲料缺乏认识，把仔猪喂的颗粒料加水拌成粥状，使饲料的营养成分受到破坏，营养价值降低。把干粉生料煮熟喂，不但浪费而且破坏了饲料的营养成分，导致饲料营养价值降低，费人工、耗燃料、增加成本。四是投料的方法不科学，缺乏科学的投料意识，有的农户每次喂料加料太多，食槽中总有一定的剩料被老鼠、野鸟偷吃，有的饲槽设计不合理，槽底凹凸不平，水、料同槽，猪吃不净，造成夏季霉变，冬季结冰；还有的农户一次性购入太多饲料，保存不当或过期，造成饲料变质，营养成分散失。五是换料的方法不科学，常突然换料。

（5）养猪户对疫病防治缺乏了解。农村养猪户在养殖过程中对于疫病的防控缺乏足够了解，为了降低成本而较少给生猪注射疫苗，特别是对仔猪和母猪的疫苗注射缺乏重视。而相对脏乱的养殖环境导致细菌和病毒滋生概率过高，当社会上出现生猪瘟病时农村小规模养殖户更易受害。一些饲养母猪的农民认为仔猪过早打预防针会影响其生长，因此通常要饲养两个多月、体重达20千克以上才出售，再由防疫员当场打猪瘟疫苗。表面上看仔猪健康、买者放心，其实这时猪体内的抗体滴度低，免疫力差，易患病。这也是目前中大猪发生猪瘟少、仔猪发生猪瘟多，典型猪瘟少、非典型猪瘟多，猪瘟一年四季均有发病的主要原因。

（6）消毒意识差。很多农户在整个饲养过程中没有采取过任何消毒措施，"即使有些农户具有这种意识，也仅仅是象征性地做一做"，消毒极不彻底。更有些农户的猪圈卫生和饲养条件差，长时间不清理粪便污水，猪舍冬不御寒、夏不防暑。这样不仅会引起猪的体质下降，而且易于传播疫病。特别是自繁自养的养猪户，因为在母猪产仔时消毒不严格，很多仔猪生下后没几天就出现了腹泻等情况，死亡率很高。

（7）滥用药物，影响疫病控制和人类健康。药物虽然可以防治疾病，但也存在一定的毒副作用，当前发现有农户滥用药物的现象，中毒的情况也时有发生。有些农户将土霉素原粉、喹乙醇当作保健品长期使用，使细菌的耐药性日益增强，畜产品的药物残留超标。这些问题的存在降低了畜产品质量，甚至出现由于销售不畅使部分养猪户破产的情况，沉重打击了养猪户的生产积极性。

（8）把握市场的能力相对较差，盲目跟风。在市场经济的大潮中，生猪价格忽高忽低，而农户是在一家一户、自产自销、相对独立的状态下进行生产的，把握市场的能力相对较差。再加之不搞市场调研，不分析市场行情，见别人养猪赚钱就跟着养猪，有时非但赚不了钱，甚至连本也保不住。随着市场的变化，猪价起落是很正常的，但部分农户不顺应市场经济规律，急于求成，价格偏低时，出售生猪，造成亏本，到价格回转上升时，生猪生产又跟不上。想不到养殖业发展也有规律可循，更想不到别人养猪赚钱的时候就是自己赔钱的开始，结果形成"多养多赔、少养少赔、不养不赔"的恶性循环。

（9）环境污染严重，制约养猪业的发展。近年来，养猪业的快速发展，不仅满足了人们的生活需要，并且为当地的产业经济发展起到了推动作用。但同时，因猪场粪污排放的无序化和缺乏相关监管，也给当地的生态环境造成严重的污染。如粪便的污染、水污染、土壤污染、大气污染等，不仅对养殖场的环境有较大的影响，同时也给当地居民的生活环境造成严重污染。群众和养猪户之间有不和谐因素，也成为制约当地养猪业发展的重要瓶颈。

2. 解决农户养猪效益低下的策略

面对单枪匹马、势单力薄的养猪农户，无疑需要更多的关怀和理解。要科学引导，让他们提高自身素质，增加知识储备，采用现代模式，规模适度，"种养结合，资源循环利用"才是唯一的出路。

（1）场址的选择。最好远离庭院、村庄、工厂、学校、集市等人群密集地，距离达到 500 米以上，地势要高燥、平坦，水源水质要好，没有被污染的地方，土质以沙壤土为好。

（2）选择合适的品种。随着互联网等信息技术的广泛应用，信息传递速度加快，在同等饲养管理条件下，上市肥猪的价格差异主要取决于猪的品种。一般情况下品种越好，销售价格越高，效益就越好。根据农村养猪农户的养殖水平，以及现有的设施设备条件，目前适合农村中小规模饲养的品种为"二洋一土"三元商品杂交猪，即利用外来品种长白或大约克公猪和地方品种的母猪杂交，产出一代杂种母猪留种，然后再和外来品种杜洛克或汉普夏公猪杂交二代用于商品猪育肥。

（3）搭配合适的饲料。由于养殖的规模不断扩大，传统自给自足的自然经济受到冲击。除少数规模较小的农户实行种地产粮—养猪—上市销售这种模式外，大多数农户养猪选择商品饲料，一种是全价料，另一种是预混料或浓缩料（配合饲料时只添加玉米、麸皮等能量饲料的称为浓缩料）。

①使用全价料时要注意尽量选择来自饲料行业中信誉好、服务优的大中型企业，且存放饲料的仓库要防潮、防鼠，按饲料标签注明的保质期使用。

②用于配合饲料的原料（如玉米、小麦、豆粕、麸皮等）质量要好，保证新鲜、干燥、无霉变。

（4）保持适度养殖规模。根据饲养者的实际能力、资金来源、劳动能力、科技含量、市场行情，权衡利弊，量力而行，综合确定。规模太小效益不高；规模过大占用资金太多，所需劳动量太大；盲目上马，市场风险大。因此，只要提高科技水平，常年养 3～5 头母猪，实行自繁自养或市购猪苗育肥，实行"全进全出"，完全可以实现年出栏 50 头左右，投入少，资金周转快，市场风险小。有条件的可兴建模规较大的猪场。

（5）控制环境条件。良好的猪舍条件有利于促进猪的快速生长发育。猪舍可建成单列式半蔽棚或双列式半蔽棚，到冬春可以改造为扣棚猪舍，猪舍内设运动场、洗澡及饮水设备，有良好的排污条件。要求冬暖夏凉，空气流畅，湿度适宜。每头母猪需占地 $10～15$ 米^2，每头育肥猪需 1 米^2；母猪妊娠期群养，产仔、哺乳母猪单养。

（6）精心饲养管理。精心饲养管理是提高养猪效益的保障。一是计划育肥的仔猪在 20 日龄体重 6 千克左右，适时去势；二是对育肥仔猪 40～50 日龄要进行驱虫；三是按猪体重、来源等进行合理分群，防止以强欺弱、以大欺小；四是实行生料稠喂，避免饲料营养破坏；五是饲喂定量，少给勤添，先精后粗，供足饮水，一般每头猪每天喂料量按体重 $×4\%$ 进行计算；六是坚持前敞后限，以满足猪不同生长期的营养需要，又提高肉品质量；七是推行直线育肥，即从仔猪断奶到出栏，根据猪的生长规律，全期给予高营养日粮，一直养到出栏，缩短育肥周期，降低饲料消耗，提高饲料利用率，资金周转快。

（7）广辟饲料来源。多渠道开辟饲料来源，可大大降低饲料成本。一是在旱地上种植大豆、高粱、玉米等精料；二是充分利用田边地角多种植红萍、黑麦草、大麦、苕藤、青菜等青绿多汁饲料；三是利用豆饼、菜饼、酒糟、畜禽屠宰场的下脚料等加工副产品；四是利用松针粉、橘皮粉、红薯等加工成饲料。利用各类饲料时必须经过青贮、氨化、酸化、碎化、碱化、酵化等方法进行加工处理，提高饲料的适口性，防止部分饲料中毒等。

（8）实行立体养殖。立体养殖是现代农业发展的总趋势，有利于推动农业的可持续发展。一是要因地制宜地选准立体养殖模式。目前较成熟的立体养殖模式有"鸡—猪"或"猪—鱼"的二段式结合模式；"鸡—猪—鱼"联养的三段式；"鸡—猪—沼气—鱼"结合的四段式。二是要根据选定的模式合理确定鸡、猪和鱼养殖的比例，一般鸡与猪饲养比例为（20~25）：1，猪鱼结合的比例为7~8头猪的粪供给1亩鱼精养水面。三是要注意科学使用畜禽粪便或沼液。

（9）解脱重度劳作。任何行业要想盈利必须由劳动密集型向技术创新型转变，养猪也是如此，不能抱着旧观念墨守成规。想盈利就要把养猪当作一个产业来做，不能"前院栽花，后院养猪"，当作副业，要向规模化转型。广大养殖户一定要摒弃养猪就是赚个辛苦钱的想法，不能把我们从事的关系国计民生的大事业，当作是最底层的劳苦工作，只有思维转变了才能迎来养猪业的春天。用一句直白的话讲，当你感觉养猪很轻松时，赚钱也就变得轻松了。当然，不少养殖户可能会问，资金有限，距离现代化、工业化差距很大，该怎么办？其实答案很简单，如果你按照传统的办法投资养100头猪，不如用科学的办法饲养一栏猪。

（10）改善人居环境。改善人居环境是发展养殖业的需要，也是提高人民生活质量的需要，只有注重环境才能更好地发展养殖业，养殖和人居环境二者相辅相成。规范养殖业符合国家绿色养殖可持续发展的大方向。

（11）综合防控疾病。坚持"预防为主，防重于治"的原则，做好以下几个方面以加强疾病防控。

①加强生物安全，强化免疫防疫。自繁自养商品场必须制定合理的免疫程序，做好猪瘟、伪狂犬病、圆环病毒病、蓝耳病等病毒性疫病的免疫。

②定期驱虫。种猪每季度驱虫一次，后备猪在配种前驱虫一次，仔猪在45日龄左右驱虫一次，一般用伊维菌素与芬苯达唑混饲连喂7天。

③消毒。交替使用聚维酮碘或过氧乙酸或百毒杀等对猪舍消毒。

（12）适时出栏销售。一般生猪收购价在逢年过节时均会有不同程度的上扬。农户要根据饲养水平，计划好出栏时间，一般在 3～4 月。7～8 月购猪饲养，效益较高。猪的生长规律按照前期增重慢、中期增重快、后期增重又变慢的规律确定出栏时间，育肥猪以饲养 180～200 天为宜。我国肉猪理想的出栏体重为地方早熟品种 80 千克、培育品种 90 千克、杂种猪 100～200 千克。

第三节
规模化养殖的经济学分析

养殖产业实行市场转型，实施绿色产品和品牌战略，实施养殖环保和农业可持续发展的战略都需要养殖业的规模化、产业化。

1. 规模化是我国畜牧业发展的趋势

（1）养殖者对市场经济的适应性选择。养殖业作为市场经济的一部分，自古以来就有程度不同的规模波动。规模化养猪克服了传统家庭副业养猪由于饲养规模小，不利于推广先进科学技术，而且在劳动力、场地等资源配置上造成很大浪费，以及市场适应能力差、经济效益低等诸多缺点，提高了养殖业的生产力水平。

（2）规模经济的含义。无论是规模经济理论的鼻祖亚当·斯密，还是其后的经济学家，对规模经济的定义基本上都是围绕成本概念来展开的。微观经济学认为，所谓规模经济又称为规模节约。规模经济最核心的含义是指在投入增加的同时，产出增加的比例超过投入增加的比例，单位产品的平均成本随产量的增加而降低，即规模收益（或规模报酬）递增；反之，产出增加的比例小于投入增加的比例，单位产品的平均成本随产量的增加而上升，即规模收益（或规模报酬）递减。当规模收益递增时，称作规模经济；规模收益递减时，称作规模不经济。规模经济的分类方法很多。按照生产要素在企业的集中程度和投入产出量的大小，可以把规模经济分为三个层次：第一个层次是单一产品的规模经济；第二个层次是工厂水平上的规模经济；第三个层次是多工厂水平（多种产品工厂）上的规模经济，或叫企业水平上的规模经济。

2. 规模经济形成的因素分析

规模经济效应的形成是有条件的，可将这些条件分为内部可控因素和外部不可控因素（能否控制是一个相对而不是绝对的概念），而这些因素一旦不能满足或变化，将改变农户的规模经济效应，即影响到规模经济性曲线斜率的变大或变小，左移或右移。

（1）市场需求规模。产品不同，对生产企业的规模要求不同，在发达国家中，市场规模较大的产品要求生产企业必须大规模地生产，通过与生产技术相适应的规模化生产来实现低成本，如汽车业、钢铁业的生产规模一般很大。就养猪业而言，养殖规模的大小与市场对畜产品的需求直接相关。目前，我国畜产品平均消费量低于欧美等发达国家，具有很大的消费市场。

（2）市场竞争需求规模。在卖方市场的条件下，只要提高价格，就可立竿见影提高经济效益，因而降低成本被视作是次要因素。这时，生产经营的目标是迅速扩大生产规模，以获取更大的利润，生产企业的规模经济性将不被考虑。而在买方市场的条件下，由于出现激烈竞争，企业无法通过降价来获得更大盈利，因此，谈规模经济必须是在买方市场的前提下。从全国总的情况来看，生猪养殖户还有一些是分散经营的小农户，不能与大市场抗衡，是市场价格的被动接受者，无法通过改变原料市场价格获得经济效益，只有通过扩大养殖规模、降低单位产品的平均成本来获得更大的利润。

（3）规模化促进科技进步和效益提高。规模养殖有利于推动科技进步，比如，良种推广、配合饲料、疫病控制、科学饲养管理等新技术的研究、应用与推广。科技进步促进养殖效益的提高，养殖效益提高推动规模经营的发展，规模生产的发展又推动科学技术的广泛应用。规模养殖有利于抵御市场风险。千家万户小规模分散经营，虽然有"船小好掉头"的优势，但往往容易随波逐流。市场看好时一哄而上，盲目发展；市场疲软时，杀猪改行，大冷大热，在市场波动中大受损失。相反，规模化经营，特别是以产业化为基础的规模经营，具有较强的市场承受能力。当市场波动时，一方面通过选优去劣，压缩规模，提高种群质量和生产性能，降低成本；另一方面，通过产业链内部不同环节之间的利益再分配，将生产波动和损失降低到最低程度。

（4）规模化养殖是产业化的基本条件。如果说将养殖的副业型阶段称为初级阶段，兼业型商品生产阶段称为中级阶段，那么，以集约化、标准化为特征的规模化养殖就是高级阶段。这一阶段与第一和第二阶段的区别不仅仅表现在数量上的多少，主要特征是把养殖形成一个产业，即以猪为核心的产前、产中和产后的有机结合，产前围绕产中服务，产后为产中解决归宿。产业化的形成，规模养殖是基础，是社会经济发展到一定阶段的产物。

（5）规模化养殖是全球一体化的需求。科技进步，经济的发展，使地球变得越来越小。世界贸易组织，使全球经济成为一体。任何一个国家或地区的经济发展，都与其他国家甚至全球经济的发展息息相关。每个国家或地区，发挥自己的优势，组织生产，为他国服务，反过来，也享受世界其他国家的劳动成果。我国是生猪生产的优势国家，畜产品既要满足本国国民的需要，也要满足国际市场的需要，这样可以通过较高的附加值，获得高额的利润。欲打入国际市场并占领国际市场，必须实现产品的批量化、标准化和优质化，因而要求养殖的规模化、规范化和集约化。

3. 规模经济效益形成的因素分析

（1）基础设施投入。在现代化的生产中，设备要求较高，生产设备的高额投入，固定资产的高折旧，就要求规模化的生产要降低单位产出的固定成本分摊。因此，在生产规模不是很大时，设备的投资越少，经济性越高。对于养猪业，经营适度的头数有利于养殖户采用合理有效的饲养管理方式，同时也降低了单位生猪的固定成本分摊，便于提高养殖规模效益。

（2）饲养者素质提高。养殖人员素质的提高反映在规模效应上，即在相同的投资、生产规模条件下的成本降低。养殖人员素质高，可更快吸收先进的养殖技术，进行基础设施投资，科学养殖，减少饲料资源的浪费，还可减少单位产出的工时或提高单产，从而降低养殖的单位成本，提高收益。规模养殖场业主大部分十分重视接受新技术，了解新信息。他们积极参加协会举办的培训班，无论是学习品种改良还是防疫灭病和科学饲养管理技术，都积极踊跃参加。规模养殖场业主，饲养管理经验丰富，饲料配置合理，并且对猪病的防控意识与能力极强，能有效地利用现有资源获得较高的经济效益。

（3）饲养效益增加。规模化养殖的增效来源有以下两个方面。一是仔猪实行自繁自育，购买仔猪成本减少 60 元／头以上。购进成本降低一般可减少饲养成本 50 元／头左右，因品质和品牌效应，与市场价相比高出 0.4 元／千克以上，销售差价就是 40 元／头。具体推算，规模化养殖场与普通养殖户相比，饲养效益大大提高。猪仔质量的高低是关系养猪成败的关键环节，规模化养殖有利于选择经过选种选育的优良种猪，优良的种猪是提高养猪效益的基础要素。规模养殖中实行自繁自育，可保证仔猪品质，又可大大减轻补栏资金压力。二是科学设计加工饲料，提高饲料营养经济效益。规模化低成本的零部件和原材料的供应是形成规模效应的重要前提。养猪成本中日常的饲料消耗是影响养猪规模效应的主要因素。饲料是养猪过程中最大的成本，占生产费用的70%～80%，因而能否获得质优价廉的饲料，是决定养猪经营成效好坏的关键。规模化养殖，有条件和能力自己设计饲料配方，灵活运用饲料标准，科学选用饲料原料，能够做到根据每个阶段的营养需要设计不同的饲料配方，以充分发挥猪的生长潜力，提高猪产品品质和综合经济效益。

（4）注重科学管理，提高猪产品品质和经济效益。规模化养殖带来的规模效益其关键在于管理，包括生产管理、经营管理、财务管理、技术管理等。从投产开始，就应把饲养技术、防疫灭病技术、品种改良技术及各项制度完善好。强化防疫，减少疫病发生。根据当地疫情实际制定免疫程序，合理接种疫苗，定期驱虫和消毒。禁止使用药残量大的兽药、添加剂，减少用药成本。规模养殖场非常重视疫病预防工作，防疫意识增强。大部分规模场接受了个别场由于不重视防疫工作，不愿意在防疫上多投入，等到发病后再进行大量扑杀，造成巨大损失的惨痛教训。现在，各养殖场都能认真执行"预防为主"的方针，主动采取免疫、消毒等综合防疫措施。规模养殖场有利于规模效益的产生。由于规模养殖较好地防范、控制了疫病的发生，降低了牲畜的死亡率。只要管理正规、制度严格，一般规模猪场在好的年景下都能大量获利；就是在猪价较低的时候，也能获得微利和保本。

（5）运用市场规律，适时出栏、补栏。畜禽能否适时出栏对规模饲养场的效益影响很大。由于畜禽市场价格多变，要认真分析近段时间畜禽及产品的价格走势，准确判断最佳出栏时间，切忌贵买贱卖的现象发生，在畜禽价格处于最低谷时，要最大限度地补栏，抓住低谷过后必有高峰的市场规律，运用市场手段，尽可能地获得较大经济效益。

（6）政策制度安排。生产企业的规模经济与当时的社会的政策制度安排有着密切关系。不同时期，政府的制度安排不同，企业对生产规模的选择不同。目前，国家出台了一系列促进生猪生产发展的政策措施，全国许多地方，积极落实国家的相关政策，支持养殖户贷款等，鼓励生猪养殖业的发展，并为其创造有利条件：成立维护养猪行业、会员的合法权益和共同经济利益的养猪协会，对养殖者开展技术培训、交流、咨询、展览展示等活动，协助政府开展行业调查、决策咨询及产业政策制定，在行业中发挥协调、服务、自律的作用，推进养猪产业的健康发展。

（7）品牌效益。在过去的产品时代，一个企业的产品是否能被消费者接受，往往取决于这个企业的生产规模、生产成本、产品质量等因素，那些规模大、成本低、质量好的企业生产的产品往往比较容易销售。但在今天的品牌时代，各个企业的生产规模、生产成本、产品质量已经趋同，产品能不能被消费者接受，除了看产品的价格和质量，还要看该产品的品牌，该品牌的知名度和美誉度，及延伸服务。同一产品使用不同的品牌，其销售情况便会不同。目前，很多人在分析我国畜产品品牌发展滞后的原因时，只归结为畜牧业规模化程度不够，而忽视了畜产品品牌与规模化的关系。畜产品品牌的发展不仅与农业规模化有关，更与农产品标准化有密切关系。随着人们对食品安全的重视程度越来越高，更多的消费者开始关注肉类制品的品牌。企业之间的较量是质量和品牌的较量，良好的品牌已经成为企业制胜的法宝，品牌作为企业的无形资产应该得到高度重视，它能在产品同质化的年代让企业赢得更多消费者，也是企业提高产品利润的重要保障。

第四节
猪周期时代猪场盈利之道——控制风险

穿透猪周期，并非简单地靠暂停投资、降本增效，那些都是被动的。真正的穿透猪周期，实则是利用猪周期的规律，把控自己的扩张和经营节奏。唯有降低和控制风险，企业才能永远保持基业长青。

1. 风险认知

所谓风险，就是生产目的与劳动成果之间的不确定性，有两层含义：一层含义强调了风险表现为收益不确定性；另一层含义则强调风险表现为成本或代价的不确定性。对于养猪业来说，由于生产周期长，大部分时间要同时面对两个不确定性。以2021年下半年为例，一方面猪价暴跌，另一方面则是饲料价格的暴涨。所以,养猪业已经进入了一个新时代,从重视养,到既要重视养,更要重视经营。在成本和收益都相对稳定(或者确定)的时代,只要养好猪就可以盈利。而如今,经营的节奏甚至比成本还重要。

回过头来让我们对比一下2021年(某一阶段)行业内经营得好的企业和差的企业的成本:经营良好的企业成本约为16元/千克,而差的企业对外披露的成本约为20元/千克,两者之间的差距约为4元/千克。而2021年,价格最高的时候为32元/千克,最低时则略高于10元/千克。很显然,猪价的差距远比成本的差距大得多。

生物安全的风险对于每一家养殖企业来说都是致命的,所以,不管猪价高与低,都必须死守生物安全红线。这应了一句话:在不确定中坚守确定性。猪价和饲料的成本都是不确定的,但如果生物安全破口,则会遭受重大损失,这是确定的。

收益和成本(或代价)的不确定构成了养猪业的风险,但在看似相同的环境中,其实每个企业的风险是不一样的,这取决于经营者的决策和节奏。

经过大量的分析发现,从饲料行业突然转型养猪的企业,大多数转型的结果都不好。因为饲料业和养猪业有两个根本的不同:一是饲料业几乎不存在生物安全风险;二是饲料业的成本可以通过涨价来消化或转嫁风险。所以,很多饲料企业规模很大,但却养不好猪,就是缺乏这两个基本的认知。他们认为钱可以解决一切,而事实绝非如此。2021年,很多进入养猪业铩羽而归的饲料企业宣布重回主业。

2. 风险管控

在风险管控方面,养猪人必须向银行学习。同样是借贷,正规的银行远比P2P信贷平台要靠谱得多。它们经营的内容几乎是一样的,而结果却完全不一样。P2P信贷是互联网金融的一种,意思是点对点。2015年全国P2P网贷成交额突破万亿元,一度是国家大力支持的领域,但很快大量的P2P公司爆雷,投资者损失惨重,国家开始出手整治。

传统银行的风控主要依赖征信体系和还贷能力的评估,从而决定贷不贷或贷的额度,而网络银行则是依靠大数据和云计算来进行风控的。

2021年,很多涉猪大企业陷入巨亏,看起来是行业的问题、猪价的问题,实则是风控的问题。如今,中国的养猪业正在进入一段剧烈的震荡期,是生物安全风险和市场风险叠加的时期，所以也是历史上风险最大的时期。这一点要有清醒的认知。

3. 抗风险能力

首先，扩张必须建立在抗风险能力的基础上。不要看今天很多巨头风光无限，其实大部分企业的负责人都清楚，他们的企业都曾在"鬼门关"前走过，今天的风光，也有运气的成分。

猪企的抗风险能力包括以下几点：

（1）防控能力。防控能力是指生物安全防控能力。

（2）成本能力。成本能力决定了在市场低谷的失血量，也决定了高峰期的造血能力。

（3）经营能力。经营能力是指行情预判能力、资源整合和利用能力以及经营策略和节奏的把控能力。

（4）资本实力。资本实力是指自有资本和资本的筹措运用能力。

（5）风控原则和执行力。风控原则和执行力是指科学的风控系统和执行能力。

回顾中国猪业前十的企业发现：在过去几年间，牧原的出栏量增加了20倍，新希望增加了10倍，正邦增加了10倍，而中粮家佳康则仅仅增长3倍。经分析，2021年中粮家佳康成为头均最赚钱的企业，有其必然性。首先，充分利用了生猪期货这个金融工具进行套期保值，发挥了自己的优势。另外，没有盲目扩张和压栏也是主要原因。中粮家佳康有央企的背景，同时又是港股上市公司，应该说不管是在资本的筹措，还是土地资源的获取上都有绝对优势，但它们扩张适度，风险管控到位，最终获得了一个好的结果。

4. 风控策略

养猪从业者必须清楚并坚定一个基本的理念：外部环境的风险是客观存在的，但不同企业的风险是相对的，这取决于企业对风险的认知和风控策略。针对养猪业的特点，应注意如下几点：

（1）坚守扩张的前提。很多企业信奉做大做强，认为市场大，市场份额多是最重要的。这是原则性的错误：市场再大，要清楚自己有没有能力占有。扩张的前提有三个：生物安全防控及成本控制能力高于行业平均水平；有相对应的人才储备；负债率在红线之下。

（2）战略亏损筹资预案。阿基米德说过："给我一个支点，我可以撬动地球。"但撬动地球首先要有支点。假定资源是无限的，那么企业所有的难关都可以渡过，而现实是不可能的。即使是巨无霸企业，当负债率达到一定的程度，市场的变化也会直接引爆风险。2021年很多企业的巨亏，即是如此。

（3）猪周期的应对原则。猪周期是客观存在的，也具有一定规律性，这种规律性是相对确定的。很多企业在应对猪周期时比较唯心：总是希望高峰期更长，而低谷期很快过去。这是人性使然，但猪周期产生的原因之一就是人性。复盘有些大企业，之所以不是亏损最多的企业，正是因为它们经营节奏把握得比较好。它们的固定资产投入虽然巨大，但对生物资产的经营非常有节奏，尤其是敏锐地发现了猪价下跌的风险，大量处置生物资产。那些陷入巨亏的企业实则是"接盘侠"。应对猪周期其实很简单：在高位时处置资产，在低位时扩充资产。当行业都疯狂的时候，就可以陆续处置资产了，而当大家都绝望时，往往是上升周期的到来。

（4）"止血自救"预案。前三个策略是基于方向盘和油门，而最后一个策略则是基于刹车。所有企业的经营一定是基于外部与内部的结合。其实，很多企业在已经很清楚自己的困境之时，依然希望奇迹出现或碍于脸面而不采取行动，这是风险管控的大忌。正所谓"货到地头死"。当企业遇到困境还未到最后关头时，要善于迅速处置非核心资源，这就像战机为了安全而抛弃副油箱。如果碍于脸面或不舍得，往往让企业陷入更大的困境。那时，就只能出售核心资产了，甚至只能"割肉"处置了。更重要的是，如果困境是全行业的，恐怕"割肉"都没人"接盘"。所以，企业要有"止血自救"预案，情况一旦出现，毫不犹豫地实施。正所谓"留得青山在，不怕没柴烧"。

5. 安全刹车距离

管理学家告诉我们：小企业是兔子，大企业是骆驼。骆驼的特性决定了必须稳健大于速度。2018～2022年猪周期，散户退出极快，所以"止血"也快。而大企业由于规模大，所以惯性也大。因此，预算安全的刹车距离尤为重要。例如一家大企业，在遇到困境的时候，先是死撑，而撑不下去的时候，只能被迫大幅缩减产能。如2022年生猪行情4月就开始涨价，6月高达24元/千克。从节奏上看，是一错再错，完全是股市追高杀跌的做法。当然，这也对企业的预判能力提出了更高的要求。不过，更有远见，更有穿透能力，不就是大企业应该具备的能力吗？

第五节
完美的结局——漫话中国未来特色的养猪业

生态文明建设是关系中华民族永续发展的根本大计。中华民族向来尊重自然、热爱自然，绵延 5 000 多年的中华文明孕育着丰富的生态文化。生态兴则文明兴，生态衰则文明衰。党的十八大以来，我国开展了一系列根本性、开创性、长远性的工作，如加快推进生态文明顶层设计和制度体系建设，加强法治建设，建立并实施中央生态环境保护督察制度，大力推动绿色发展，深入实施大气、水、土壤污染防治三大行动计划。为此，一定要转变思想观念，走"绿色发展"道路，才能使我国由养猪大国走向养猪强国。

1. 改变观点，把养猪业看作是农业生态循环的一个重要环节

人类生活在地球上，要吃饭、要生活，就离不开农业和畜牧业。畜牧业是农业生态循环中不可缺少的一环。我国古代早有"人养猪，猪养田，田养人"之说。历史上，我国在汉代、唐代开始大力发展养猪业时，就把养猪业和种植业结合起来。到了近代和现代，作为发展农业的基本理论仍然是"农牧结合"。

化肥的施用使现代农民不愿再去用又臭又不方便、价格又不划算的猪粪。但从改良土壤的角度来看，长期施用化肥会损坏土壤。单独施用化肥，将导致土壤结构变差、容重增加、孔隙度降低；施用化肥可能使部分养分含量相对较低，养分间不平衡，不利于土壤肥力的发展；单独施用化肥将导致土壤中有益微生物数量甚至微生物总量减少；但部分化肥中含有污染成分，过量施用（其中特别是磷肥）将对土壤产生相应的污染。

养猪不是单纯地为了赚钱，也不是单纯地为了吃肉。猪粪是农业生态循环中不可缺少的物质。根据耕地面积计算养猪数量，用土壤中的微生物来消纳粪污，既可以使粪污得到资源化利用，又可以增加土壤中的有机质。猪是一个生物反应器，猪粪污依靠微生物分解，变成生物有机肥，被土地消纳，是最好的生态循环。主张干粪与污水舍内分离，鲜粪用滚筒发酵，污水用异位发酵床发酵，

做成有机肥。在条件不具备的地方，不主张学习国外在冬季把污水先集中放在大的粪池里，春季再用粪泵直接送到农田中的做法。

2. 适当降低我国的生猪数量，更符合生态文明要求

在生态文明条件下，不是不要养猪，而是要进行宏观调控，中国有 14 多亿人口，有巨大的消费市场。但中国到底要养多少头猪？是年出栏 7 亿头猪，还是 6 亿头？是年存栏 5 000 万头母猪，还是 3 000 万头？这才是要研究的问题。

中国是一个猪肉生产大国，也是消费大国。可以根据人口增长的基数变化，控制养猪的数量。

3. 猪品种多元化和饲料生产多元化

猪品种多元化是指猪的品种要洋三元猪、地方猪、土洋杂交猪并存，不是单一的养洋三元猪。要养土洋杂交猪，多种杂交猪，以含有适当比例的地方猪种的土洋杂交猪较好，生长速度可慢一点，但猪肉的风味要好一些。

饲料生产多元化是指不用单一的"玉米＋豆粕＋添加剂"型的全价饲料，不同类群的猪使用不同的蛋白质配比。减少豆粕用量，增加粗纤维和其他蛋白质来源的开发利用，如利用饲料桑、辣木等植物性蛋白质来源。充分利用当地的蛋白质资源，减少大豆的进口量。

4. "南猪北养"值得探讨

"南猪北养"本身是具有经济合理性的产业演变趋势，在转变为全国性大规模产业政策的过程中，仍会面临事前难以预料与事中不便掌控的困难和挑战。对此可就以下几点加以初步探讨。

第一，"南猪北养"重视东北区域优势确有依据，然而对东北大规模扩大生猪养殖的客观不利因素估计不足。如水资源问题，每头猪的用水量在 4～9 吨，年出栏 50 万～100 万头生猪养殖耗水量相当于小城市人口生活用水量，东北一些地区水资源不足，制约生猪养殖发展。又如严寒的气候条件，生猪生长要求较高环境温度，即使是保温能力较好的育肥猪也需要 15℃以上的环境温度，在东北养猪，生产设施和设备必须达到较高保温要求，因而成本较高。另外，严寒区域近半年的冷冻期不利于粪便发酵利用，一年一熟作物耕作制也不利于粪肥还田自然消纳。再如其他地区也存在的养殖场招工困难问题，在东北地区

更为明显。

第二，"南猪北养"的设计侧重考虑生猪养殖业生产环节的成本，而对生产布局转变带来的流通领域交易成本上升的影响考虑不够充分。

我国猪肉消费的重心在东部、南部和中原地区，区域生产布局改变意味着生猪生产与猪肉销售之间空间距离拉长，因而"南猪北养"意味着"北猪南运"的转运压力的增加，并至少有两个成本问题。一是跨区域转运意味着运输成本增加，一定程度抵消了"南猪北养"可能节省的生产成本利益。二是为满足居民普遍偏好食用新鲜猪肉的消费习惯，生猪屠宰能力需较多配置在区位接近最终消费市场的端点，因而"北猪南运"主要采取跨区域活猪转运方式。这个产业链配置方式的问题在于，万一发生非洲猪瘟疫情，将对有效防控疫情跨区域传播扩散带来额外困难。这一点在2018年非洲猪瘟疫情暴发后凸显出来。

第三，相关经验数据提示，东北生猪生产环节的某些优势条件可能已在更早时期被市场自发套利活动发掘利用，产业规划制定和实施滞后于东北和外地农户及养殖企业的市场行动，使得实现大幅度提升"北养"生猪产能目标面临特殊困难。

5. 猪场规模应大、中、小型结合，中型为主，多点分散

单个猪场的母猪存栏量在300～1 000头最好，生猪年出栏量以5 000～20 000头为宜。猪场的规模过大，粪污不好处理，一旦高危传染病入侵，将可能全群覆灭。如某养猪集团投资50亿元建21幢6层楼猪舍，年出栏生猪210万头，再把屠宰、加工等车间都建在一起，形成一个肉食综合体。

第二篇

猪场提质增效的法则

　　作为养猪从业者，可能长时间要适应"刀尖上起舞的感觉"。如何实现生猪的高效安全生产，那就得解开"提质增效"这组"密码"——"管理""品种""饲料""猪舍建筑"及"生物安全"，只要按流程把握好这几个关键点，很容易就能实现盈利。

第六章
前提——科学化的全过程管理

　　管理是管事、理人。管理就是将人和物组合起来，做成一件事。这件事我们交给不同的管理者，得到的结果是不一样的。人要理解和尊重，整个管理围绕事情展开，核心是要激活人，所以管理是一个过程。

第一节
管理的概念

企业管理是指在一定的环境和条件下，为了达到组织的目标，通过决策、计划、组织、领导、控制、创新等职能活动来集合和协调组织内的人力、财力、物力、信息、时间等资源的过程。"管理"一词最初来源于工业生产，是指将一定的人员、设备、材料、预算等资源进行有效的组织而在一定的时间内完成的行为，或者可以简单地说是为了更合理地达到某一种目的，来使目标实现。

1. 管理概念的演变

"管理"一词在英语中为 manage，由意大利语词 maneggiare 和法语词 manage 演变而来，原意为"训练和驾驭马匹"。单词形态的演变，背后反映的是其含义的演变，它的对象也在从动物过渡到人身上，内容也不再只是"训练和驾驭"。

在中国古代，"管理"一词单独使用的情况出现得很晚，直到清代才在《清会典事例》等书中出现，其含义与今天接近。在这之前"管"和"理"两字的延伸引用都能接近我们说的管理之意。"管"字原来指的就是一类乐器，后来逐渐延伸到有范围的协调工作；"理"字则指对玉器的加工，它也随着玉器的象征功能上升到统治者的活动功能上，即对社会活动的"加工"。除此之外，与"管理"一词接近的管制、治理中的"制"和"治"，与"管"和"理"也存在相同的情况，"制"最初指对木材的加工，"治"则是对金石的加工。上述四个字含义的演变及其结合可以反映出人们对管理的认识过程是逐渐从物到人的，包括英语词汇也如此。这个字词含义的演变过程客观上也反映了人们对管理的认识过程。

2. 研究学者对管理定义论述的观点

"管理"一词从字面上理解就是"管辖处理谋事"的意思，它广泛出现在各种文献和人们的日常生活里，其含义需要结合具体语境理解。在《现代汉语词典》中对管理学条的解释十分简单：照管并约束。但是学术里面的管理的定义是什么，至今没有一个一致的定义，甚至在管理科学的专业辞典中都没有给出一个权威解释。在陈佳贵主编的《企业管理学大辞典》里面采用的是教科书式的定义，但也有不足，加上论述过长，故在此不引用。大多数学者对管理的定义都偏重管理的某个要素或侧面。

3. 猪场管理的盈利法则

管理的过程中，抓住管理流程中的关键控制点尤为重要。在当今信息化时代，对于猪场管理者来说，获取具体的养猪知识并不困难，而如何抓住知识中的关键点，将庞大、复杂的知识转化为有效的操作方案才是关键，这也是当前规模猪场最为缺乏的管理手段。猪场盈利的法则 =（品种 + 营养 + 猪舍 + 生物安全）× 管理。见图 2-6-1。

图 2-6-1　猪场盈利的黄金法则

从猪场盈利的公式可以看到，猪场饲养管理的关键控制点就在品种、营养、猪舍、生物安全和管理五个方面。因此，我们在制定猪场管理措施时，就要抓住猪场盈利关键点来理清思路。

第二节
提高猪场核心竞争力的方案

猪场投资方高层必须清楚知道，虽然猪场（公司）的所有能力都对其产生贡献，但是只有核心竞争力才能为猪场创造可持续发展的竞争优势。

现代规模化猪场的核心竞争力是指猪场的管理者要具有和谐的人际关系能力，宏观的概念能力和微观的技术能力等实力。通过"六位一体"程序的有机整合和执行，给各种猪群创造一个优质、高产、环保的内外环境，进而消除疫病混感、环境污染和肉食品不安全等三大难题，达到健康养猪和可持续发展的目的。

1. 猪场管理者的三种能力

（1）和谐的人际关系能力。指处理人事管理的能力。现代养猪业不是创业初期靠个人英雄主义即可达到的，而是靠和谐、高效的团队运作方可实现预定目标。这就需要各级管理者具有观察人、理解人、培养人、激励人、留住人，并与其和谐共事的能力。

（2）宏观的概念能力。指纵观全局，认清为什么和怎样经营管理猪场的能力。包括满意的经营战略、成功的企业再造、共赢的合作体系、可控的成本管理、安全的生物系统、完善的防疫设施和先进的现场管理等方面的能力。这个能力对猪场的高层管理者尤其重要。

（3）微观的技术能力。指掌握和使用畜牧兽医等领域有关技术和方法的能力。包括科学的饲养管理、合理的营养供应、优良的繁育体系、适宜的内外环境、有效的免疫接种、重大疫情的防治和一般疫情的防治等方面的能力。

猪场管理者在行使管理职责时，要分别扮演高层管理者、中层管理者和基层管理者三种角色。在上述三种能力中，保持人际和谐的能力对三种角色的管理者同等重要。但从基层管理者到高层管理者，其所需的微观技术能力越来越少，而所需的宏观概念能力越来越多。

2. 采用"六位一体"程序，提高三种能力子系统的执行力

程序是指制订处理未来活动必需方法的计划，其功能是详细列出完成某种活动切实可行的方法。在提高猪场管理者三种能力子系统执行力的程序上，可采用普遍认可"六位一体"的强化执行程序法（简称"六位一体"程序），以达到猪场管理者三种能力都执行到位的目的。

（1）提高三种能力子系统执行力纲要设计。猪场要想保持高速可持续发展，猪场管理者的三种能力子系统的执行力要到位。这样一来，猪场也就具

有了可持续发展的核心竞争力。见表2-6-1。

表2-6-1　提高三种能力子系统执行力的纲要性表格设计

	部门确定	岗位说明	规章制度	管理工具	工作流程	执行方案
人际和谐能力系统（仅以人力资源管理为例）						
①战略规划子系统						
②招聘录用子系统						
③教育培训子系统						
④绩效考评子系统						
⑤薪酬福利子系统						
⑥激励沟通子系统						
⑦管理诊断子系统						
宏观概念能力系统						
①经营管理子系统						
②企业再造子系统						
③合作经营子系统						
④成本控制子系统						
⑤生物安全子系统						
⑥工程防疫子系统						
⑦现场管理子系统						
微观技术能力系统						
①生产管理子系统						
②饲养管理子系统						
③品种繁育子系统						
④环境控制子系统						
⑤营养供应子系统						
⑥免疫接种子系统						
⑦重大疫情防控子系统						

续表

	部门 确定	岗位 说明	规章 制度	管理 工具	工作 流程	执行 方案
⑧一般疫情防控子系统						

（2）设计内容提示。提高三种能力子系统执行力的纲要性表格设计，设立的许多个执行关键点的内容需要落实，必须全部完成方能达到猪场（企业）所需要的核心竞争力档次。由于猪场处于一个动态环境中，其在执行关键点的内容时也处在变化过程中，故除认真落实外，尚需根据变化的情况加以不断的修正。

（3）做好执行养猪关键点操作四步法的基础工作。实践证明，能将三种能力子系统诸多关键点内容执行到位的具体方法，即是以"事前准备、事中操作、要点监控和事后分析"为内容的四步法。而能否顺利执行四步法的关键还在于是否做好了如下八项基础工作。

①端正员工态度。态度决定员工的行动。态度决定员工执行到位的意识。

②完善工作责任。要建立一流的责任制，不能推卸执行中的过错，不能有一丝的敷衍。

③进行有效的沟通。与上级沟通，贵在勤、细、诚；与下级沟通，用下级能接受的方式进行。

④相互积极配合。要积极融入团队，群体行为需要互相配合，服从是应有的素质。

⑤有效执行流程。流程要具体落实到人，要有目标和计划，要分清轻重缓急。

⑥积极主动工作。接到指令即工作，一分钟也不要拖延，要日事日毕，日清日高。

⑦要从小事抓起。天下大事，必作于细，细节到位，才能执行到位。

⑧树立结果心态。要一切以结果为导向，以结果论英雄，做追求结果的员工。

第三节
养猪企业如何才能做到执行到位

规模猪场的经营目标是高效益的产出。本章前两节的论述中对管理都有一个比较清醒的认知，虽然仁者见仁、智者见智，但是都认同管理是一种职能。这种职能有四个方面的内涵：第一是计划职能，是指对未来的活动进行规定和安排，是管理的首要职能；第二是组织职能，是指为了实现既定的目标，按一定的规划和程序而设置的多层次岗位及其有相应人员隶属关系的权责角色结构；第三是领导职能，是指在组织目标与结构确定的情况下，管理者如何引导组织成员去达到组织目标，将自己的想法通过他人去实现；第四是控制职能，是指按既定的目标和标准，对组织的各种活动进行监督、检查，及时纠正执行偏差，使工作能按计划进行，或适当调整计划以确保计划目标的实现，它是管理中的最后一个环节，猪场也如此。

1. 计划管理

良好的计划是在明确组织目标的前提下制订的，并通过正常的企业流程审批才能得以实施。这样的计划有助于统一组织内部思想，凝聚内部力量，减少行动前后协调不妥、联系脱节的情况发生。

（1）计划为管理控制提供依据。管理离不开控制，而计划是控制的基础。如果没有计划和目标作为衡量的尺度，管理者则无法检查组织目标的实现情况，就不能发现并纠正偏差，无法保证活动的既定方向正确，控制也就无法进行。例如，全年需要完成出栏任务1万头，那每周每月每季度的配种、产仔、出栏数量等就是管理者为实现年出栏1万头设定的计划控制指标。

（2）计划的种类。按类别分：包括生产计划（配种、产仔、转群、出栏）、人力资源计划、饲料计划和药品计划等。按时间长短分：包括长期计划（十年发展纲要、五年发展战略）、短期计划（年度计划、月计划、周计划）和临时计划（××疾病防控方案）等。按表现形式分：包括宗旨、目标、战略、政策、程序、规则、方案和工作推进表等。按明确程度分：包括指导性计划或具体计划等。按组织层次分：包括高层计划、中层计划、基层计划等。

2. 创新猪场管理机制，打造铁拳管理团队

管理的目的是实现既定的目标，而目标仅凭个人的力量是无法实现的，这就需要建立科学的管理体系。猪场的人员一般可分为三个层次：场长、段长（班长或技术员）、饲养员。大的养猪企业，场长上面有负责人或职业经理人等，高素质团队，是猪场制胜的根本。

（1）管好人，留住人。一个好的企业，总会想尽各种方法将核心人员留下。猪场的核心人员就是技术场长，作为猪场负责人一定要处理好与技术场长的关系。一是负责人要对技术场长的能力心中有数，当然这需要用生产成绩说话；二是采用有效的方式留住并且发挥技术场长的主观能动性。从了解的情况来看，有的场是从外部聘任的，有的场是自己培养的，有的场是最初就开始合作的。从猪场经营状况来看，外聘技术场长生产成绩亦有好有坏，同时还有这山看着那山高的情况。内部培养的技术场长，成绩一般，绝大部分原因应该是技术场长的能力问题：一是掌握的知识有限；二是应用知识的能力受限；三是接触新知识不断提升技术的机会有限。比较好的就是从一开始就合作的、猪场有股份的技术场长，生产成绩较好，原因有以下几个：一是技术场长的主观能动性发挥得好；二是负责人不用担心技术场长被挖走，可以放心让技术场长不断接触新技术；三是技术场长为自己工作，用心。根据自身的情况，采取不同的方式提升技术水平，最终提高生产成绩，这是确保技术场长稳定的根本出发点。

（2）建立有效的考核机制。"没有规矩不成方圆"，激励和鞭策是每个管理者做好管理的重要手段之一，失去了这些，团队只能随波逐流，业绩平庸。所以，猪场要重视绩效考核。管理者首先要做的事情就是组织大家学习公司的规章制度和合理绩效考核的流程，并让员工明白绩效考核的必要性和重要性。其次，要让员工明白，公司的规章制度和绩效考核并不是为了管束和压迫员工，而是为了让员工提升自己的知识能力和管理能力，从而为公司为自己增加效益。通过学习引导，让员工从内心认同公司的规章制度和绩效考核方案，这样员工才不会产生抵触情绪。绩效考核要分年度考核、季度考核和月考核，考核内容应具体化。比如，对于兽医，需要考核猪群成活率和成本控制等；对于配种员，需要考核分娩率和产仔数等；对于饲养员，需要考核育成率和料肉比等。只有对生产数据和生产成绩进行认真分析，找出问题的所在，公司的各项措施才能够落到实处，才能得到团队员工的理解和执行，才能得到更好的结果和效益。

3. 执行力

华为、格力等成功企业的执行力已经被写成了无数版本的教科书。再好的决策或者技术，不执行或者执行不到位也很难发挥其应有的效果。执行难、执行不到位是目前猪场普遍存在的问题。在执行上级决策的过程中，如果你有更好的想法或者意见，可以向上级提出，但是最后的拍板权还是属于领导。领导的决定是以公司的整体意志为出发点的，只要你严格按照规定去做，就算出了问题也不是你的问题。同时，在执行上级决策的过程中，必须严格执行，不能出现"大概、好像、差不多"的现象，避免出现"失之毫厘，谬以千里"的现象。决策信息的传递是层级传递的过程，若从场长到主管、从主管到组长、从组长到员工环节的决策信息传递执行了80%，那么这条决策到最后就会大打折扣。

4. 控制能力

为了实现组织经营目标，管理者制订周密的行动计划（计划），设计合理的组织结构并配备合适的人员（组织），运用沟通、激励与影响力带领员工执行计划（领导），这初一看似乎是完整的管理周期，其实不然。即便计划、组织没问题，执行的结果也不一定没问题，因为没有控制环节。控制环节的监控过程，比较和纠正差异的功能，就是管理的控制职能。一个完整的管理必须包括计划、组织、领导和控制过程。

控制的对象不同，控制的要求各异，但控制的程序包含确定控制标准、测量实际工作以及纠正实施偏差三个共同的环节。见图 2-6-2。

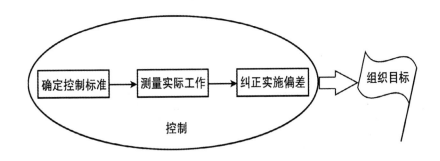

图 2-6-2 控制的程序

（1）确定控制标准。确定控制标准是控制过程的起点。计划是进行控制的依据，计划是为控制提供标准的。控制标准是一个完整计划中的关键点，是衡量工作成果的规范，是评定工作成绩的尺度。

（2）测量实际工作。确立了合适的标准，下一步就要对实际工作进行评价，把实际情况与标准进行比较，对工作进行客观评价。评价质量与获取信息的有效性和相关性，而信息的获取方法与信息的质量对信息的有效性有重要影响。

（3）纠正实施偏差。纠正实施偏差，也就是采取管理措施，这是控制的关键。测定的实际效果与标准比较，有两种结果：一种是没有差异或者差异在允许的范围内；另一种是差异明显，会影响目标的达成。如果是前一种情况，工作按原计划进行；如果是后一种情况，就应及时采取纠正措施。

第七章
基础——标准化的猪舍设计

　　猪场建筑是养猪业的硬件部分，在考虑建场之初就要有通盘规划思路。选址、工艺流程、设备选型与配置等任何一项出问题，都会给日后的生产管理、环境控制、饲养水平和经营效益带来不同程度的负面影响。

第一节
新建猪场的准确定位

猪场的准确定位是猪场建设成功的关键，很多新加入养猪行业的从业者在猪场建造时不去进行充分的论证，常常是道听途说、人云亦云，定位不准，在建设过程中往往边建边改，建成后摇头叹息，悔不当初，造成浪费。

1. 猪场性质的确定

猪场一般分种猪场、商品猪自繁自养场或母猪代养场、商品仔繁育场、专业育肥场或代养场、二次育肥场。新建一个什么性质的猪场，要具体情况具体分析，根据自身的场地条件、粪污消纳处理能力、人员管理水平、技术力量、资金实力、市场销售能力、防疫条件及风险承受能力等多方面因素权衡比较。

2. 猪场规模的确定

猪场的规模通常是以年出栏商品猪头数来确定的。母猪饲养场的规模可以以存栏基础母猪头数来定，专业育肥场或代养场的规模可以以一次存栏育肥猪头数来确定，二次育肥场可以以一次存栏商品猪头数来确定。一般把规模猪场分为大型规模化猪场、中型规模化猪场和小型规模化猪场。

（1）大型规模化猪场。通常将年出栏 10 000 头以上商品肉猪的猪场称为大型规模化猪场。大多规模化猪场都是自繁自养场，也可以是母猪代养场，要求场地水、电、路及防疫等各方面条件较好，管理能力强、资金实力雄厚、产前产中产后各个环节的人才齐备、技术力量强、粪污处理消纳无隐患。

（2）中型规模化猪场。通常将年出栏 3 000 ~ 10 000 头商品肉猪的猪场称为中型规模化猪场，可以是自繁自养场或母猪代养场，也可以是专业育肥场或代养场。中型规模化猪场同样需要各方面的人才和相对雄厚的资金，但是中型规模化猪场很难组织起强大的技术团队。

（3）小型规模化猪场。通常将年出栏 3 000 头以下的猪场称为小型规模化猪场，可以是自繁自养场或母猪代养场，也可以是专业育肥场或代养场。资金、人员等各方面条件相对较差的情况下适宜修建小型规模化猪场，现阶段农村适度规模养猪多属此类猪场。

在适合养殖的土地日益减少、土地管控趋紧的情况下，难得寻到一块适合养猪的土地。在这种情况下，最好充分利用土地，不要浪费，能养多少尽量养多少。同时，猪场规模的大小，也需要综合考虑，不能盲目贪大，要根据场地条件、资金实力、管理水平、技术力量、市场销售能力、土地的粪污消纳处理能力、国家政策及自然资源条件等权衡利弊，遵循"着眼长远，效益第一"的原则来确定适宜的养殖规模。

3. 养殖品种品系的确定

猪的品种类型大致可分为瘦肉型猪和特色地方猪，很多企业负责人想养猪，就是不知道养什么品种，选择哪个品系，在养殖品种品系问题上纠结。

（1）瘦肉型猪。瘦肉型猪主要指长白猪、大约克猪、杜洛克猪、巴克夏猪、汉普夏猪、皮特兰猪等从国外引进的单一品种及其杂交猪（或配套系），这些猪种来自不同的国家又被称作不同的品系。同样的品种、不同的品系，由于在不同国家的选育程度和选育方向等有所不同，其生产性能有一些差异，比如丹系猪产仔数相对较高，美系猪饲料报酬相对较高。这些品种及其杂交猪共同的特点是生长速度快、瘦肉率高、饲料报酬高，但肉质较差、抗病力较差，对养殖环境、饲养条件和养殖技术要求较高，市场上瘦肉型猪肉相对于"土猪肉"的价格较低。

（2）特色地方猪。主要指我国地方猪种及其培育品种（品系或配套系），这些猪种共同的特点是生长速度较慢、瘦肉率较低、饲料报酬较低，但肉质较好、抗病力较强，对养殖环境、饲养条件和养殖技术要求相对较低，市场上特色地方猪肉相对瘦肉型猪肉的价格较高。在我国目前的市场销售模式下，还没有完全形成优质优价的定价机制，常常出现特色地方猪活猪价格比瘦肉型猪活猪价格低的情况。但是，一直以来，市场上的特色地方猪的肉都比瘦肉型猪的肉价格高。

养殖品种、品系的选择也需要遵循"效益第一"的原则，要根据自身的养殖规模、养殖水平，特别是市场销售情况来确定，养瘦肉型猪多数是卖活猪不卖猪肉（大型全产业链养殖企业除外），养特色地方猪最好是卖猪肉或加工猪肉制品而不卖活猪，其经济效益相对更好。

4. 生产工艺的确定

不同性质不同规模的猪场生产工艺不同。小型规模猪场通常采用连续式生产工艺，大中型规模猪场通常采用整场、整栋或整单元"全进全出"的批次化生产工艺。规模养猪场在生产中采用最多的批次化生产工艺是一周批次生产和三周批次生产两种工艺。

（1）连续式生产工艺。遵循母猪的生产规律，提倡母猪自然发情、发情后配种、自然分娩，按照固定的哺乳期让仔猪断奶，母猪再次发情立即配种的生产工艺。这种生产工艺的猪只无法做到"全进全出"，猪的整齐度难控制，不利于防疫消毒和销售，人员不能固定时间休息。

（2）批次化生产工艺。是指将母猪群按计划分群并组织生产，利用生物技术，借助药物人工控制，使母猪群体达到发情、排卵、配种、分娩的同步化，且母猪同时断奶的生产方式。

第二节
标准化猪场的规划布局

1. 猪场选址

在进行猪场选址时，首先要考虑避免外部的环境污染，周围不应当有大型化工厂、采矿场、屠宰场等有污染的企业，同时还应当控制自身产生的污染，遵守公共卫生准则，距离居民区、学校等人员密集场所和公共场所至少保持1 000米。养猪场的土壤环境最好为沙质土壤，这样的土壤吸水性高，透气性好且质地坚硬，能够给生猪提供很好的生活环境。猪场的选址要求地势较高，土壤干燥，地表平坦，如果在山地上建场，尽量选择背风向阳的坡面，坡度不大于20°。低洼的地势容易滋生蚊虫，蚊虫是一些疾病的重要传染源，所以不应将猪场建在低洼处或河道中。另外，为了保证生产需要，猪场水源应当取水方便、水质良好，河水、湖水等没有经过消毒处理不适宜作为水源，最好有自来水的供应或打深井。

2. 布局

标准化生猪饲养场应当分为四个区域：生活区、生产区、管理区以及隔离区。生活区主要给饲养管理人员提供生活场所，通常有食堂、宿舍等，生活区应当在猪场大门以外。生产区是各阶段生猪的猪舍以及相应的生产设备。管理区主要包括水电供应、饲料加工与储存等设施设备。隔离区则是在发现发病猪后对其隔离以及粪污处理设施放置区域。其中生活区应在上风处，隔离区在下风处。生产区在建设的过程中应当考虑实际生产需要，方便转群，种公猪舍应与空怀母猪舍近一些，妊娠猪舍应靠近产房，仔猪舍则应当靠近育肥猪舍。通常情况下种猪舍在上风处，而后是妊娠猪舍、产房、仔猪舍和育肥猪舍，育肥猪舍旁应安装装猪台，方便出栏。

第三节
猪舍建筑规划设计

建筑设计是一个很专业的行业，从猪场规模化发展的角度来说，猪场规模化对提高生产效益、降低成本能起到积极的作用，然而也面临很多风险，因此要做到全面严格的把控。贯彻细节决定一切的理念，围绕生产工艺和规划设计各方面，做好猪舍环境和栏位设计等，营造良好的生存环境，使得猪场安全运营。

1. 满足工艺要求，保证"全进全出"

规模养猪的特点是常年配种、四季产仔、均衡产仔、应时上市，必须有一套科学的生产工艺流程（图2-7-1），从配种舍、怀孕舍、分娩舍……依次排列，各繁育阶段猪舍不要相互混合，各单元（如万头猪场24个分娩栏为一单元，12个保育栏为一单元）也要相互独立，以确保"全进全出"的实施。

2. 设备配套

养猪设备比较繁杂，而且各类猪舍的设备差距比较大，设备的安装与猪舍建筑关系密切。所以在猪舍建筑设计中首先要根据饲养工艺、设备规格及数量，做出猪舍的平面设计，在充分了解每栋猪舍各种设备，如围栏、供水、供电、通风、保温、清洁消毒和饲料输送等设备的安装要求后，再认真做好设备安装的预理件、预留孔和支撑平台等设计。

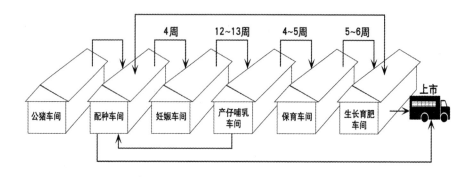

图 2-7-1　猪场工艺流程

3. 要有较好的隔热、保温和通风的结构及性能

猪喜欢稳定的温度环境。种猪群对温度要求较高，在 15～25℃；乳猪保温区要求更高，在 25～35℃。在进行猪舍环境设计时，要求做好猪生存范围的控制，结合温度和湿度等多种因素进行分析，设计适宜的环境。为了能够解决猪的热应激问题，多选择湿帘降温系统，采取水分蒸发吸热的方式，来降低猪舍内部的温度。猪舍的结构和材料要有好的隔热保温和通风性能，以便降低饲养生产中能源的消耗，此外由于猪舍内湿度较大、氨气等浓度较高，猪舍内表面的建筑材料还要有较好的耐潮湿和耐腐蚀性能。

4. 便于清洁、消毒及猪行走

猪舍要经常清洁、消毒，所以猪舍墙体、地面、排污沟等结构要便于清洁、消毒，所有拐角应用圆弧过渡，避免死角藏污纳垢。为防止猪行走时滑倒，凡是有猪行走的地面要有一定的粗糙度，而排污表面越光越好。

5. 选择适合我国国情的规模化猪场粪污处理方案

养猪场的粪尿与污水中含有大量的病原微生物、氮、氨、碳及重金属等，排放到外界环境中对土壤、水体与空气会造成严重污染，危害生态环境安全和人类健康。猪场要严格遵守相关规定，对粪污进行无害化处理，资源化利用。

猪场应严格执行国家标准，在设计时尽量采取节约用水工艺。首先，采用干清粪工艺，尽量少用水冲洗地面和粪沟。其次，雨水与污水分开，如果大量的雨水进入污水区，就将大大增加污水处理量。

构建生态农牧循环经济模式，推进畜禽养殖排泄物综合治理，走生态农牧循环之路。各地根据实际情况，以养猪业为核心，构建"猪—沼—果""猪—沼—菜""猪—沼—蔗""猪—沼—稻""猪—沼—草—猪"等生态农业循环模式，实现猪粪废弃物无害化处理与合理利用，有效降低猪场对环境的污染，提高养猪综合效益。

第八章
核心——优质高产的品种

在养猪从业者的眼中，种猪育种堪称"猪的芯片"。种猪质量和数量直接影响生猪出栏量。我国生猪育种行业发展存在"小而散"的问题，"卡脖子"的问题在生猪育种行业同样存在。国内生猪育种行业如何破解这一困局，如何实现生猪育种自主可控？在此背景下，《全国生猪遗传改良计划（2021—2035年）》出台。对此，猪场的管理者要对国内养猪业宏观繁育体系和微观繁育体系的关键内容具有清醒的认识。

第一节
对国内养猪业宏观繁育体系的认识

国内养猪业的宏观繁育体系是事关方向性、战略性的大事，也是猪场管理者必须要重视的工作内容。进入"十四五"，我国开启了全面建设社会主义现代化国家新征程。中央经济工作会议、中央农村工作会议对打好种业翻身仗做出了总体部署，中央一号文件对实施新一轮畜禽遗传改良计划提出了明确要求。从核心场（种公猪站）的遴选、核验、核心育种群的持续选育，到新品种培育、新育种素材创制等，乃至地方猪资源普查与鉴评，都有明确指示。全力服务国家生猪种业振兴，保障国家种业安全。

1. 思路与目标

（1）总体思路。坚持立足国内、自主创新、提质保供的发展战略，以推动种猪业高质量发展为主题，以国家生猪核心育种场、种公猪站、战略种源基地为抓手，以技术创新和机制创新为根本动力，大力支持专业化育种和联合育种发展，构建市场为导向、企业为主体、产学研深度融合的创新体系，逐步建立基于全产业链的新型育种体系，建成更加高效的生猪良种繁育体系，打造具有国际竞争力的现代生猪种业，引领和支撑生猪产业转型升级。

（2）总体目标。到2035年，建成完善的商业化育种体系，自主创新能力大幅提升，核心种源自给率保持在95%以上；瘦肉型品种生产性能达到国际先进水平，保障更高水平的良种供给；以地方猪遗传资源为素材培育的特色品种能充分满足多元化市场消费需求；种源生物安全水平显著提高；形成"华系"种猪品牌，培育具有国际竞争力的种猪企业3～5个。

（3）核心指标。通过对瘦肉型猪的持续改良，核心育种群主要性能指标达到：30～120千克日增重年均增加1%以上，120千克体重时日龄160天以下；母系品种总产仔数年均增加0.2头，母猪年产断奶仔猪数达32头以上；30～120千克饲料转化率达到2.45∶1。

地方品种及其培育品种可参照上述指标设定改良目标。

2. 技术路线

（1）瘦肉型品种。以杜洛克猪、长白猪与大白猪等为基础创制育种素材，综合考虑不同目标性状之间的关系，优化综合选择指数，应用表型智能化精准测定技术和全基因组选择等育种新技术，实现种猪性能的持续改良。

（2）培育品种。以地方品种与引进品种为育种素材，培育优质、高效新品种和配套系，满足市场对优质猪肉的需求。

（3）地方品种。对肉质好、抗逆性强等特色优势明显的地方猪品种通过本品种选育培育专门化新品系。

3. 重点任务

（1）打造协同高效的育种体系。

①主攻方向。基于"国家生猪核心育种场+国家核心种公猪站+国家生猪战略种源基地"，建立统筹兼顾、系统完备、前瞻布局的育种框架，有力支撑生猪种业创新。

②主要内容。采用企业申报、省级畜禽种业行政主管部门审核推荐的方式，继续遴选国家生猪核心育种场。优化核心育种群结构和布局，开展地方品种和培育品种的国家生猪核心育种场的遴选。完善管理办法和遴选标准，加强管理。支持建设一批使用遗传评估优秀的公猪、存栏规模500头以上的国家核心种公猪站，促进核心场间遗传交流，提升遗传传递效率。以县域为单位，创建一批具有高标准生物安全和高质量核心群的国家生猪战略种源基地，鼓励地方实施特殊保护政策，构建高安全等级的核心种质资源群体。持续推进企业自主育种，支持生猪种业优势省份开展区域性联合育种，发展基于全产业链的新型育种模式。

③预期目标。遴选国家生猪核心育种场数量达到120个，其中遴选以地方品种或培育品种为核心群的国家生猪核心育种场20个；遴选建设国家核心种公猪站达到30个，存栏规模达2万头以上；创建国家生猪战略种源基地5个；培育区域性联合育种实体8~10个、全产业链育种企业15家，打造具有国际竞争力企业3~5家。

（2）构建全产业链育种数据体系。

①主攻方向。建立高效智能化种猪性能测定体系，大幅提升育种数据采集

能力。

②主要内容。完善种猪登记制度和登记技术规范，开展覆盖核心群、扩繁群、生产群及屠宰加工等环节的全产业链关键数据采集。支持育种企业采用应用人工智能等技术的新型测定装备，建立精准高效表型组测定技术体系。建立健全种猪性能测定标准体系，在完善生长、繁殖性状的基础上，建立胴体、肉质、健康、行为、使用寿命、体型等目标性状测定标准。

③预期目标。获取全产业链育种大数据，支撑高效精准育种。

（3）提高生猪育种服务效能。

①主攻方向。建立多元化高效育种技术服务和种猪质量认证体系，支持育种企业提升精准育种效率。

②主要内容。加快国家种猪遗传评估中心建设，自主开发算法和评估系统，提升评估结果的准确性、及时性与权威性，指导企业实施精准选育。完善猪基因组选择技术平台，不断提升参考群规模和质量并加快推广应用，提升低遗传力性状（繁殖力等）、难以度量性状（肉质等）的育种效率。种猪性能测定中心积极开展同胞测定和后裔测定，弥补场内测定在胴体、肉质等性状方面的不足，完善种猪优质优价质量评价体系。坚持市场化方向，培育一批技术先进、运行规范、服务高效的社会化育种服务组织，为遗传改良技术支撑工作提供有力补充。

③预期目标。建成国际一流水平的国家种猪遗传评估中心；基因组选择参考群规模达到20万头以上；形成优势互补、功能齐备的种猪育种服务体系，有效支撑育种企业发展壮大。

（4）提升品种创新和资源利用水平。

①主攻方向。系统评价我国地方资源种质特性，发挥地方品种资源优势，提升品种创新能力和育种企业核心竞争力。

②主要内容。持续开展瘦肉型品种、特色优势明显的地方猪品种的选育，培育专门化新品系。建设覆盖全部地方猪遗传资源的DNA特征库和表型库，系统挖掘种质性状关键基因，利用地方猪遗传资源创制育种新素材。

③预期目标。地方猪遗传资源开发利用水平不断提高，培育新品种及配套系10~15个。

（5）完善种猪生物安全体系。

①主攻方向。构建和完善种猪生物安全防控体系，大幅提高种猪健康水平。

②主要内容。完善国家生猪核心育种场、公猪站和种源基地环境控制和管理配套技术，建立更加严格、规范的生物安全体系，提高疫病防控和净化能力，确保种猪质量。完善准入管理，将非洲猪瘟、口蹄疫、猪瘟、猪伪狂犬病等主要疫病监测结果作为国家生猪核心育种场、种公猪站、战略种源基地遴选和核验的考核标准。建立生物安全隔离区，加快推进国家生猪核心育种场、国家核心种公猪站生物净化，创建无疫区、无疫小区或净化示范场，加强核心种猪资源的保护。

③预期目标。国家生猪核心育种场、种公猪站和战略种源基地生物安全水平大幅提高，种猪健康水平显著提升。

4. 保障措施

（1）强化组织管理。全国畜禽遗传改良计划领导小组办公室负责本计划的组织实施。全国生猪遗传改良计划专家委员会负责制定和修订相关标准和技术规范、评估遗传改良进展、开展育种技术指导等工作。省级畜禽种业主管部门负责本省国家生猪核心育种场、种公猪站、种猪战略种源基地的资质推荐和管理，全面落实遗传改良计划各项任务。省部级种猪测定中心负责集中测定及技术培训。鼓励优势产区制定实施本地区生猪遗传改良计划。

（2）加大政策支持。积极争取中央和地方财政对生猪遗传改良计划的投入，逐步建立以政府资金为引导、企业投入为主体、社会资本参与的多元化投融资机制。重点加大对生产性能测定、育种新技术推广应用、生物安全等方面的支持。现代种业提升工程等项目优先支持国家生猪核心育种场、种公猪站、国家生猪战略种源基地建设。对禁养区内确需关停搬迁的国家生猪核心育种场，地方政府要安排用地支持异地重建。支持将长期致力于生猪育种的技术人员纳入各级政府的人才计划，激发人才创新活力。

（3）创新运行模式。加强本计划实施监督管理工作，完善运行管理机制。严格遴选并及时公布国家生猪核心育种场、种公猪站和战略种源基地名单，建立定期考核和随机抽查相结合的考核制度，通报考核结果，对考核不达标的及时取消资格。推动产学研深度融合，构建充分体现知识、技术等创新要素价值的收益分配机制，大幅提高科技成果转移转化成效。完善国家生猪核心育种场专家联系制，进一步提高指导的针对性和有效性。

（4）加强宣传培训。采取多种形式加强遗传改良计划的宣传，增进社会各界对生猪种业自主创新的理解和支持。多层次、多渠道组织开展技术培训和指导，提高我国生猪种业从业人员素质。利用种业大数据平台，促进信息交流和共享。多措并举，不断提高我国遗传评估的权威性、公信力和影响力。继续支持开展种猪拍卖，展示示范优良品种，打造国产种业品牌。鼓励育种企业加强国际交流。

第二节
对国内种猪场微观繁育体系的认识

无论是公司配套系育种还是"杜×长×大"三元杂交繁育体系，一般都是三级建场，即原种场、扩繁场和杂交商品猪场。在杂交繁育体系中，将育种工作和杂交扩繁任务划分给相对独立而又密切配合的育种场和各级猪场来完成，使各个环节的工作专门化。一个完整的繁育体系形似一个金字塔，由核心群、繁殖群和生产群组成。

1. 对原种猪场优良繁育体系建设的认识

自20世纪90年代中期开始，我国种猪选育方法逐步从体型外貌为主的闭锁群选育发展到今天采用基因检测、性能测定和采用BLUP（最佳绒性无偏预测法）遗传评估EBV（育种值估计）的高低来进行选育等现代方法，大大缩短了与发达国家在养猪技术水平上的差距，现以国内某原种猪场为例进行介绍。

（1）采用刺标法打耳号，准确建立种猪系谱档案。在现场采用刺墨与耳缺结合的方法给种猪打耳号，相当于用文身的方法在猪耳刺上阿拉伯数字来表示种猪的窝号；而其窝内个体号则用耳缺来表明。这样如果是全同胞就能完全看出，既节省查档的时间又准确。见表2-8-1。

表2-8-1　打耳号不同方法的对比

打耳号方法	统计头数（头）	耳号不清率（％）	全同胞辨认率（％）	耳号重复率（％）
打耳缺	30 000	30.0	0	15
耳缺＋刺墨	100 000	1.2	100	0

（2）采用分子检测技术，淘汰应激敏感基因携带种猪。在选育初期即对基础群种猪进行应激敏感基因的 DNA 检测，阳性种猪给予淘汰；基本消除了产生应激过敏的遗传基础，提高了种猪的适应性和抗性。

（3）应用 B 超测定种猪的活体背膘，其结果既准确又不浪费种猪资源。2000 年以前的背膘测定均是采用屠宰测膘法；因屠宰后猪肌肉松弛，容易产生误差。应用 B 超活体测背膘，结果准确，测定后的种猪尚可继续用于育种生产。见表 2-8-2。

表 2-8-2　不同测定方法效果对比

背膘测定方法	测定头数（头）	测定误差率（%）	继续应用率（%）
屠宰法	700	0.3	0
B 超法	14 000	0.1	98

（4）应用 BLUP 模型分析结合体型外貌进行选留种猪。根据综合育种值排序，对 2 倍于留种所需的育种值最高个体进行体型外貌评定。由此选留后备种猪，既节约时间又提高了选留准确性。

（5）育种软件 GBS 的应用，优化了数据分析。采用中国农业大学开发的 GBS 系统软件，对窝总产仔数、达 100 千克体重日龄、背膘厚等性能进行BLUP 育种值估计，很容易得到单个性状的估计育种值，并可作为评价个体生产性能遗传基础的主要指标。

育种软件 GBS 的应用，使选配准确性得以提高。用 GBS 软件计算配种公、母猪之间的亲缘系数，结合保留血统、安排选配，使及时淘汰总体性能差的血统和引进补充优良血统种猪变得清晰明朗。

育种软件 GBS 网络版的应用，有利于区域内联合育种工作的进展。将 GBS 网络版应用到种猪测定中，实现育种数据共享，避免了育种数据重复记录、查找烦琐的弊端。区域内联合育种的用户只要点录进数据，即可快速、准确、及时地提供所需数据，有利于国内联合育种目标的实现。

（6）应用人工授精技术，可加快遗传进展，根据遗传评估结果。选用优秀种公猪，采用人工授精方式在原种场或扩繁场应用，可节省种公猪的费用，增加良种带来的经济效益，并加快育种工作的遗传进展。如采用本场选育与引种（精液）相结合的方法，则遗传进展更快；如将此优良精液用于商品生产，社会效益将更好。

2. 对种猪扩繁场优良繁育体系建设的认识

其实原种猪场附属育种体系场，一般大致分为三种经营体制：一是与原种场同为一个公司经营管理，统一核算；二是虽然与原种场同为一个公司管理，但经济上独立核算；三是与原种场不是一个公司，但同为育种协作单位，有利益分享的合同制约。其在执行原种场规定的技术操作规程时，在扩繁和杂交配合力测定方面尚要注意如下要点。

（1）根据配合力检验、BLUP 估计育种值和体型外貌的评分值，确定第一父本和终端父本品种的作用。

（2）根据配合力检验、BLUP 估计育种值和体型外貌的评分值，确定生产杂交猪父本必须是配合力最佳的优秀公猪。

（3）针对不同品种的杂交组合试验，开展跟踪、评估和监测工作，评价各个杂交组合在扩繁场或杂交场的性能表现。

（4）三元杂交的性能表现主要为繁殖性能、生长性能、屠宰性能、市场反应等，特别是抗病能力的选择更为重要。

3. 对商品猪场优良繁育体系建设的认识

三元杂交繁育体系的商品代猪场，其繁育方式主要有经典的外三元杂交繁育、外三元轮回杂交繁育方式，现分别介绍如下。

（1）对经典的外三元杂交生产特征的认识。

①不同品种种猪主要性能比较。见表 2-8-3。

表 2-8-3　不同品种种猪主要胴体品质比较

项目	品种	长白猪	大约克猪	杜洛克猪	长 x 大二元猪
胴体品质	屠宰率（%）	>70	>70	>70	>70
	后腿比例（%）	>32	>32	>32	>32
	胴体背膘厚（毫米）	<18	<18	<18	<18
	胴体瘦肉率（%）	约65%	>65	>66	>62

注：不同育种公司、不同品系之间的性能指标会有差异，以上仅供参考，可以此为基础加以补充完善。

②不同来源种猪主要性状特点比较。见表2-8-4。

表2-8-4　不同来源种猪主要性状特点比较

	性能指标	法系	丹系	加系	新美系
种猪性状	窝活产仔数（头）	12.5~15.0	14.0~17.0	12.0~12.5	105~115
	饲养（饲料）要求	较高	高	适中	耐粗
	种猪肢蹄	较好	较弱	较好	健壮
后代性状	料肉比	较好	较高	较好	一般
	瘦肉率	较高	较高	适中	稍低
	100千克背膘厚	适中	较薄	适中	较厚
	后代抗病力	较好	一般	强	强
	后代体型	高长为主	偏长	体型适中	体型大

注：由于不同品系种猪选育重点不一，因此生产性能各有优势。

③不同品系的优缺点

1）欧系（法系、丹系）种猪。欧系种猪着重于繁殖性能的选育，兼顾良好的生长速度与瘦肉率，但对饲养要求相对较高，且肢蹄较弱。法系种猪繁殖性能好（保留了太湖猪血统、发情明显、哺乳性能较好、产仔率较高，胎次稳定性好，抗逆性强，生长适度快，营养要求适中，体型大等优势），但是肢蹄较弱（比丹系有较大优势），故淘汰率相对就高，使用年限较短。丹系种猪以繁殖性能强著称，遗传相对更稳定，群体一致性好；但由于在育种过程中存在长期闭锁繁育现象，因此近亲系数高导致遗传缺陷，造成肢蹄缺陷更明显。另外，高繁殖性能势必对饲养要求更高，也更容易出现二胎综合征等。某育种公司丹系种猪父系和母系主要选种指标分别见图2-8-1和图2-8-2。

北美系（加系、美系）种猪。北美系种猪的选育更关注于体型与抗逆性（肢蹄、适应性、耐粗性），体现出更强的适应性，繁殖性能北美系种猪与欧系种猪相比有明显劣势。加系种猪的各生产性能指标相对更均衡，无明显缺陷；育种目标更追求个性化，更符合市场与客户特定需求；种猪性能本质与美系无明显差异（种猪遗传基因水平相似），但生产性能更优于美系种猪，如产仔性能更高（每胎可多产1~1.5头），生长速度更快，母猪利用年限更长（8胎依然还能保持较好性能）。美系种猪的特点主要表现为拥有卓越的适应性与耐粗性，

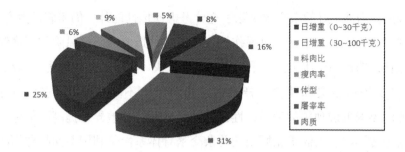

图 2-8-1　某育种公司丹系种猪主要选种指标——父系（杜洛克猪、汉普夏猪）

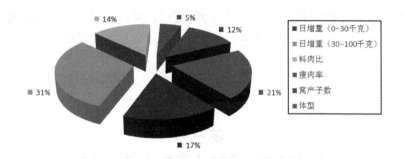

图 2-8-2　某育种公司丹系种猪主要选种指标——母系（长白猪、大白猪）

对中国环境适应性好、肢蹄健壮、体型较好、高大美观，更符合中国审美观；但是产仔性能一般，泌乳性能较差，后备种猪利用率低，初产母猪难产率偏高，以及料肉比不理想、背膘较厚、瘦肉率较低等。

（2）对外三元轮回杂交的认识。外三元杂交不能仅局限于杜洛克公猪与长大（大长）二元母猪杂交一个单一模式，据报告，三元轮回杂交非饲料成本要比上述模式少很多，且生产性能差异不显著。应用模式如下：第一代大长二元杂交母猪与杜洛克公猪配种；第二代三元杂交母猪与长白公猪配种；第三代三元杂交母猪与大白公猪配种。如此每世代轮回更换公猪品种。其关键技术要点，一是轮回杂交亲本的选择。亲本是杂交优势产生的遗传基础，杂交亲本遵循应选择：品种纯度高的。只有高纯亲本杂交，才可能产生高的杂合度，形成明显的杂种优势。特征指标明显，遗传差异大。公猪要求体型等高遗传力性状一致性好、长速快、瘦肉率高；母猪繁殖力高、适应性强、耐粗饲。杂交后代才可能综合双亲优点，产生显著的杂种优势。二是品种数量的确定。轮回杂交效果与引入杂交的品种数量关系密切，但考虑到生产实际及可操作性，生产中仍以二元轮回、三元轮回杂交应用较多，具体需结合选育目标和实际生产状况科学选用。当然，好的杂交效果除了充分考虑遗传性能外，仍需兼顾生产条件、畜群规模、饲养管理水平、可操作性，甚至引种造成的防疫风险等。最终通过优势互补，选育初生体重大、成活率高、生长快、胴体品质好的优秀商品肉猪。

（3）轮回杂交在养猪生产中的应用前景。不同品种由于选择目标及培育环境的差异形成独特的种质特性，这种品种间特性差异是提高养猪生产效率的重要遗传资源。而涵盖轮回杂交的杂交繁育体系恰是利用不同品种间的遗传互补性，形成个体杂种优势，产生一系列的父本、母本以及个体效应，提高生产效率，降低生产成本，提升产业效能。相对于普通的二元或三元杂交模式，虽然轮回杂交不能实现杂交效率的 100% 应用，但从管理和健康角度出发，采用轮回杂交或改良轮回杂交却能有效规避引种带来的疫病风险和养殖成本的压力。

第三节
品种选择及杂交（良种）繁育体系

在品种选择上及繁育体系建设中，在高产、高效、健康的前提下，还要注意如下几个方面的问题。

1. 适应性

所选品种应能适应当地气候、猪舍条件、饲养人员素质、猪场管理水平等。丹麦长白猪曾因不适应坚硬的水泥地面和粗放的饲养方式易患肢蹄病而无法推广。高瘦肉率品种没有高蛋白全价饲料，其生长速度比不上一般品种，广东猪种到北方，因气候冷，患风湿病而淘汰的猪不在少数。

2. 必须了解原猪场的疾病情况

如果不了解原猪场的疫病情况而盲目引种，带进疾病的危害会远远超过种猪带来的效益。应该提前了解病情，加以防范，把危害降到最低程度，做到引种、防病两不误。

3. 杂交利用

两个品种杂交所产生的杂种，其生产性能往往高于父母的平均数，称为杂种优势。利用杂种优势是提高生产成绩的捷径。但有的品种间杂种优势明显，有的则不明显。如用生长速度快的杜洛克公猪和繁殖性能突出的长大二元母猪交配，产生的杂种优势很明显，在许多地区得到了推广。其他的配套系都是经过严格筛选的杂交利用的最佳组合，商品代猪的许多方面有明显的杂种优势。选种时单纯地选择纯种猪作种，既增加了引种成本，又不能产生明显的杂种优势，对生产不利。

4. 猪的良种杂交繁育体系

商品猪的杂交繁育体系是将纯种选育、良种扩繁和商品肉猪生产有机结合，形成一套体系。在体系中，将繁育工作、杂交工作和杂交扩繁任务划分给相对独立而又密切配合的育种场和各级猪场来完成，使各个环节专门化，是现代规模化养猪业的系统工程。良种繁育体系的组成如下。

（1）原种猪场（群）。指经过高度选育的种猪群，包括基础母猪的原种群和杂交父本选育群。原种猪场的任务主要是强化原种猪品种，不断提高原种猪生产性能，为下一级种猪群提供高质量的更新猪。

（2）种猪场。主要任务是扩大繁殖种母猪，同时研究适宜的饲养管理方法和良好的繁殖技术，保持母猪多产活仔和健仔。

（3）杂种母猪繁育场。在三元及多元杂交体系中，以基础母猪与第一父本猪杂交生产杂种母猪，是杂种母猪繁育场的根本任务。杂种母猪应进行严格选育，选择重点应放在繁育性能上，注意猪群年龄结构，合理组成猪群，注意猪群的更新，以提高猪群的生产力。

（4）商品场。主要任务是进行肥猪生产，重点放在提高猪群的生长速度和改进肥育技术上。提高饲养管理水平，降低肥育成本，达到提高生产量的目的。

在完整的繁殖体系中，上述各个猪场应比例协调，层次分明，结构合理。

杂交猪繁育体系结构是指繁育体系内不同层次猪场或猪群的种母猪头数占总头数的比例。各场分工明确，重点任务突出，集猪的育种、制种和商品生产于一体，真正从整体上提高养猪的生产效益。以年出栏商品猪10万头为例，其良种繁育体系结构见图2-8-3。

原种场（群）：任务是育种；公母猪数量（10 ♂ : 50 ♀）

↓

种猪场（群）：任务是扩群；公母猪数量（16 ♂ : 800 ♀）

↓

商品猪繁殖场（群）：任务是生产育肥仔猪；公母猪数量（60 ♂ : 6 000 ♀）

↓

育肥猪（群）：任务是生产育肥猪；饲养育肥猪数量（100 000 头）

图 2-8-3　年出栏 10 万头商品猪杂交繁育体系

第九章
关键——营养全面的饲料

在现代化的养猪生产中，饲料的生产成本最大，通常占养猪生产总成本的65%～70%。养猪能否盈利，在很大程度上取决于饲料配方的好坏。对于大部分营养元素，据测定，动物摄取后转化为动物产品的利用效率是偏低的，尤其是矿物质和维生素。可是人们为了获得更大的生产性能，通常按最大的个体需求量供应营养，结果导致群体内多数个体营养摄入偏高。这样虽然获得较高的生产性能，但是饲料利用率降低，动物排泄量增大，对动物产品的质量安全和环境造成危害。因此，精确掌握动物的营养需求，并结合饲料原料的可利用性，实施精准供给营养，科学优化饲料配方，是未来饲料产业发展的趋势，也是提高养猪效益的一种途径。

第一节
猪的营养概述

　　饲料成本是养猪生产的最大成本，要降低料肉比，就必须全面深入地了解猪所需的营养，科学地配制和使用饲料，真正实现将猪摄入的营养转变为猪产品。通过评估了解最后到底花了多长时间、长了多少肉、猪肉品质如何、饲料转化效率如何，既可以真正评价一种饲料的营养水平、猪群健康情况及猪场的整体管理水平，也可以实现降低料肉比，而降低料肉比是提高猪场盈利水平的关键环节。

1. 动物营养学

　　动物营养是指动物摄取、消化、吸收、利用饲料中营养物质的全过程，是动物一切生命活动（生存、生长、繁殖、免疫等）的基础，动物整个生命过程都离不开营养。

　　动物营养学研究内容深而广，任务十分艰巨。完成这一任务，不但需要长期不懈的努力，更需要多学科理论和技术的融合。动物营养学至少与30多门自然科学特别是生命科学，以及经济、政治、环境等社会学科有联系。掌握或了解这些学科的基本知识有助于全面深入理解动物营养学的内涵，推动动物营养学的发展。与动物营养学关系十分密切的学科见图2-9-1。

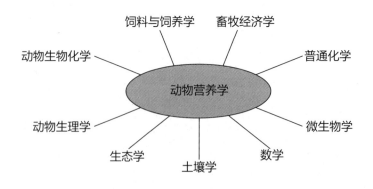

图 2-9-1　与动物营养学关系密切的学科

2. 传统意义上的营养学

猪的营养中最重要的营养成分包括水分、能量、蛋白质（氨基酸）、矿物质和维生素。

（1）水分。水分是最基本、最重要的营养物质，但因为它最常见、最便宜，所以最容易被忽视。水是猪体中比例最大的组成部分。猪一旦缺水，马上会降低采食量，从而影响生长性能。

（2）能量。能量是由日粮中的营养素碳水化合物（淀粉等）和脂类（油脂等）新陈代谢时释放出来的。是营养学研究领域永恒的话题。饲料能量含量是衡量饲料营养价值的一个重要方面。能量是所有营养素的基础，其他营养素的代谢离不开能量的支持。能量在营养代谢与动物生产需求中的作用见图2-9-2，饲料营养成分的能量含量见表2-9-1。

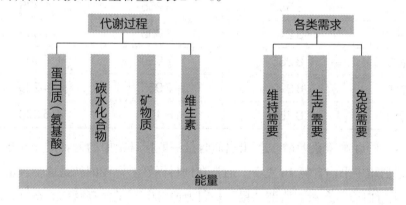

图2-9-2　能量在营养代谢与动物需要中的作用

表2-9-1　饲料营养成分的能量含量

每克饲料中的营养成分	蛋白质	碳水化合物	脂肪
能量含量（千焦）	23.4	17.6	39.3

①能量需求体系的发展历程。一是需要庞大的数据库，二是集团化原料采购的稳定品质。见图2-9-3。

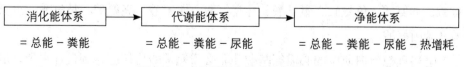

图2-9-3　能量需求体系的发展历程

②猪饲料中常用原料的能量水平比较。见表2-9-2。

表2-9-2 猪饲料中常用原料的能量水平比较

常用饲料原料	消化能（千焦/千克）	代谢能（千焦/千克）	净能（千焦/千克）
玉米	1.5×10^4	1.4×10^4	9.5×10^3
小麦	1.4×10^4	1.3×10^4	1.0×10^3
大麦（裸）	3 240	3 030	2 430
大麦（皮）	3 020	2 830	2 250
高粱	3 150	2 970	2 470
米糠	3 175	3 065	1 845
麦麸	2 370	2 155	1 580
大豆粕	3 530	3 255	1 805
花生粕	3 245	3 005	1 865
猪油	8 285	7 950	5 100
牛油	8 290	7 955	4 925
豆油	8 750	8 400	5 300

（3）蛋白质（氨基酸）。蛋白质含量一般指日粮中的氮含量×6.25（每100克蛋白质中平均含氮16克）。通常在饲料标签上标注的就是这个含量，标示为"粗蛋白质"含量。所谓"粗"是因为饲料中不仅含有氨基酸态氮，还含有非氨基酸态氮。

①蛋白质是大分子化合物，不能完整地被动物肠道黏膜吸收，必须在消化酶的作用下水解成氨基酸或小肽。而不同蛋白源的蛋白质被消化酶水解的效率不同，甚至部分蛋白不能被消化水解。

人们早就用日粮粗蛋白质含量来间接反映猪对氨基酸的需要量。而事实上猪需要的不是蛋白质，而是用于肌肉和机体其他蛋白质合成的氨基酸。

蛋白质主要由20种氨基酸组成，其中10种是猪必需的氨基酸，分别是赖氨酸、苏氨酸、色氨酸、蛋氨酸、异亮氨酸、缬氨酸、亮氨酸、精氨酸、组氨酸和苯丙氨酸。

②猪理想蛋白质中的必需氨基酸和非必需氨基酸比例应达到最佳平衡。尽

管学者们已经为机体维持、新组织生长、产奶及组织代谢确定了理想氨基酸模式，但没有一个氨基酸模式适用于所有情况。

对蛋白质原料（如豆粕、鱼粉等）质量优劣的评估应首先立足于这些氨基酸的含量及其利用能力，特别是赖氨酸的含量。

（4）矿物质。矿物质元素在猪日粮中的比例尽管很低，但对猪的健康作用极为重要。矿物质元素可被分为常量元素和微量元素两类：常量元素如钙、磷、钠、氯、镁、钾等；微量元素如锌、铜、铁、锰、碘、硒等。矿物质元素特别是微量元素的生物学利用价值非常重要，不同来源形式的矿物质生物学价值相差很大。

（5）维生素。维生素是一系列为维持机体正常代谢活动所需的营养成分，是保证机体组织正常生长发育和维持健康所必需的营养元素，其对母猪的重要作用见表 2-9-3。

表 2-9-3　维生素对母猪的重要作用

项目	维生素 D_3	β-胡萝卜素	维生素 E	维生素 C	叶酸	生物素
提高受胎率	√		√			√
缩短断奶至发情时间			√			√
减少不孕		√			√	√
提高排卵率						√
提高受精率	√	√	√			√
减少胚胎死亡		√				
减少胎儿死亡	√					
减少断奶前死亡，增加母猪断奶产仔数	√		√	√	√	
强壮肢蹄	√					√

猪日粮中的维生素可分为脂溶性维生素和水溶性维生素两种：脂溶性维生素如维生素 A、维生素 D、维生素 E、维生素 K；水溶性维生素如硫胺素、核黄素、烟酸、胆碱、泛酸、生物素、维生素 B_6、维生素 B_{12} 等。

维生素的储存、加工及与微量元素的接触均能降低预混料和全价料中的维生素活性。一般情况下，大多数维生素预混料的储存时间不应超过 3 个月。维生素是具有活性的物质，饲料加工调制的工艺会影响其活性，饲料储存过程中的高温、高湿和霉菌毒素等因素也会影响其活性，因此要保证饲料中维生素的品质需要从以上几个方面把关。

3. 营养的四级结构

陈代文教授及其团队创新性地提出了营养的四级结构，深入浅出地对营养的全部内涵，即营养素、营养源、营养水平和营养组合做了全面的科学阐述。

（1）对营养结构的一些概念进行定义。见图 2-9-4。

营养素：饲粮中维持动物生命、生长、繁殖的营养成分，如能量、蛋白质、矿物质、维生素等

营养源：能够提供各种营养成分的物质总称，如提供大豆蛋白、玉米蛋白、鱼粉蛋白等

促营养素：饲粮中能够促进营养成分吸收利用的一些添加物，如酶制剂、酸化剂等

图 2-9-4　营养级结构概念图

（2）分别阐述四级结构。

①营养的一级结构是指饲粮营养素及其相互关系（传统营养的理解）。见图 2-9-5。

②营养的二级结构是指提供营养素的营养源（能够提供各种营养成分的物

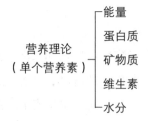

图 2-9-5　营养的一级结构（饲量与营养素的关系）

质总称）及其相互关系。见图 2-9-6。

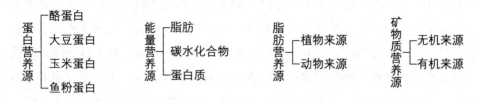

图 2-9-6 营养的二级结构

③营养的三级结构是指营养素与营养源的相互关系。例如，以脂肪作为能源时，微量元素有机源比无机源可能更好；但以碳水化合物为能源时，有机源和无机源的差异可能更小。

④营养的四级结构是指营养素、营养源与促营养素的相互关系。例如，作为能量源的小麦与酶制剂同时添加时，小麦的有效能值就可提高。营养的四级结构见图 2-9-7。

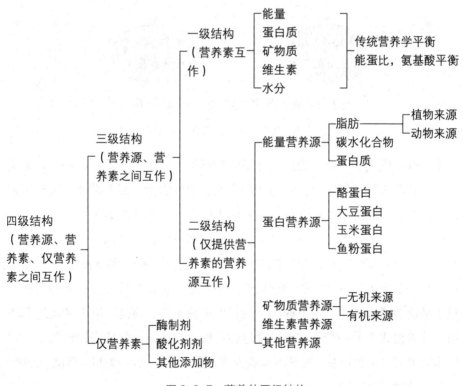

图 2-9-7 营养的四级结构

科学地设计营养配方并不是按照某一个营养水平标准来选择原料进行配制那样简单。相同营养素和营养水平的不同配方，其饲用效果差异很大，其中重要的原因就是目前的营养指南及饲料工业大多只关注营养素及其水平，也就是说仍停留在一级结构层次，对二级以上结构知之甚少，研究也十分薄弱。陈代文教授提出的四级营养结构概念，在理论上有助于我们进一步认识代谢的复杂性，深入了解营养的本质和营养需要的含义；在实践上有助于改变配方思路，更好地优化营养结构，提高饲料利用效率，促进动物遗传潜力的充分发挥。

4. 全面认识营养

猪的生长取决于每天的营养摄入量，而营养摄入量是每天的营养浓度与采食量相乘的总量决定的。见图 2-9-8。

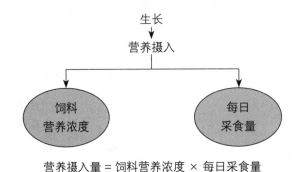

营养摄入量 = 饲料营养浓度 × 每日采食量

图 2-9-8　猪生长营养需要关键控制点

猪的营养模式中两个关键点：好不好和够不够。饲料产品好不好，并不是狭义地指营养素的高低多少，它与产品定位、原料选择、配方设计、生产工艺等各因素有关，任何一个板块都会影响到产品质量。见图 2-9-9。

组成产品好不好的每个板块又会有不同的影响因素。比如，生产工艺这个板块，它的影响因素包括原料储存、粉碎粒度、混合均匀度、调制温度、时间等，任何一个环节出现短板都会影响到饲料产品质量。正如水桶定律表述的那样，一只水桶能装盛多少水，并不取决于最长的那块木板，而是取决于最短的那块木板。营养模式中另一个关键点采食量够不够就与猪场的管理密切相关了，它的影响因素有饮水供应量，饲料的饲喂方式，养殖密度，舍内温度、湿度、光照，以及猪群的健康状况等。

猪的营养两个关键技术标识：采食量和料肉比。猪营养素水平的设定都是

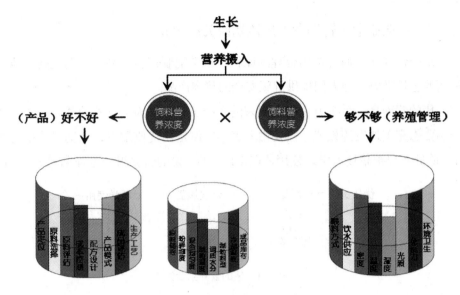

图 2-9-9　猪的营养模式关键点

以预计采食量为基础来进行的。每个饲料厂不同定位的饲料产品有着自己的采食量及料肉比的标准。猪场场长在选择饲料的时候除了要关心饲料的营养浓度外，还应该了解该系列饲料的采食量及料肉比的标准，两者缺一不可。当然，同一种饲料在不同的猪场表现出来的采食量、猪日增重、料肉比也是不同的，因为每个猪场的管理水平各有不同。场长应该尽可能地将影响猪采食量的每个环节管理到位，使猪采食量达到标准，发挥饲料的应有效率——综合表现就是料肉比达标。

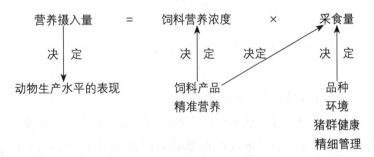

图 2-9-10　猪营养需求的相互关系

5. 企业业主（管理者）应该如何关注营养

猪的营养就是通过选用合理的原料，科学配制饲料产品，以期最高效地发挥猪的生长潜力，为人们提供健康安全的猪肉产品。

猪的营养是一个全方位组合起来的系统工程。作为猪营养的载体——饲料产品要想完美地发挥效能，需要由营养学家制定出优质配方，经饲料厂精良加工，除此还要被猪场科学地使用才能得以实现。猪的营养组合过程见图 2-9-11。

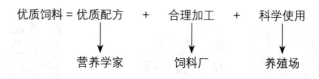

图 2-9-11　猪的营养组合过程

因此，对企业业主（管理者）而言，正确地关注猪营养的核心内容归纳起来就是让猪吃什么料、吃多少料和怎么吃料的问题。猪的营养核心内容见图 2-9-12。

图 2-9-12　猪的营养核心内容

在选择吃什么料的时候，首先应该就饲料好不好的"水桶"中每个板块进行考量：饲料生产厂家有没有做好饲料的社会责任感，以及有没有一个技术研发团队和全程质量保证队伍做好饲料的能力，然后根据自己猪场的猪品种、管理状况、猪群生产力水平等现状及期望达到的水平等，确定适宜本场猪营养水平的系列饲料产品，并充分了解饲料的营养浓度和理论上应达到的采食量、日增重、料肉比等全面技术指标。

确定好了吃什么料后，猪真正吃了多少料是每天的生产管理中都应予以关注的。保障每日采食量够不够的这个"水桶"的每个板块达标，使猪群的实际采食量水平达到推荐的标准，发挥饲料效能及猪群的生长潜能。

第二节
非洲猪瘟常态化下猪日粮设计

我国生猪养殖已进入非洲猪瘟常态化时期，除生物安全升级、养殖模式改变等外，在安全有效的非洲猪瘟病毒疫苗上市以前，日粮设计也至关重要，猪日粮设计需遵循减法原则，注重改善猪舍内环境（尤其是降低有害气体浓度）以及强化维生素 C、维生素 E 等的添加，促进和维持黏膜系统的完整性，同时可适当引入中草药联合组方来提高猪群整体健康度与稳定性。

1. 营养配方设计

动态营养是指根据动物机体在不同生长阶段的不同时间内器官组织对营养物质代谢的变化规律，相应地饲喂不同营养水平的日粮，将营养物质进行动态配制及其饲喂方法进一步精确化。在一天内采食总量和总体营养相同的情况下，动态地饲喂不同营养水平的方式可提高猪的生长性能，影响血浆氨基酸含量等部分血液生理生化指标。因此，动态营养在动物营养中可以作为一种提高饲料利用率的手段，也是动物福利的体现。

（1）动态营养配方理念。为了满足动物全面的营养需要，需要均衡营养配方。我国的猪饲料配方起步较晚，从均衡营养配方技术来讲，主要经历了神秘配方阶段、配方设计与原料品管能力结合阶段、生产工艺改变配方设计阶段和启用净能体系设计配方等四个阶段，而这四个阶段可定义为"静态配方"阶段，这一阶段的特点都是基于原料或营养需求标准变化而发生的进化，都是技术人员基于饲料工业、原料加工业和饲料企业的生存发展需求做出的积极改变。然而这还不能满足现代畜牧生产和未来发展的需求，必须根据养殖现场变化设计动态配方。这里定义的"动态配方"强调的是与养殖现场的互动，而不仅仅是在办公桌前进行配方软件的调整。根据养殖场的生产成绩、动物免疫状态、改进目标和环保需求等，结合前面饲料配方技术，设计出更加精准、符合生产需要的产品，这样的产品针对性很强，时效性更强，更适合现场，最经济，能够实现效率和效益的最大化。而实现动态营养配方就需要配方技术工作者具有把不同状态下动物营养需要量转化成营养设计标准的能力，确定配方参考标准，才能准确定位产品应该达到的营养水平。同时配方师必须懂得什么样的生产成绩需要匹配什么样标准的产品。反过来说，知道什么样的产品能够达到什么样的生产成绩，适合什么样水平的养殖场使用。用最佳原料和工艺结合设计出最科学产品的能力。使设计的产品效果最佳的同时成本最低，从而达到养殖场与饲料厂双赢的结果。因此，动态营养配方实质就是现场营养解决方案。

（2）免疫应激下的动态配方。动物在不同免疫状态下其营养物质需求和需求量都会发生极大变化，不同营养分配顺序也会在机体内变化。在动物健康的情况下，有很少一部分营养用于维持免疫系统，而动物在免疫激活状态下，营养优先供给免疫系统，所以发病动物生产成绩会受到很大影响（图 2-9-13）。在免疫激活状态下，营养物质比如氨基酸除了参与机体营养代谢外，还以不同形式参与免疫系统活动（表 2-9-4）。营养物质需求量在免疫状态下会不同程度地增加，如矿物质需求量增加 20%~50%，维生素需求量增加 1~10 倍。在免疫应激下，饲料配方中应适当提高维生素的添加量，比如，适当提高维生素A 添加量能够促进猪抗体的形成，有利于维持消化道和呼吸道上皮细胞完整性；提高维生素 C 添加量能够消除猪机体内自由基，提高机体抗氧化能力以及中性粒细胞和淋巴细胞杀灭病毒能力。而非洲猪瘟病毒最先接触和感染猪的部位就是口鼻的上皮细胞，然后攻击单核吞噬细胞系统，最后释放病毒进入淋巴组织及其他细胞群体，而维生素添加量的提高无疑能够促进机体免疫力的提高（表 2-9-5）。人生病时医生经常给予维生素片，也是这个道理。在免疫状态下，各种营养物质在配方中要相应加强。

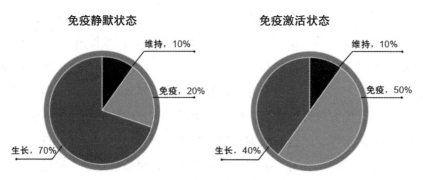

图 2-9-13　机体不同免疫状态下能量分配变化

表 2-9-4 氨基酸营养与免疫

氨基酸	功能	作用方式	不可替代性
赖氨酸	增强免疫	除蛋白质代谢外，还参与免疫应答	促进动物的生长
苏氨酸	增强免疫	构成免疫球蛋白的一种必需氨基酸	对肠道免疫起重要作用
蛋氨酸	增强免疫	有效提高机体产生抗体的效率	促进动物的生长
谷氨酰胺	增强免疫	肠上皮细胞和淋巴细胞的主要能量来源；肠道淋巴细胞合成分泌型免疫球蛋白 A 的必需原料	维护肠道功能及修复损伤
精氨酸	增强免疫	T 淋巴细胞增殖，巨噬细胞的吞噬功能，NK 细胞对靶细胞的溶解	
色氨酸	增强免疫	促进骨髓 T 淋巴细胞分化为成熟的 T 淋巴细胞，提高机体内免疫球蛋白的含量	
甘氨酸	抗氧化应激和免疫调节	甘氨酸也被称为必需氨基酸，是抗氧化还原剂谷胱甘肽的组成氨基酸	

表 2-9-5 维生素营养与免疫

维生素	功能	作用方式
维生素 A	增强免疫	促进 NK 细胞活化和抗体生成 维持机体免疫器官生长发育的重要营养物质，缺乏时会造成免疫器官损伤
维生素 D	增强免疫	缺乏或过量维生素 D 会抑制免疫细胞（单核细胞、活化的淋巴细胞、巨噬细胞等）的功能 适量维生素 D 活化免疫细胞，使动物机体免疫反应转强，抗体浓度迅速升高
维生素 E	抗氧化、增强免疫	自由基清除剂，保护机体细胞完整性 促进淋巴细胞增殖，增强吞噬细胞作用，提高中性粒细胞的杀菌能力
β-胡萝卜素	抗氧化	增加淋巴细胞增殖反应 促进巨噬细胞产生细胞毒因子
维生素 C	增强免疫	维持补体活性和抗体生成反应 降低应激因素对猪产生的免疫抑制作用 作用于中性粒细胞和巨噬细胞，增加干扰素合成和机体免疫力 作为一种抗氧化剂防止淋巴细胞过氧化，维持细胞完整性，避免宿主产生过度免疫

（3）优化肠道健康的营养配方设计。肠道是动物机体最大的消化吸收器官，动物生长与健康程度很大程度上取决于肠道的发育程度和结构完整性。一般对于幼龄动物，胃肠道发育不健全，消化能力差，在配方设计时，要选择易消化、低抗原原料。比如，蛋白原料中控制豆粕添加量，宜选用发酵豆粕或大豆浓缩蛋白；谷物能量原料中一般会选择去皮玉米、部分膨化玉米、膨化大米等，其他谷物一般都会粗粮精做，采用细粉碎或微粉碎。另外幼龄动物胃酸分泌不足，设计配方时要考虑日粮的系酸力问题，必要时添加适当的酸化剂和各种酶制剂；同时为避免未充分消化的蛋白进入后肠发酵，宜在低蛋白日粮体系中添加一些益生元、短链不饱和脂肪酸等促进肠道健康。

2. 做好饲料原料的品质控制

做好饲料原料品质控制是实施"精准营养技术"的重点环节之一。饲料品质控制主要靠在事前、事中来把握。需要在采购、生产、仓储、配送等环节一一用功，采取科学管理手段，进行精细化管理，层层落实责任。在生产实践中，要设立专职品控部门，配备专业的品控员，建立质检验收制度，对原料和成品料做规范化、常态化检测。坚持"三不"制度不动摇，即不合格原料不入库，不合格原料不使用，不合格产品不出库。尤其要杜绝发霉变质饲料的使用。

（1）玉米。玉米作为使用量最大的一类能量饲料，其品质的好坏直接影响饲料成品的品质状况，应该选择水分相对较低、容重高、低霉变粒和低毒素玉米。玉米容重本质是指玉米籽粒的饱满程度，容重愈大，质量愈好，虫蛀空壳瘪瘦的玉米粒愈少。见图 2-9-14。

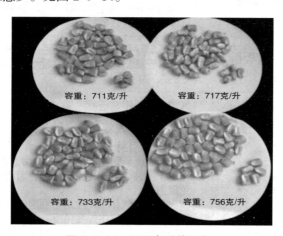

图 2-9-14　不同容重的玉米

　　玉米的生霉粒含量是玉米品质的重要评判指标。生霉粒分为本身已经发生霉变和本身没有发生霉变却附着有霉斑的籽粒。一般饲料原料质量控制要求猪用玉米生霉粒不得大于2%。见图2-9-15、图2-9-16。

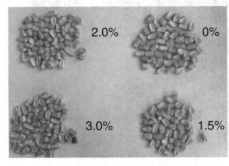 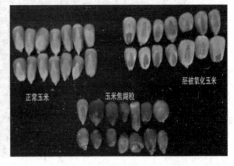

图2-9-15　不同霉变率的玉米　　　　图2-9-16　玉米正常粒与不完善粒

　　（2）麸皮。对于麸皮的选用与否，争议很大，有些猪场为避免风险而在一段时间内不用。但实际上，选择来源可靠、规模加工厂的麸皮，从生产过程和病毒存活介质上分析，其长时间带毒传播的可能性较小。另外其适口性、纤维特性也不错，成本相对低廉，是配方中的优选。但需要重点关注其新鲜度和毒素情况，新鲜品质佳的小麦麸呈片状，有麦香味，无粉或少粉。可用手抓来感觉小麦麸的水分含量，干的小麦麸，抓紧后松开会立即散开，散开较慢的说明其水分含量高，易发霉；不新鲜的麸皮脂肪酸值高，闻起来有酸败或霉味。毒素含量与产地和小麦收获季节的天气有关，可以重点普查和结合实验室分析进行。

　　（3）豆粕。优质的大豆粕呈淡黄色或淡黄褐色的不规则碎片状，色泽太浅可能为过生现象，有生豆味；颜色过深则有可能是加热过度，为过熟大豆粕，会有些许焦煳味。因大豆产地的差别，大豆粕的颜色会有一定的变化，这也给大豆粕生熟度的判定带来障碍。因此，养殖场在采购同一厂家大豆粕时，要建立留样比对制度，就可进行快速判定。见图2-9-17。

　　（4）其他饲料或饲料添加剂。禁止使用同源性原料理论上的确可以降低疫病传播的可能性。不过不论是喷雾干燥血浆粉、血球粉，还是肉骨粉，都经过了高温灭活，理论上如果有病毒也应该是被彻底杀死了，不太可能成为重要的传播途径。但众多压力下，这些产品还是被养殖场和饲料厂排斥在外。对于非洲猪瘟下添加剂的选择，大多从增强免疫、阻断病毒复制和传播、破坏病毒囊膜结构等角度考虑。

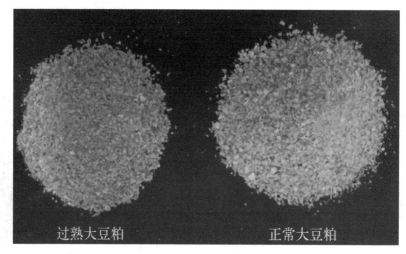

图 2-9-17　过熟大豆粕和正常大豆粕

3. 科学的加工手段

有了好的配方、好的原料，还需要好的饲料加工工艺。简易的粉碎混合加工方法早已不适合现代养猪生产的需求。现在的规模化、集约化养猪生产对饲料加工设备、工艺流程、生产控制模式都提出了新的更高的要求，饲料加工企业唯有加快转型升级、创新提升其工艺技术水平才有出路。

（1）适当采用膨化挤压技术。该膨化的原料要膨化，如仔猪饲料和哺乳母猪饲料中的玉米、大豆或豆粕应做膨化处理。值得推荐的是猪料膨化工艺，具有较大的使用价值。该工艺是将物料经过充分调质后再通过特定的螺旋强烈挤压和剪切作用，产生短时中温使物料熟化，破坏饲料原料中的抗营养因子、杀灭有害微生物，将物料黏结成片状或块状。膨化饲料具有口感好、易于消化吸收、呈现"香、甜、脆、酥"的特点，使用后转化率高。膨化工艺及其产品已经被国内一些大型饲料厂和养猪场所接受。

（2）必须采用制粒技术。实践证明，颗粒饲料性能优于粉状饲料。不同饲喂对象的饲料其颗粒大小、紧密度都有标准，在制粒过程中对环模的选择、压缩比的控制都有要求。

（3）粉碎粒度适中。总的原则是，猪料宜细不宜粗，特别是仔猪、小猪饲料，必要时可采取微粉碎、二次粉碎技术。

（4）计量准确。采用电子自动控制的配料、称料计量系统，误差0.2%，实现精准下料和出料。

（5）标识清楚。饲料厂的原料和成品饲料必须分类堆码，逐一标识清楚，避免混淆出差错。原料需标明产地、来源、品种、入库时间、批量等项目；成品饲料需标明主要组分、营养含量、水分、储存条件、是否含有药物添加剂及其休药期、保质期、使用注意事项等内容。

第三节
计算机软件辅助设计在饲料配方上的应用

配方设计需采用计算机技术，应用优良的配方软件，如金牧配方软件、资源配方师 Refs 3000 配方软件进行配方设计，可以做到营养精准、成本精准。

1. 计算机软件辅助设计优点

利用计算机软件辅助设计饲料配方，首先可以降低饲料配方设计人员的劳动强度，提高饲料配方设计的效率；其次，可以克服手工设计饲料配方时指标选择的局限性，全面考虑饲料营养、成本和效益的关系，降低饲料配方成本，提高饲料生产的经济效益；再次，能达到饲料原料资源的优化配置，提高资源利用率；最后，能提供多方面有效信息，科学指导饲料生产决策和经营。

2. 计算机软件辅助设计注意事项

（1）正确选择饲料配方软件。饲料配方软件众多，使用方法也各不相同，行业新的从业人员要从简单易学的饲料配方软件学起，掌握所用饲料配方软件的操作，多学多练，不断积累配方软件使用经验。

（2）建立科学的数学模型。建立科学的数学模型是利用计算机进行饲料配方运算的先决条件，建立数学模型之前要掌握动物营养学的基本原理，弄清楚饲料配方设计的目的，正确合理制定出数学模型的目标方程和约束条件。

（3）分析设计过程中出现的问题。在初学者利用饲料配方软件设计配方时,饲料配方软件经常会出现"计算错误"提示,出现这种情况的原因如下:首先,可能是选择的饲料原料相应营养物质含量较低, 不足以满足所使用的较高的饲养标准；其次, 可能是在设计的约束条件之下, 配方中的营养物质含量达不到或超过饲养标准的相应营养物质含量, 在计算过程中产生矛盾；再次, 配方中选择使用的饲料原料太多或太少；最后，可能是选择的饲料原料之间的营养物质含量之间有矛盾条件。

（4）做好饲料配方设计后的调整和分析工作。利用饲料配方软件设计出饲料配方后，还要细致分析饲料配方，并根据实际情况进行合理的适时调整，以便使设计的饲料配方更加适合本地饲料生产的实际情况，生产出充分考虑饲料企业和养殖企业经济效益的符合市场要求的饲料产品。

3. 计算机软件辅助设计方法

（1）线性方案计算法。也称线性规划法，是利用运筹学的有关数学原理来进行饲料配方优化设计的一种方法。这种方法把饲料配方中的有关因素和约束条件转化为线性数学函数，求解在一定约束条件之下的最大或最小目标值。

（2）目标方案计算法。也称多目标方案计算法，它是在线性方案计算法的基础上发展起来的。由于饲料配方设计常需要在多种目标之间进行优化，线性方案计算法得到的成本最低最优解，往往难以兼顾到其他的目标。多目标方案计算法就克服了线性方案计算法的这个缺点，既能较好处理约束条件和目标函数之间的矛盾，又能在多种目标之间进行优化。

4. 计算机软件辅助设计实例

随着计算机技术特别是个人计算机的发展和普及，主要以线性方案计算法和目标方案计算法等为设计方法的饲料配方软件已经愈来愈广泛应用于畜牧生产中。利用计算机饲料配方软件辅助设计饲料配方，不仅能设计出满足畜禽营养需要的营养全面平衡的饲料配方，而且能降低饲料配方成本，提高饲料生产的经济效益。

（1）常见饲料配方软件。饲料配方软件较多，目前国内常见的饲料配方软件有：资源配方师 Refs 系列软件、金牧饲料配方软件 VF123、BRILL 饲料配方软件、三新智能配方系统和畜禽配方优化系统等。在这些饲料配方软件中，资源配方师 Refs 系列软件特别是其高版本的软件，优点和功能相对较多，是一款受到关注较多的软件产品。

（2）计算机饲料配方软件辅助设计实例。饲料配方软件不同使用方法也存在差异，操作前要仔细阅读使用说明，按照使用说明进行操作。在利用饲料配方软件制作饲料配方时要不断积累经验，特别是某些饲料原料使用时的限量问题和非常规饲料原料的使用方面尤其要注意。下面就以用资源配方师 Refs 饲料配方软件为 5 ~ 15 千克的乳猪设计全价饲料配方为例，介绍饲料配方软件的使用。

第一步：查乳猪的饲养标准，确定乳猪的营养需要。营养指标主要有消化能、粗蛋白质、钙、总磷、赖氨酸、蛋氨酸 + 胱氨酸、食盐等。见表 2-9-6。

表 2-9-6　乳猪饲料标准

消化能 （兆焦/千克）	粗蛋白质 （%）	钙 （%）	总磷 （%）	赖氨酸 （%）	蛋氨酸 + 胱氨酸(%)	食盐 （%）
13.86	20	0.90	0.70	1.15	0.59	0.37

第二步：选择饲料原料，并输入所用饲料原料的价格和使用的限量。使用的饲料原料有：玉米、次粉、乳清粉、植物油、大豆粕、鱼粉、石粉、磷酸氢钙、盐、赖氨酸、蛋氨酸、1% 乳猪预混料，饲料原料价格和营养价值见表 3-9-7，饲料原料使用限量见表 2-9-8。

表 2-9-7　饲料原料价格和营养价值

原料	价格 （元/吨）	消化能 （兆焦/千克）	粗蛋白质 （%）	钙 （%）	总磷 （%）	赖氨酸 （%）	蛋氨酸 + 胱氨酸 （%）	食盐 （%）
玉米	2 200	14.32	8.7	0.02	0.27	0.24	0.38	0.02
次粉	1 300	13.48	13.6	0.08	0.52	0.52	0.49	0.15
乳清粉	12 000	14.45	12	0.87	0.79	1.1	0.5	6.3
植物油	9 200	39.9	0	0	0	0	0	0
大豆粕	3 400	13.78	46.8	0.31	0.61	2.81	1.16	0.07
鱼粉	9 200	13.23	64.5	3.81	2.8	5.22	2.29	2.4
石粉	120	0	0	35	0.02	0	0	0
磷酸氢钙	2 700	0	0	21	16	0	0	0
盐	600	0	0	0	0	0	0	97.5
赖氨酸	17 000	0	0	0	0	78.8	0	0
蛋氨酸	35 000	0	0	0	0	0	83.8	0
乳猪预混料 （1%）	25 000	0	0	0	1	0	0	0

表2-9-8　饲料原料的使用限量

原料	下限（%）	上限（%）
玉米	0	100
次粉	0	4
乳清粉	5	100
植物油	1	100
大豆粕	0	100
鱼粉	4	6
石粉	0	100
磷酸氢钙	0	100
盐	0	100
赖氨酸	0	100
蛋氨酸	0	100
乳猪预混料（1%）	1	1

第三步：进行饲料配方运算。在饲料配方运算界面中有"线性方案计算"和"目标方案计算"两种计算方法按钮，点击相应按钮，并"清除上次运算结果"，配方运算即完成，并显示配方结果输出报表。当然，配方运算完成后，也可点击左上方窗口中的"配方结果"一栏中的"原料组成图""营养素含量图"和"报表"按钮，即可看到相应内容的配方结果并能输出饲料配方结果报表。饲料配方结果输出如表2-9-9，饲料配方营养指标见表2-9-10。

表2-9-9　乳猪饲料配方

原料名称	原料价格（元/吨）	用量下限（%）	用量上限（%）	含量（%）
玉米	2 200.00	0.0 000	100.0 000	58.49
大豆粕	3 400.00	0.0 000	100.0 000	23.90
乳清粉	12 000.00	5.0 000	100.0 000	5.00
次粉	1 300.00	0.0 000	4.0 000	4.00
鱼粉	9 200.00	4.0 000	6.0 000	4.00

原料名称	原料价格（元 / 吨）	用量下限（%）	用量上限（%）	含量（%）
磷酸氢钙	2 700.00	0.0 000	100.0 000	1.40
石粉	120.00	0.0 000	100.0 000	1.14
植物油	9 200.00	1.0 000	100.0 000	1.00
乳猪预混料（1%）	25 000.00	1.0 000	1.0 000	1.00
赖氨酸	17 000.00	0.0 000	100.0 000	0.07
配方成本	3 512.16		配比和	100.00%

表 2-9-10　乳猪饲料配方营养指标

营养素名称	营养含量	标准下限	标准上限
猪消化能（兆焦 / 千克）	13.86	13.86	15.12
粗蛋白质（%）	20.0	20.0	22.0
钙（%）	0.98	0.90	1.00
总磷（%）	0.70	0.70	1.30
盐（%）	0.45	0.37	0.45
赖氨酸（%）	1.15	1.15	2.00
蛋氨酸 + 胱氨酸（%）	0.64	0.59	0.80

　　以上是利用资源配方师 Refs 饲料配方软件进行的自动饲料配方设计。除此以外，在进行饲料配方设计时，配方中的饲养标准、原料、原料限量标准等除了可在"配方工厂数据维护"菜单下修改外，还可以在配方方案处点击"营养标准"和"原料限量"进行修改，存储后运算。

　　在为饲料厂制作新的配方时，如果饲料原料没有变化，可以在该工厂环境下，直接进入运算环节，以方便、快捷地进行饲料配方设计。

第十章
保障——良好的生物安全措施

生物安全至关重要，是猪场养好猪的基石之一，建立生物安全体系及落实生物安全措施是猪场疾病防治的保障，也是最经济有效的疾病防治措施。

第一节
深刻理解猪场生物安全的内涵及构建思路

对于生猪产业而言，完善且可实施的生物安全体系是规模化猪场盈利的关键因素之一，在特定的情况下会决定养殖企业的生死存亡。从"高热病""变异伪狂犬病"到"非洲猪瘟"，生物安全体系的重要性不断显现。要深刻理解猪场生物安全的内涵，只有采取科学有效的防控手段，才能更好地控制猪烈性传染病的发生。

1. 正确理解生物安全的定义及在疾病预防控制中的作用

"生物安全"最早并没有猪病预防控制的实际意义，最初的定义是指"由现代生物技术开发和应用对生态环境、人体健康造成的潜在威胁及对其所采取的一系列有效预防和控制措施"。生物安全问题引起国际上的广泛关注是在20世纪80年代中期，兽医将生物安全概念引入牧场疾病预防控制，给生物安全以更多的与疾病预防控制相关的内涵和元素。在猪场疾病预防控制中，生物安全被大多数兽医接受的定义是：指生物体外杀灭病原微生物，降低机体感染病原微生物的机会和切断病原微生物传播途径的一切措施。也就是说，生物安全就是阻止外界病原侵入本场，防止疾病在场内的扩散，遏制疾病从本场传出的一系列措施与方法。

2. 制定猪场生物安全措施时要考虑的主要问题

这几年生物安全成为养猪行业最热门、最关心的话题，可是大多数猪场对生物安全的理解是"支离破碎"的，比如，生物安全就是消毒、生物安全就是打疫苗、生物安全就是加药预防、生物安全就是……因此，规范规模猪场生物安全体系建设，做好主要猪病的净化工作，对确保生猪健康生长具有重要意义。

（1）遵循"预防为主，防治结合，防重于治"的原则。目的是减少、杜绝疫病的发生和传播，确保养猪生产的顺利进行。凡事预则立，不预则废，生物安全工作就是要将养猪各阶段、生产区内外与生物安全相关因素全部考虑进去，综合进行各个关键点控制，建立"预"在前，"预"为主，"治"补充，

"治"为辅的防控体系。

（2）建立生物安全管理组织体系。规模猪场要设立生物安全管理领导小组，负责生物安全计划的制订和实施。收集自身屏障条件、硬件设施等情况，明确风险来源、风险程度和传播途径，提出关键控制点，制订生物安全计划。组织分配猪场正常防疫资源和物资。监督各生产单元对生物安全措施的实施情况，定期组织培训和考核。

（3）制定生物安全体系中各项措施的指导理论。猪场生物安全体系建立的前提就是预防疫病的传播。而传染病的流行，受三个关键环节影响：传染源、传播途径、易感动物。我们在防控传染病传播的过程中，只要控制好传染病的三个基本流行环节，就能控制住传染病的传播。因此，生物安全管理领导小组要根据猪场的具体情况，制定可操作性的《生物安全管理手册》《生物安全标准操作程序》等文件。对员工每年至少开展两次培训和考核，负责生物安全措施和标准操作程序的落实和执行。

（4）建立生物安全风险评估体系。猪场生物安全管理小组制定生物安全风险管理评估程序和生物安全风险评估计划，开展生物安全风险评估。根据各生产单元的周边环境、选址布局、设施设备、防疫管理、人员管理、投入品管理、运输管理等各种潜在风险因素进行系统性评估。每年至少开展 1 次风险评估工作，并根据评估情况，逐项完善硬件设施，落实生物安全措施。

第二节
从非洲猪瘟防控教训剖析猪场现有生物安全问题的缺陷

生物安全体系建设虽然是经常说的一个重要话题，但非洲猪瘟还是撕破了无数猪场生物安全的多层防御。究竟有哪些深层次的原因，让诸多猪场苦心经营多年的生物安全体系在非洲猪瘟面前如此不堪一击？

1. 生物安全的"因与果"

生物安全不像疫苗接种、人工授精等某一项单纯的工作，它是一个系统工程，是一个源自各个管理细节都做到位以后的结果，而这个"因"就是导致结果的所有要素和过程。就像手表准时的背后，是各个齿轮分工明确、流程顺畅、执行到位、相互密切合作的结果。

2. 生物安全制度不能"落地"

简单来说，"制度落地"是指制度出台以后能够得到有效执行，即制度要求能够转化成猪场成员的实际行动，管理产出满足制度设计初衷。然而，很多猪场仍然普遍存在制度无法落地的现实，即一边是大堆各式各样的管理制度，另一边仍旧是消毒室形同虚设的工作局面。

（1）对生物安全不能深刻理解，寄希望于非洲猪瘟疫苗早日问世。不少猪场管理者的心思不在生物安全体系建设上，而是寄希望于非洲猪瘟疫苗或相关产品的早日问世，但疫苗不是万能的。如2005年德国生产的猪蓝耳病疫苗进入中国市场，截至目前，国内有多家企业参与猪蓝耳病疫苗的生产，但时至今日，猪蓝耳病仍活跃于国内多数猪场。所以，不要把希望寄托在某一疫苗身上，生物安全体系建设是猪场健康管理的第一道屏障，而疫苗是最后一道防线，不能本末倒置。

（2）培训不系统。通过互联网平台去学习或获取一些生物安全体系建设的信息是可取的，但不能用碎片化的资讯代替系统培训。员工入职后一般都要经过严格的培训和训练，有些猪场则不然，要么没有培训就直接让员工上岗，要么培训没有针对性和实操性，要么只是对员工做励志培训和拓展训练，员工热血沸腾，但工作怎么干还是不知道。再加上目前国内能够提供系统化生物安全培训的机构并不多见，致使众多养猪行业从业人员投师无门。

（3）领导说不清。制度操作流程模糊或流程断点多，依照制度难以顺畅执行，在执行层面制度缺乏有效的操作指引，相关人员无法根据制度自行操作。这里还有一个比较普遍的深层次原因，就是中、高层领导自己也不知道怎么干，就没法对下面的人说清楚。高层领导说不清，中层领导也说不清，最后是真正执行的基层不会干，有苦说不出来。就像去医院看病，有的医生会说"要加强体育锻炼"，但是具体怎么锻炼，一周锻炼几次，没有说。患者回去以后坚持进行体育锻炼的可能性并不大。而医生如果说"你每周要坚持快走2次，每次快走1万步"，这样的医嘱要落实容易得多。

（4）方法不可行。根据部分"拔牙"式清除猪场的临床检测，2%氢氧化钠溶液对猪舍空栏的消毒效果显著好于其他常用消毒剂，而部分消毒剂并不能杀死非洲猪瘟病毒，且带猪消毒的效果更差。制定一个可行的方法需要决策、论证、支持、反馈四个环节有效配合。首先决策不能是根据领导的意愿拍脑门决定，而是要结合临床效果充分论证。对于执行层来说，传授工具和方法远比传递思想更重要，解决问题更多是靠方法而非热情，同时，执行中的反馈有助于使其进一步完善。

（5）后勤供养不充足。猪场的生物安全需要很多实实在在的物资供养，如购买自己的运输车辆，修建消毒房，准备充足的隔离服、隔离鞋套、消毒剂及配备一定数量的人员等。就像士兵在前线打仗，如果后勤给养供应不上，请求支援但是指挥部没有反应，负伤了得不到快速的救护，那士兵的斗志显然会受到很大的影响。所以，"既要马儿跑得快，又要马儿不吃草"的管理方式是行不通的。

（6）"压迫式"执行效果差。多数猪场的生物安全体系建设是因猪场管理者觉得某个生物安全制度好，上层决策之后再一级一级向下"压迫式"执行，到了基层员工那里，并不能很好地理解并执行。猪场的管理者或多或少存在着一些官本位思想，对为什么不能执行下去缺少深入的思考，缺乏对人性的把控。

第三节
猪场生物安全体系构建具体措施

这几年，猪场疫病传播速度快，不分季节，流行模式也发生了前所未有的变化，如流行性腹泻、口蹄疫、蓝耳病等，不仅疫苗免疫效果不理想，而且药物几乎没有作用，一旦疫病暴发将导致猪场损失惨重。因此，猪场生物安全也越来越受到人们的关注与重视，做好生物安全管理已成为猪场重中之重的工作。

1. 新建猪场生物安全体系的规划

（1）合理选址布局。场址的选择是猪场今后进行疫病防控的基础，选择不当会严重影响后续的生物安全以及疫病的防控。因此，场址的选择一定要合规，即选择的场址应符合法律法规的规定以及当地政府的政策。场址应位于远离交通主干道和城镇居民生活区、相对偏僻、通风良好、向阳避风、具有天然防疫屏障（如山、树林等）的地带。同时应沿养猪场物理屏障向外设立一定的缓冲区，以防养猪场周边存在其他易感动物（含野生动物），增加疫病传播的风险。

两点式或三点式饲养模式更符合现代化养猪的需求，为了更好地防控疫病，不同猪场最好相隔1千米以上。养猪场布局要合理，分设隔离区、生活区、生产区，生产区和生活区之间设置物理隔离屏障。饲料、疫苗、兽药等生产物资的运输通道（净道）与病死猪、猪粪、场内垃圾等运输通道（污道）严格分开。场区入口和生产区入口设置可覆盖全车的车辆消毒设施。场区入口设人员喷雾消毒通道，地板铺设消毒垫，消毒效果应保证体表全覆盖。

（2）建立洗消中心及转运台。规范的洗消可以有效防止疫病的传入和在猪群中扩散，可以说是猪场防疫的第一道屏障，是生物安全不可或缺的组成部分。消毒是控制传染源、切断传播途径最有效的手段，因此需要在离猪场一定距离的必经之路上建立规范的洗消中心。接触传播仍然是疫病传播的主要途径，而负责运送生猪、饲料的车辆是影响生物安全功效的最大威胁因素之一，因而需要重点管理。所有运送生猪和饲料的车辆到达洗消中心后，需要经过细心且彻底的清洗和消毒，尤其是车辆的轮胎、挡泥板等部位，只有消毒合格后才可开具通行证，随后放行进场。在配制消毒药时，要遵循产品说明的要求，并恪守当天配制当天使用的原则。如果在配制消毒药时恰逢下雨，则需要适当提高消毒液的浓度。应在洗消中心和猪场之间建立两个反向装（卸）猪台，一个面对猪场，另一个背离猪场，同时配备专业的消杀设备和专业技术人员。通过建立转运台，可以避免外来的车辆、人员进入养猪生产基地，从而可以降低因车辆、人员交叉带来的生物安全风险。通过转运台还可以在引种、猪群转运及销售等过程中，避免病原微生物的引入及扩散，转运台可以说是猪场疫病防控的第二道屏障。

（3）设立病死猪无害化处理设施。无害化处理区包括病死猪无害化处理区、死猪暂存区，远离生产区，采用硬化地面，有防雨、防渗漏、防溢流设施。场内对病死猪进行无害化处置需配备专门的处理设备，设备要经过相关部门鉴定，符合无害化处理要求。对没有处理能力的猪场，要与无害化处理场签订协议，委托其进行病死猪无害化处理。

（4）设立粪污处理设施。要单独设置粪污无害化处理区，该区应设在生产区外围下风地势低处，与生产区保持100米以上的间距。要采取科学合理的方法对养猪场的粪尿进行无害化处理，有效减少生物性致病因素，使病原体失去传染性。污水经厌氧消化处理后可作为农田水肥利用，粪便及污水合流入沼气发酵系统，以厌氧发酵制取沼气。沼气工程也要求科学规划、合理匹配建设。

2. 猪场交叉区生物安全体系建设

（1）生活区入口的消毒。所有车辆不允许直接进入员工生活区，到达生活区门口外后，需要在专用的消毒处进行清洗、消毒后方可进入接待室，所携带的物品需在接待室的物品消毒室中用臭氧进行消毒。猪场应根据物品消毒室的大小选择合适的臭氧发生器，同时注意控制消毒时间。所有人员的手部都需经过清洗、消毒，同时需更换鞋袜，并在接待室的沐浴室进行洗澡、更衣后方可进入。更换下来的衣服在带入员工生活区前需用消毒液浸泡消毒，随后清洗、干燥。

（2）生产区入口消毒。对于运送饲料的车辆以及场内转运猪的车辆，猪场应设有专门通道，以供它们进入生产区；无害化处理车等外部车辆需要按照外来车辆的消毒程序进行消毒，不允许直接进入生产区，只能在病死猪存放场所进行病死猪的装运。对于从生活区到生产区的场内员工，应对其携带的物品（衣物、通信设备等）进行擦拭消毒。通常应在生活区和生产区之间设置外消毒池、沐浴间以及内消毒通道等。外消毒池主要用于员工鞋底的消毒，因此可在池内铺设消毒垫；内消毒通道用于人员的全面消毒，一般都采用喷雾消毒和消毒池消毒相结合的方式进行消毒。

3. 猪场内部生物安全体系的建设

（1）引种控制。引种会给猪场的生物安全带来巨大的挑战。猪场每年都会按一定的淘汰率对种猪群进行更新，为了减少疫病传入的风险，应尽量做到少引种。在一定要引种时，应从无疫情的健康猪场引种。为了确保种猪的非洲猪瘟病毒检测为阴性，猪场首先需要将引进的种猪放入隔离场中至少隔离30天，隔离期间采集种猪的相关样品进行临床和实验室检测。

（2）建立生产区消毒体系。对猪舍、环境、道路、猪舍门口等进行消毒是生产区消毒的主要内容。可根据猪舍内有无猪，将猪舍消毒分为空栏消毒和带猪消毒。当猪舍内的猪已经清空或者长时间空置的猪舍需要进猪时，猪舍需要进行空栏消毒。首先，对猪舍内的一切物品进行彻底的清理、清洗、消毒等，以确保猪舍内环境的干净整洁。消毒时可根据实际情况，采取火焰灼烧、熏蒸消毒、喷雾消毒等多种方式或者相结合的方式进行消毒。有时需要对有猪的猪舍进行消毒,即进行带猪消毒,此时多采用喷雾消毒的方式进行。然而,阴雨潮湿的天气会影响喷雾消毒的效果,所以需要在天气干燥、晴朗的时候进行带猪消毒。猪场可根据场内的实际情况,确定环境消毒的时间和频率,一般采用喷雾方式对猪场内环境进行消毒,对道路的消毒一般都采用喷雾或泼淋石灰乳的方式进行消毒。在对猪舍门口进行消毒时,常常采用消毒池或生石灰垫的方式,因为此处的消毒主要是针对进入猪场人员的鞋子。无论是在何处进行消毒,猪场都应根据实际情况、消毒当天的天气等选择最恰当的消毒方式。

(3)调整猪群免疫防控方案。免疫是使动物机体对病原微生物的侵袭或致病作用表现为不易感或者有免疫能力的状态,良好的免疫力能够提高猪对病原的感染阈值,以及减少猪感染病原之后的排毒量和排毒持续时间。尤其是病毒性传染病,目前尚缺乏可供选择的有效治疗药物,疫苗免疫就成为预防猪群某些病毒病感染的主要途径之一。

猪场应根据本地区疫病流行情况、疫苗的性质、气候条件、猪群的健康状况等因素,以及本行业生物工程技术发展的情况,决定本场疫苗使用的种类,并制订完整的计划。要综合考虑母猪母源抗体、猪的发病日龄、发病季节等因素,制定出完整而有效的免疫程序。根据本场的具体情况,以周或月为单位进行计划免疫,实行规范化作业。根据周围疫病发生情况,适当加大疫苗的使用剂量和增加免疫密度,以确保免疫效果。同时,规范养殖档案,把疫病监测记录、免疫接种记录、生产记录、人员登记记录、治疗用药记录、病死猪死因记录、消毒记录、病死猪无害化处理记录等均至少保存 2 年。

(4)做好猪疫病的抗体检测和病原监测。通过定期的抗体检测和病原监测,及时、准确掌握猪群的健康动态情况,了解免疫抗体水平的高低、离散度,制定合理的免疫程序,建立猪群防疫预警机制。很多人认为只要免疫过疫苗,猪健康水平就有保证,而忽略了影响疫苗免疫效果的各种因素,造成免疫效果打折。这时就需要进行必要的抗体检测来判断猪群整体的抗体水平,关键时候可以及时补救,避免因侥幸造成的更大损失。

监测要遵循以下三个原则:①保证血清样本的数量和质量,确保无污染。②保证血清检测的连续性,每年 3 月、6 月、9 月、12 月或 2 月、5 月、8 月、11 月采集,按 10% 的比例送检。③保证血清检测阶段的连续性,配种公猪、后备母猪全部采,经产母猪分胎次采,仔猪按周龄采。

4. 生物管制

苍蝇、蚊子和老鼠等生物学媒介可以机械性携带病毒传播疾病。因此，要强化猪场的生物安全管制措施。养殖场围墙外和栋舍外 1～2 米，进行地面硬化或铺设碎石子；养殖场内不饲养除猪以外的其他动物，如狗、猫等；场区内定期灭鼠，加强蚊蝇繁殖季节的灭蚊蝇工作；防止飞鸟、野猫等进入舍内。

第三篇

猪场提质增效的密码

当前养猪业正面临前所未有的转型升级挑战，非洲猪瘟疫情威胁尚未消除，饲料原料价格不断攀升，猪价连续多月低位震荡。因此，养猪企业提升盈利能力已经迫在眉睫。搞好生猪科学"一体化"关键饲养技术，是推动养猪企业"增效降本"的重要路径，也是猪场提质增效的密码所在。

第十一章
提高猪繁育性能的新技术

　　现代化养猪与传统养猪相比已经发生了深刻的变化，对养殖理念、养殖环境、疫病防控、新技术应用等方面都提出了更高要求。养猪看效率，为什么同样规模的猪场，每头母猪每年所提供的断奶仔猪有的能达到 30 头，有的甚至不到 20 头；有的猪场非生产天数控制在 30 天之内，有的高达100 天，这些问题也是人们时刻关注的焦点。毋庸置疑，采用科学有效的繁育技术，可大幅改善猪场的生产效率、提升猪场的经济效益。

第一节
猪冷冻精液深部输精技术应用

猪冷冻精液技术是指利用干冰、液氮雾等做冷却源，将精液特殊处理后，置于超低温的液氮状态下长期保存，解冻后输精的过程。冷冻精液具有储存时间长，运输方便，不受时间、地域限制的特点，便于开展省际、国家之间的协作，能够保护优良种公猪遗传物质，提高优良种猪的利用率。常规输精是将精液输到子宫颈部；深部输精是将精液输到子宫内，可分为输卵管输精法、子宫角输精法和子宫体输精法，现在规模化猪场常用的是子宫体输精法，较常规输精缩短了精子与卵子结合距离，提高了母猪受胎率、分娩率和产仔数。

1. 猪冻精技术的核心价值

猪冷冻精液技术的研究始于1960年，在当时的技术水平下，猪冻精解冻后精子活力约在30%。此后，英国一家公司用时58年将猪冻精解冻后精子活力提高到60%以上，但这仍不能满足猪冻精商业化应用推广的要求，仅用于保种和育种。猪冷冻精液人工授精技术，既解决了精液长期保存的问题，有利于本地猪种资源保护，还使精液不受时间、地域的限制，便于开展省际、国家之间的协作，提高优良种猪的利用率。

第一，冷冻技术可将精子生命时间"定格"，便于优质基因的保存及运输，冻精产品的配种结果已达到常温精液的分娩率及产仔水平，做到永久保存。冷冻精液可以使精子的绝大部分活动暂停，待解冻复苏后恢复精子的活力，使精液可以达到长期保存和远距离运输的目的。

冻精制配率可达到80%以上，即每采集100头份合格的公猪原精80%以上可用于制作冻精，冻精解冻后精子活力为74%～87%，使用冻精配合深部输精技术进行配种，母猪受胎率、产仔数达到常温精液生产水平。三项关键指标的突破，使得猪冷冻精液技术可以实现生猪生产中的商业化应用。

第二，不受季节影响，避免冷、热应激对精子的伤害，解冻后精子可在显微镜下存活5～6小时；比稀释后鲜精的存活寿命长3～4小时；大大增加了精子与卵子的结合概率且单次输精只需要6亿～8亿个精子，节省精液成本、提高生产效率。

第三，平衡繁殖淡旺季的精液需求，最大限度利用遗传基因，降低养猪企业 80% 的引种及公猪饲养成本，助力养猪企业获得比常温精液繁殖提升 30% 以上的遗传效益。

2. 猪冷冻精液的制作

猪冷冻精液主要有粒状、细管、袋装和安瓿瓶四种形式，各形式冷冻精液对母猪的分娩率和窝产仔数无显著差异。其中以细管猪冷冻精液最常用，解冻方法便捷，且 0.25 毫升和 0.5 毫升细管制作的冷冻精液，解冻后的精子活力显著高于 5 毫升细管冷冻效果，目前在养猪业应用广泛。猪冷冻精液生产包括精液采集、精液预处理、精液稀释及冷冻保存等环节。目前并没有统一的精液冷冻程序，生产中以改进后的 Westendorf 设计法应用较多。

（1）精液采集。猪原精液质量直接影响受精的效果，一定要注意把控好下面的环节。①原精液要求。种猪要求具有种用价值，体型外貌和生产性能等符合种用要求，三代系谱资料齐全，体质健康，不患有国家或《中华人民共和国动物防疫法》中所明确的二类疾病。商品用或其他用种猪应符合国家相关规定。原精液色泽为灰白色或乳白色，精子活力≥85%，精子密度≥1 亿个/毫升，精子畸形率≤5%。②猪冷冻精液要求。外观细管无裂痕，两端封口严密。剂型、剂量为 0.5 毫升细管/支。每剂量冻精解冻后要求精子活力≥60%。前向运动精子数≥3 亿个。精子畸形率≤20%。

（2）精液预处理。①工作准备。精液处理室内控温设备、恒温水浴箱、显微镜恒温载物台、精子密度测定仪、电子天平、恒温箱、低温操作柜和恒温操作间等均应提前开机预冷（热）待用。凡是接触精液的器皿应按使用要求分别放置于不同环境温度中预冷（热）待用。②原精液质量检测。精液处理室及时记录采精日期、品种、公猪号等有关信息。观察精液的色泽，准确进行采精量、精子活力、密度、畸形率的检测，检测标准为每份精液量 40~60 毫升，有效精子数 15 亿个以上。及时记录检测的时间、地点、检测项目、结果及检测人。

（3）添加保护液。符合质量要求的原精液，缓缓加入等量的预稀释剂，摇匀、标记后，置于精液程控平衡仪，平衡仪初始温度设置与预稀释精液温度一致，结束温度为 17℃，平衡时间设置为 90~120 分。

（4）猪冷冻精液的保存。猪精液冷冻处理过程对精液品质影响极大，其中，猪精液的冷冻速率对精子是否可以安全通过 –60～0℃的低温区域，以及保障解冻后的精子活力至关重要。猪精液冷冻保存的冷源材料主要有干冰、液氮和液氮，目前最常用的是液氮。用冷冻液稀释处理后的精液分装到细管中，用聚乙烯粉快速封闭管口，再将细管置于冷冻支架上，于 0～4℃平衡 1 分后，置于装有液氮的带盖器皿中约 20 分，使细管精液彻底冷冻后，移入液氮罐中保存。

3. 猪冷冻精液的解冻及稀释

第一，从液氮中取出 1～2 支冷冻精液麦管（0.5 毫升 / 支），立即转入 38℃水浴锅中解冻。

第二，将麦管在 38℃下解冻 20 秒，立即取出冷冻精液，解冻时间不能过长，否则易导致精子死亡。

第三，用干净面巾纸擦干冷冻精液麦管外部。

第四，晃动精液麦管将气泡移至将要开口的一端（上端）。

第五，竖直麦管，用剪刀剪开上端，避免精液与剪刀的接触。

第六，倒转麦管于事先预热至 26℃的精液管，剪开精液管另一端棉塞，将精液从吸管倒入精液瓶中。8 支冷冻精液为一个输精头份，最终获得精液精子数量为每剂 40 亿个精子。

第七，缓慢加入预热至 26℃的解冻稀释剂 60 毫升。

第八，封好输精瓶备用，运输至配种舍时不能剧烈摇晃。

第九，解冻稀释液配制：把 50 克精液稀释粉剂溶解于 1 升预温至 26℃的去离子水中，让酸碱度稳定后（1 小时）再作为稀释剂。不能将剩余的稀释剂冰冻后再使用。如果使用不足 1 000 毫升时，可按照配制比例 1 克溶解于 20 毫升去离子水中。

4. 猪深部输精技术

（1）猪深部输精定义。指在人工授精基础上，使用深部输精管将公猪精液输入母猪子宫体，以达到让精子直接越过子宫颈屏障，更高效进入输卵管与卵子结合的目的。

①优点。一是减少了输精量。因为深部输精使精液直接越过子宫颈到达子宫体，缩短了精子游动距离，增加了与卵子结合的机会，极大减少了精液回流现象，从而在使用较少的精液的情况下，就可以达到比子宫颈授精更好的效果。

二是提高了优秀种公猪的利用效率。利用猪深部输精技术开展繁殖工作，大大减少了公猪精液用量，有利于提高公猪利用率，尤其优秀公猪的利用率，可以繁殖更多优良后代，加快育种选育进程。三是可以有效提高母猪的生产性能。深部输精直接将精液送入母猪子宫体部位，缩短了精子与卵子接触距离，增加了精子与卵子接触概率，从而提高受胎率和产仔数。四是提高了养猪经济效益。深部输精相比常规人工授精，输精时间大幅缩短，精液倒流现象明显减少，精液使用量大幅减少，同时也减少了配种人员的投入和工作量，从而提高了养猪经济效益。五是可高效利用冷冻保存精液。目前，养猪业中很少应用冷冻保存精液，就是由于冷冻精液解冻后精子活力低，特别是当精子通过母猪子宫颈后，损失量大。若应用深部输精技术，可跨过子宫颈这道屏障，达到预期效果。

②缺点。一是对输精人员技术要求较高。由于深部输精相对于常规人工授精更复杂，因此需要输精人员通过培训训练做到熟练运用该技术，才能保证深部输精应用效果。二是易造成母猪生殖系统损伤。如果输精人员操作不当，通过深部输精易造成母猪生殖系统损伤。

（2）深部输精技术的种类。深部输精技术可以根据输精位置的不同，划分为几种不同的输精方法，例如，输卵管输精法、子宫角输精法以及子宫体输精法。

①输卵管输精法。输卵管输精法主要是利用腹腔内的窥镜设施，通过微创手术，把精液直接输送到子宫和输卵管的连接部位。与其他的人工授精器具相比，这项技术使用的器械设备较为复杂，因此具有较高的技术成本，对专业技术要求较高，通常被用于科研试验的项目中，不适用于生猪的系统化养殖生产。

②子宫角输精法。子宫角输精法主要是在原有输精管的基础上，进行技术改良，技术人员在实际操作过程中，把普通的输精管插入母猪的子宫颈内，形成子宫锁，然后再将管内插入改良后的输精内管，内管经过子宫颈，沿着子宫腔向前，把精液输送至子宫角接近1/3的位置。这种方法可以节约精液的使用量，增强母猪的受精率，提升母猪的产仔数。

③子宫体输精法。子宫体输精法是把输入的精液直接运送至子宫体内，跳过了母猪的子宫颈。有两种不同的输精管进行选择，其中一种是管内袋式的输精管，其余普通输精管的外观相似，但是其顶部可以连接一个可延展的橡胶软管，在输精的过程中，通过挤压输精瓶，促使橡胶软管向子宫内翻出，并越过子宫颈，完成输精。另一种管内管式的输精管，就是在常规输精管的基础上，

增加一个超出常规输精管长度的内导管，将其延伸到母猪子宫的内部。这种输精方法主要针对具有阴道炎、子宫颈炎等繁殖障碍疾病的母猪，帮助其解决久配不孕的问题，显著提升配种的受胎率。

（3）深部输精技术操作。

①准备工作。一是场地准备，场地保持干净卫生。二是人员准备，输精人员需接受专业培训，做好清洁消毒工作。三是物品准备，做好采精杯、纱布等器械的清洗消毒，准备深部输精管等输精器械。四是精液准备，检查精液品质，确保每份精液量40～60毫升，有效精子数15亿个以上。五是待配母猪准备，用0.1%高锰酸钾溶液清洗母猪外阴、尾根及臀部周围，再用温水清洗，擦干。

②操作步骤。第一步，从密封袋中取出深部输精管，用专用润滑剂涂抹在输精管海绵头上。第二步，按照要求将输精管向上倾斜45°缓慢插入母猪生殖道内，当输精管海绵头到达子宫颈口时，逆时针旋转输精管，让子宫颈口锁定海绵头。第三步，抓住外管后端，将内导管缓慢地向前推进，当感到有阻力时，缓慢旋转，直至内导管超出输精管10～15厘米后，固定内外管，确认输精部位。第四步，取出输精瓶，缓慢颠倒摇匀精液，接上内导管，挤压输精瓶，开始输精。第五步，通过控制输精瓶的挤压力度来调节输精时间，输精时间要求30～60秒。第六步，第一次输精后，间隔8～12小时再次输精1～2次。

③做好输精后管理。输精后15秒，观察是否有精液回流现象，若有回流，再次将其输入。输精结束后，将输精管缓慢取出，集中回收处理。做好配种相关记录。

第二节
批次化管理是提高猪繁殖性能的最佳途径

批次化管理是母猪的一种高效繁殖体系，即利用现代生物技术调控促性腺激素的释放，使母猪达到同期发情，以便同期人工输精，达到母猪群批次化繁殖的目标。批次生产一般可分为两周批、三周批、四周批、五周批等模式，批次化模式的选择应根据本场产房等设计来确定，其原则为生产效益最大化，不同规模猪场采用最佳的批次模式才能达到批次生产效益最大化。

1. 猪批次化生产模式的优缺点

目前，国内大多数猪场都在使用连续性生产模式，此种生产模式采用粗放型及传统型的管理方式，在生产过程中存在一些弊端。例如，不同日龄、不同体重的猪混养在同一栋猪舍内，使用同一个通风排水系统，加快了疾病传播的速度；空栏时间短，很难做到"全进全出"，消毒不到位，使环境中的病原积累过多；频繁转群，造成应激强烈，降低饲料利用率及生长速度；管理工作难度加大，无法保证休息时间等。解决以上问题必须转变生产方式，转变过程需要运用到一系列的生物技术和数据管理措施，由精准化、科学化管理取代目前的粗放型、传统型管理，实现同批次母猪同期生产，可以使生产成本大大降低，最大化发挥母猪的自身价值。

（1）猪批次化生产模式的优点。

①管理模式优化。批次化生产模式的使用可真正实行"全进全出"，同一批猪达到抗体水平均衡、健康情况均衡、个体大小均衡。同时有计划性地实行生产制度，使得工作量集中，人员安排便利，在忙时可聘用临时人员。

②经济效益优化。Armstrong等认为同一批次的猪在日增重、饲料效率、死亡率及用药成本上均可以显著优化，减少疫苗、兽药的浪费和人工费用的增加。母猪的生产效率提高，生产价值增加，所带来的经济效益也得到显著增加。

③关键技术的使用。批次化生产模式会用到人工智能技术、同期发情技术、同期分娩技术等方面的技术，关键技术的使用减少了母猪非妊娠天数，降低了母猪患病的风险，提高了公猪、母猪的生产效率。

④生产成本的可控性。饲料费用、药物费用、人工费用、机械使用费、电费、水费等费用可以精确计算，从而可以清晰计算出每一批猪出栏时的成本，使得生产成本可预见，这样便可以使得下批次猪阶段成本得到控制。

⑤对市场价格波动应变能力优化。传统持续性生产模式本身所具有的特点决定了其应对猪市场行情的能力较差，对于可预见性的市场行情无法做出提前的调整，无法控制该时段的出栏规模。而批次化生产模式是对全年生产做好了计划，能够在可预见未来的猪市场行情的情况下做出提前的调整，应对市场行情价格变化的能力有所增加，可防止出现在"高价格时无猪出栏，低价格时生猪爆栏"的尴尬情况。

（2）猪批次化生产模式的缺点。

①现成管理模式转变，管理人员需要有决策力。批次化生产模式的运用需要管理人员有很好的决策能力，对批次生产流程要有很好的理解，能够严格按照生产各个环节做出正确的决策，并需要有坚持执行决策的决心。同时批次式模化生产的应用，更需要执行者（生产一线人员）实施的决心与配合。

②生产设备的增加。与传统连续性生产模式相比，批次化生产模式提高了猪生产能力。按照流水线式生产，特别是母猪循环利用率变大，对产床、通风控制设备、栋舍等生产设备的需求增加。

③母猪、公猪需求量增加。由于母猪、公猪循环使用率增加，每批次的工作也相对较为集中，那么就要求公猪、母猪的生产性能要保持最佳状态。与传统式连续性生产相比较，母猪、公猪淘汰率有所增加，生产资料成本也会有所增加。

④生产配套技术效率要求高。由于批次化生产会用到人工智能技术、同期发情技术、同期分娩技术等方面的技术，对操作这些需要较为娴熟的技术人员，保证每批次各个饲养环节中失误率不高于5%。

2. 批次化生产模式设计的内涵

在母猪批次化生产中，生产周期间隔的长短取决于猪场规模（能繁母猪数量）的大小。猪场规模越大，生产周期越短。母猪的发情周期为21天，是一周天数的3倍，因此，多数猪场采用7的倍数为一个批次的生产周期。制定7天制生产周期，不仅有利于制订生产计划，也便于建立有秩序的员工工作和休假制度。

3. 生产工艺流程的制定

以600头基础母猪的猪场为例，生产周期为7天制，计算各阶段猪群的数量及占栏数，为养猪生产者和猪场设计人员对猪场的设计和生产工艺的制定提供参考。见图3-11-1。

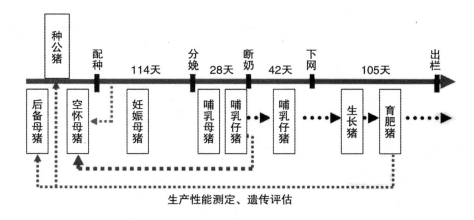

图 3-11-1 养猪生产工艺流程

4. 生产工艺参数的确定

（1）母猪群生产工艺参数。母猪窝产活仔猪数为 10 头，断奶日龄为 28 天；空怀母猪的饲养时间为 7 天，即断奶到发情的天数；配种后至下个发情期未发情的母猪即为确定妊娠（21 天），其间饲养在空怀母猪舍、再次发情的母猪重新配种，发情期妊娠率为 85%；母猪的妊娠期为 114 天，流产率为 5%；妊娠母猪流产后则转空怀猪舍进行配种，否则到预产期前 7 天转移到分娩猪舍饲养。

（2）公猪群生产工艺参数。猪场公母比例为 1∶100（采用人工授精技术），种公猪年更新率为 33%。经生产性能测定、遗传评估，优秀的生长公猪转入后备猪群，饲养期为 70 天。

（3）仔猪群和生长育肥猪群生产工艺参数。如表 3-11-1 所示，哺乳仔猪期、保育仔猪期、生长猪期和育肥猪期分别为 28 天、42 天、56 天和 49 天。基础母猪的年更新率为 33%。经生产性能测定、遗传评估，优秀的生长母猪转入后备母猪群，饲养期为 70 天（体重达 130～140 千克）。

表 3-11-1 批次生产工艺参数

指标	参数值	指标	参数值
生产周期（天）	7	公猪死亡率（%）	5
平均断奶日龄（天）	28	公猪年更新率（%）	33
断奶至配种平均间隔（天）	7	母猪死淘率（%）	5

续表

指标	参数值	指标	参数值
配种后确定妊娠（天）	21	母猪年更新率（%）	33
妊娠期平均天数（天）	114	配种妊娠率（%）	85
保育期平均天数（天）	42	妊娠母猪分娩率（%）	95
生长期平均天数（天）	56	哺乳仔猪成活率（%）	95
育肥期平均天数	49	保育成活率（%）	95
公母比	1∶100	生长猪成活率（%）	98
栏舍转猪后空栏天数	7	育肥猪成活率（%）	99

5. 平均繁殖周期和年产胎次的计算

在整个繁殖周期中，母猪的哺乳期和妊娠期是基本不变的，而空怀期则与母猪的配种妊娠率和妊娠分娩率相关。

批次化生产各阶段猪群数量的计算以 600 头母猪自繁自养，按照一周一批次生产为例，一年可生产批次为 52 批。将生产参数代入相应计算过程，各阶段猪群的计算结果见表 3-11-2。

表 3-11-2　600 头基础母猪周批次计算结果

指标	计算过程	计算结果
一周批次分娩数（胎）	（600×2.37）/52	27.3
一周批次配种母猪数（头）	27/（85%×95%）	33.4
一周批次断奶仔猪数（头）	27×10×95%	256.5
一周批次保育下床仔猪数（头）	257×95%	244.2
一周批次转育肥猪数（头）	244×98%	239.1
一周批次出栏猪头数（头）	239×99%	236.6
年补充后备母猪数（头）	600×33%/（1-5%）	208.4
一周批次补充后备母猪数（头）	209/52	4.0

6. 批次生产各猪群头数及占栏头数计算

（1）空怀母猪群。每周配种 34 头，空怀期占栏 2 周，猪配种后留在空怀猪舍饲养，到确定妊娠占栏 3 周，空怀猪舍清洗消毒 1 周，空怀母猪存栏数为 170 头，占栏数为 204 头。

（2）妊娠母猪群。每周确定妊娠头数为 29 头，猪配种后至确定妊娠为 3 周，分娩前 1 周上产床，饲养妊娠母猪天数为 12 周，妊娠母猪舍清洗消毒 1 周，繁殖母猪存栏数为 348 头，占栏数为 377 头。

（3）哺乳母猪群。每周分娩母猪数为 27 头，母猪在栏时间 5 周（提前 1 周进入产床，哺乳期 4 周），断奶后仔猪留在原圈饲养 1 周，清洗消毒 1 周，共计 7 周，计算得哺乳母猪 135 头，需产床 189 个。

（4）哺乳仔猪群。设每窝产活仔数为 10 头，哺乳期为 4 周，共计哺乳仔猪 1 080 头。因哺乳期仔猪饲养在妊娠母猪产床，不另外计算占栏头数。

（5）保育猪群。每周断奶仔猪数为 257 头，保育期为 6 周，空圈清洗消毒 1 周，共计饲养保育猪数为 1 542 头，占栏数为 1 799 头。

（6）生长猪群。每周下网保育猪为 244 头，生长猪饲养为 8 周，空圈清洗消毒 1 周，共计饲养生长猪 1 952 头，占栏数为 2 196 头。

（7）育肥猪群。每周转育肥猪数为 239 头，育肥猪饲养期为 7 周，空圈清洗消毒 1 周，共计饲养育肥猪 1 673 头，占栏数为 1 912 头。

（8）后备母猪群。每周选育后备母猪 4 头，饲养期为 10 周，空圈清洗消毒 1 周，共计饲养后备母猪 40 头，占栏数 44 头。

（9）公猪群。按照 1∶100 的公母比例，饲养公猪数为 6 头。同时，按照 33% 的年更新率，则需饲养后备公猪 2 头，另外需要 2 个备用清洗消毒栏，共需要 10 个公猪栏。

表 3-11-3 总结了 600 头基础母猪规模化种猪场 7 天制中，母猪批次化各猪群存栏数与占栏数。基于此，猪场设计人员可以规划各种猪舍的面积及比例。同时，猪场生产者可在此基础上制订生产计划、员工休假制度、饲料和兽药等物资消耗的参数。

表3-11-3　600头基础母猪规模化种猪场猪群存栏数与占栏数

群别	存栏数	占栏数
空怀母猪群（头）	170	240
妊娠母猪群（头）	348	377
哺乳母猪群（头）	135	189
哺乳仔猪群（头）	1 080	
保育仔猪群（头）	1 952	2 196
生长猪群（头）	1 673	1 912
育肥猪群（头）	40	44
公猪群（头）	8	10

7. 猪批次化生产的关键控制点

母猪生产批次化管理技术主要包括合理应用激素药物调节母猪的性周期，采用定时输精技术使其达到分娩同期化。

（1）常用激素药物应用于后备母猪和经产母猪的技术要点。

①后备母猪。目前广泛使用的方法是通过后备母猪口服15毫克四烯雌酮14~20天，抑制促性腺激素的分泌，85%的青年母猪在停止饲喂后的4~9天发情。

目前在欧美被广泛使用用于青年母猪诱导发情和排卵的药物商品名为PG600，是一种含有400国际单位孕马血清促性腺激素（PMSG）和200国际单位人绒毛膜促性腺激素。大量的研究都表明，通过肌内注射PG600能够有效诱导50%~90%的性成熟的母猪在5天以内发情。但是有超过30%的青年母猪在下个发情期会出现发情周期的异常。

②经产母猪。多数研究都表明，在母猪断奶后注射PMSG或PG600会使得母猪在5天内发情，尽管能够缩短母猪的断奶—发情间隔，但发情的同期性以及输精配种后的分娩率和产仔数与对照组没有显著差异。

（2）母猪的定时输精技术。

①母猪定时输精技术的概念与分类。母猪定时输精技术是利用外源生殖激素人为调控群体母猪的发情周期，使之在预定时间内同期发情、同期排卵，并

进行同期输精的技术。结合同期分娩技术，可促使猪场实现"全进全出"和批次化生产。

因后备母猪和经产母猪生殖内分泌的差异，后备母猪和经产母猪定时输精程序存在着差异（图3-11-2至图3-11-5），经产母猪一般通过仔猪断奶实现同期发情，而后备母猪则采用饲喂烯丙孕素调控发情。对于后备母猪的处理，又分为简式定时输精与精准定时输精。二者区别在于精准定时输精需要多种生殖激素配合以达到预期时间点进行同期配种，不需要大量繁杂的发情鉴定工作；而简式定时输精技术仅使用烯丙孕素处理，然后进行常规发情鉴定和适时配种。尽管精准定时输精激素处理成本高于简式定时输精，但其避免了因后备母猪隐性发情造成的漏配情况，作为一项管理措施，可优化猪场生产管理方式，提高生产效率，节约人力成本，增加经济效益。

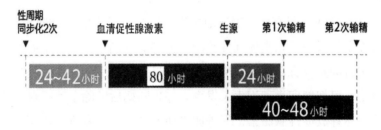

图3-11-2 后备母猪定时输精技术流程

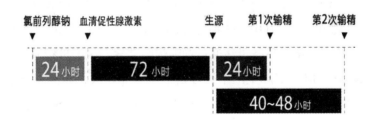

图3-11-3 不发情后备母猪定时输精程序

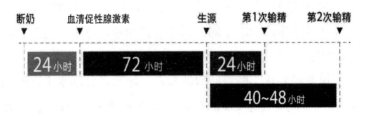

图3-11-4 经产母猪定时输精技术流程

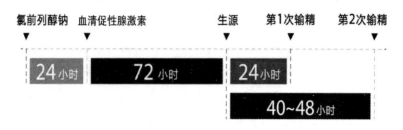

图 3-11-5　不发情经产和空怀母猪定时输精程序

②实现母猪定时输精技术的四个关键环节。

第一，性周期同期化。母猪性周期同步化是母猪群进行定时输精的基础。四烯雌酮是一种具有生物活性的口服型孕激素，与天然孕酮的作用模式相似，可抑制促性腺激素的释放，阻止母猪卵泡发育和发情。规模化猪场中，对达到配种要求的健康、适龄后备母猪，连续 18 天拌料或通过饲喂枪定量饲喂四烯雌酮 20 千克 / 天，可有效抑制卵泡的生长发育。当停止饲喂四烯雌酮后，由于同时解除了对后备母猪垂体促性腺激素分泌的抑制作用，母猪卵泡开始在同一水平上进行同步发育。对经产母猪而言，母猪分娩后的仔猪吮乳抑制促性腺激素的分泌，可抑制卵巢卵泡生长发育。仔猪断奶后解除了吮吸对垂体的抑制作用，使垂体释放促性腺激素，促进卵巢卵泡同步生长发育，从而达到母猪群的性周期同步化。

第二，卵泡发育同期化。卵泡的生长发育受到许多内分泌、旁分泌和自分泌因素的共同调控。其中垂体前叶分泌的促卵泡激素（FSH）可促进小卵泡发育至中等卵泡。虽然后备母猪通过饲喂烯丙孕素、经产母猪通过断奶可实现性周期同期化，但在实际生产中，母猪个体差异较大，卵泡发育速度不一致，导致母猪发情时间分散。为此，生产上通常采用注射 PMSG 来促进母猪卵泡发育。PMSG 兼有 FSH 和黄体生成素（LH）活性，在畜牧生产和兽医临床上被广泛应用。国外在应用定时输精技术过程中，后备母猪肌内注射 PMSG 剂量通常为 800 ~ 1 000 国际单位，经产母猪注射剂量为 600 ~ 1 000 国际单位。由于国内同类产品活性或生产标准不同，后备母猪和经产母猪目前推荐注射剂量均为 1 000 国际单位。

第三，排卵同期化。随着卵泡的发育，雌激素分泌水平逐渐提高，抑制垂体 FSH 的释放，同时促进 LH 的释放，形成排卵前的 LH 峰，引起卵泡的成熟和排卵。为了实现母猪定时输精，母猪需在相对集中的时间内排卵，通过注射戈那瑞林可促使母猪在同一时间段内集中进行排卵。戈那瑞林可作用于垂体，引起内源性 LH 的合成并分泌，使 LH 的分泌更接近其生理学规律，促使后备母猪在 40～42 小时发生排卵。目前，国外已经在开发应用更稳定的戈那瑞林类似物，以取代戈那瑞林，从而获得更好的排卵效果。随着国内生猪养殖企业批次化生产规模的快速推广，相关生物制药企业也在加速开发研制高效戈那瑞林类似物，这将为国内生猪养殖企业应用定时输精技术提供更优质的技术保障。

第四，配种同期化。精子在母猪生殖道内可以存活约 48 小时，但具有与卵子结合能力的时间只有 24 小时左右，卵子在输卵管中保持受精能力的时间仅有 8～12 小时，如果在这个阶段精卵不能相遇，那么卵子将不能成功完成受精，因此，定时输精程序应用过程中，输精时间极其重要。当外源性激素处理实现母猪排卵同期化后，通过对母猪群进行适时同步输精，达到配种同期化。国外大量研究表明，在注射戈那瑞林后 24 小时、40 小时分别输精一次，可使母猪成功受孕。

（3）公猪利用率。批次化生产模式的实施会减少对种公猪饲养量的需求，因此，如果是集团化的养猪公司，可考虑建设共享式的公猪站，集中饲养优秀种公猪，开展人工授精；如果是单一的中小规模猪场，则可考虑依托区域性的公猪站，开展人工授精。人工授精技术在批次化生产的猪场是必备的技术，其技术成熟，值得推广。规模化猪场如果条件具备，在实施人工授精时可采用深部输精技术，如子宫体输精法和子宫角输精法，与常规子宫颈输精法相比，每头母猪每次输精剂量可由 30 亿个精子降低至 10 亿～15 亿个精子和 1.5 亿~2.0 亿个精子，可大幅提高公猪利用率。

（4）数据统计工作。实施批次化生产后，为保证生产秩序的有序和稳定，必须要有可靠的生产数据作为支撑，否则会打乱运转计划。为此，规模化猪场需要运用生产管理软件进行数据管理，方便高效。很多生产数据录入以后都能够整合，可以导出每天、每周、每月、每季度、每年的猪群生产指标以及每头猪的生产情况。只有将每一头猪的情况掌握好，才能够更好地做好批次化生产计划。

第十二章
猪的人工授精

　　猪人工授精是用器械采集公猪精液，再将精液输入母猪生殖道，达到配种效果的一种区别于自然交配的方法。它不仅是养猪生产中经济有效的技术，也是实现养猪生产现代化的重要手段及培育种猪和商品猪生产的有效方法。随着繁殖技术的逐渐进步，猪的人工授精技术因其具有诸多优势而越来越受到人们重视，被视为集约化养猪模式的一个重要标志，现在全国已形成许多高端猪精液的大型企业。

第一节
猪人工授精技术的历史背景及优点

1. 猪人工授精技术发展的历史背景

猪人工授精技术源于欧洲，从1780年意大利的科学家司拜轮瑾尼第一次用犬进行人工授精获得成功后，在世界各地便开始了家畜（主要是牛、猪等）的人工授精试验。

（1）国外应用情况。欧洲猪人工授精技术的发展是1967年新西兰暴发口蹄疫后才逐步开始的。苏联的克理斯·波吉1956年出版了《猪的人工授精》，书中描述了20世纪30年代苏联国营农场的采精、稀释和输精技术，并强调了人工授精的优点：同本交相比，人工授精使高质量公猪得以更广泛应用；人工授精在向猪群引入新的遗传物质方面是一种低风险、低成本的方法。美国对猪人工授精技术的使用较广泛，其应用始于20世纪70年代，目前已普及。1948年，日本的伊藤、丹羽等最先报道了利用新鲜猪精液的实际应用技术。

（2）我国的猪人工授精技术。我国从20世纪50年代开始试验，到60年代以后转入应用，并在不少省、自治区推广普及，主要以外国品种的瘦肉型种猪与地方品种猪杂交为主，人工授精技术在我国有着较广泛的基础，但随后猪人工授精技术因众多的原因逐步被荒废了。

到了20世纪90年代，受国外养猪发达国家的影响和先进技术的吸引，美国谷物协会于1997年12月组织了广东、广西等省、自治区的一些专业技术人员赴美国考察和学习猪场人工授精技术，随后在以广东、广西等为首的省、自治区，猪人工授精技术逐步被集约化大型养猪企业认可和使用，并呈现出良好的发展趋势。21世纪初，该项技术已在我国得到广泛的推广应用，全国已建起了众多的猪场内人工授精站。近年来全国建成许多高端大型的商业性公猪站，专门向社会供应优良公猪精液。

2. 人工授精的优越性

猪人工授精技术如今已逐渐发展成熟，普及推广该项技术对于改良品种有重要意义，也是推动养殖业现代化发展的必要策略，其优点如下。

（1）提高良种利用率。猪人工授精是进行猪种品种改良的最有效手段，可以促进品种更新和提高商品猪质量及其整齐度。可通过人工授精技术，将优良公猪的优质基因迅速推广，促进种猪的品种品系改良和商品猪生产性能的提高。同时，可将差的公猪淘汰，留优汰劣，减少公猪的饲养量，从而减少养猪成本，达到提高效益的目的。

（2）克服体格大小的差别，充分利用杂种优势。利用人工授精技术，只要母猪发情稳定，就可以克服公母猪体型大小的差异及公母猪的偏好造成的配种困难，根据需要进行适时配种，这样有利于优质种猪的利用和杂种优势充分发挥。

（3）减少疾病的传播。进行人工授精的公母猪，一般都是经过抽血检查为健康的猪。只要严格按照人工授精操作规程进行配种，尽量减少采精和精液处理过程中的污染，就可以减少部分疾病的发生和传播，从而提高母猪的受胎率、产仔数和利用率。但部分通过精液传播的疾病可通过人工授精传染，故对人工授精的公猪应进行必要的疾病检测。

（4）克服时间和区域的差异，适时配种。采用人工授精可以克服母猪发情但没有公猪可利用，或需进行品种改良但引进公猪不易等困难。且公猪精液可进行处理并保存一定时间，可随时给发情母猪输精配种，携带方便，经济实惠，并能做到保证质量和适时配种，从而促进养猪业社会效益和经济效益的提高。

（5）节省人力、物力、财力，提高经济效益。人工授精和自然交配相比，饲养公猪数量相对减少，节省了部分的人工、饲料、栏舍及资金，即使重新建立一座合适的公猪站，但总的经济效益还是提高了；若单纯买猪精液，将会大大提升经济效益。

第二节
猪人工授精操作的关键点

配种技术是养殖场的关键，而猪的人工授精又是配种技术的关键之一。掌握正确的猪人工授精技术，既能降低饲养公猪的成本，又能减少疾病的交叉感染，提高母猪的产仔数，猪场也能取得很好的经济效益。

1. 猪人工授精实验室的基本要求

（1）猪人工精实验室的设计。一般建筑面积大约为 20 平方米，要求保持洁净、干燥的环境。室内温度控制在 22～24℃，相对湿度控制在 65% 左右。地板、墙壁、天花板、工作台面等必须是易清洁的瓷砖、玻璃等材料，真正达到无尘环境。实验室的位置很重要，应直接同采精室相连，以便最快地处理精液。也可用一个窗口来连接人工授精实验室和采精室，以便于减少污染。窗口正中间置一个紫外线灯，可消毒灭菌，以使精液处理室内保持无菌状态。人工授精实验室不允许其他人员出入，以避免将其鞋子和衣服上的病原带入人工授精实验室。见图 3-12-1。

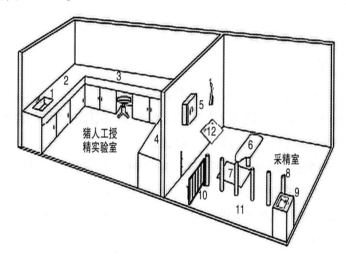

图 3-12-1　猪人工授精实验室和采精室

1. 水槽　2. 湿区（稀释液配制、用品清洗）　3. 干区（精液品质检查）　4. 分装区（进行精液稀释分装、排序、标记、保存）　5. 实验室—采精室用品传递口（两侧均有门）6. 假母猪　7. 防滑垫　8. 防护栏　9. 水槽　10. 栅栏门（防止公猪逃跑和进入采精室时跑进安全区）　11. 安全区　12. 赶猪板

（2）猪人工授精实验室必备设备。

①显微镜。不同的人对显微镜的质量要求不同，但显微镜需要有完整的光源，其放大倍数可为 100 倍、400 倍和 1 000 倍（油镜），最好有两个目镜（特别是经常使用显微镜来检查精子形态时很有用）。最好配备恒温加热板（放在载物台上，用于预热载玻片、盖玻片等）。

②精子密度测定仪。能比较准确地分析出原精密度，确定稀释倍数。其优点是检测速度相当快，12分即可出结果，从而减少了对原精的影响。

③电子台秤。用于称量精液质量。

④数显恒温水浴锅。加热精液稀释液以及用于控制精液稀释液的温度。

⑤17℃数显恒温精液保存箱。波动范围在±1℃，用于精液的存放。

⑥量筒或烧杯。1 000毫升、2 000毫升各两个，用于准备稀释液、稀释精液以及将精液分装到输精瓶。

⑦微量可调移液器及吸头。用于精液的微量转移（用精虫计数器测精子密度时用）。

⑧温度计。用于测量稀释液和精液的温度。

⑨保温瓶。各种不同的容器都可用于采精，但重要的是要能保温隔热、能被消毒。

⑩pH试纸。测量精液的pH。

⑪玻璃棒。稀释精液搅拌用。

⑫温度计2支。分别用于测量精液和稀释液的温度，但要保证这2支温度计都必须是校正好的，至少是这2支温度计测量同一液体时表示的温度要一致。这样才能保证精液和稀释液测量处于等温状态。

⑬其他。采精杯、消毒外科用纱布、输精瓶（100毫升）、蒸馏水（最好是双蒸水，要求所用蒸馏水最好为3天内制的新鲜蒸馏水，有条件的场可配备蒸馏水机，以保证所用蒸馏水的新鲜）、浴巾（保温用）、市售成品稀释粉或一些配制精液稀释粉。

2. 加强公猪的管理以提供高质量的精液

俗语讲："公猪好，好一坡；母猪好，好一窝。"选择一家优秀的种猪企业购买公猪和精液，虽然价格上略高，但性能和健康有保证。

（1）公猪的调教。对于青年后备公猪调教，一般在7月龄开始，调教需要4~6周。一是后备公猪达7~8月龄，体重120千克以上，健康无病、营养良好、精力充沛，并已经有过与母猪的接触训练，方可开始采精调教。调教宜在早上喂食前（如已喂食，则不能马上调教，需休息0.5小时以后进行），尽量选择晴天，调教前公猪在室外适当运动对调教工作有一定好处。二是采精栏要清扫干净，移去一切可能影响公猪注意力或可能妨碍调教的杂物，然后将公猪赶入采精栏调教。调教前应剪除公猪包皮外长毛，挤去包皮内积尿，用0.1%高锰酸钾溶液擦拭消毒包皮周围和腹下部位，用清水洗净擦干。三是采精人员要使公猪集中精力于采精台并诱导其爬跨，调教时间以 10～20 分为宜，一次不成第二天再进行；在调教中如若发现公猪厌烦、对台猪无兴趣或爬跨受挫、情绪不佳时应立即停止本次调教。在整个调教过程中切忌对公猪粗暴鞭打和大声呵斥，爬跨姿势不当要耐心帮助纠正。适当保持与公猪的距离，以防公猪攻击。公猪如果调教成功，应隔天再采精，以巩固调教效果。以后每周采精1次，坚持1个月。

（2）调教措施。一是采精台上可泼洒适量发情母猪尿液、其他公猪的精液或唾沫，通过强烈气味刺激公猪性欲和爬跨。二是按摩公猪包皮有促使阴茎勃起的作用，或站在采精台一侧，与公猪相对，诱导其爬跨。三是在其他公猪采精时让被调教公猪隔栅栏观摩以激起其性欲，但要注意隔离，不能任两头公猪直接接触而发生斗殴。四是采精时可先采已调教好的公猪，完毕后再赶入需调教公猪，让其嗅闻前一头公猪在采精台上留下的强烈气味，以激起性欲。五是将一头发情旺盛的母猪带至采精台旁，任被调教公猪爬跨，经过数次爬跨公猪性欲达到高潮时赶离母猪，转而引导公猪爬跨采精台。见图 3-12-2。

图 3-12-2　公猪的调教

3. 采精前准备

（1）采精栏和采精台清扫。采精栏和采精台要打扫干净，移去一切可能影响公猪注意力或妨碍采精的杂物，但不能用水冲洗，防止地面湿滑。采精栏内不能抽烟和留有烟味及其他异味。

（2）采精用品。准备采精用品，包括采精杯、玻璃棒、温度计、载玻片、盖玻片、滤纸、橡皮筋、一次性保鲜袋及手套、光学显微镜等。直接接触精液的物品均须严格消毒，使用前放入40℃的恒温鼓风干燥箱中干燥和预热。

（3）稀释液制备。应用蒸馏水机制备足够双蒸水，倒入1 000毫升放有磁珠的烧杯中，一般加入一包稀释粉，然后放到搅拌器上搅拌，待烧杯中稀释液完全澄清后（一般需15～30分）停止搅拌，最后将稀释液倒入消毒后的干净瓶内（如50毫升生理盐水玻璃瓶），置于35～36℃的恒温水浴锅内加热。新配制的稀释液应静置1小时左右以稳定pH和渗透压，方可用于稀释精液。

（4）公猪的准备。采精员将待采精的公猪赶至采精栏，关上采精区的栅栏门，并用毛刷刷拭假母猪的台面和后躯下部；然后再清扫公猪两侧肋腹部及下腹部，必要时可将公猪的阴毛剪短（留3厘米）。见图3-12-3。

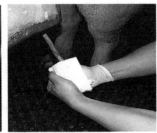

图3-12-3　做好公猪体表的清洁消毒→挤出包皮积液→修剪阴毛

4. 采精流程

（1）采精时的准备工作。采精员从采精栏与实验室之间的壁橱里的手套盒中抽取手套，在右手上戴两到三层乳胶手套。采精员站在假母猪头的一侧，轻轻敲击假母猪以引起公猪的注意，并模仿发情母猪发出"呵——呵——"的声音引导公猪爬跨假母猪。

（2）确保公猪上架成功。当公猪爬跨假母猪时，采精员应辅助公猪保持正确的姿势，避免侧向爬，或阴茎压在假母猪上。

（3）注意公猪的卫生消毒。确定公猪正确爬跨后，采精员迅速用右手按摩挤压公猪包皮囊，将其中的包皮积液挤净，然后用纸巾将包皮口擦干。

（4）锁定龟头。脱去右手的外层手套，右手呈空拳，当龟头从包皮口伸入空拳后，用中指、无名指、小指锁定龟头，并向左前上方拉伸，龟头一端略向左下方。

（5）防止精液被包皮积液污染。包皮积液混入精液会造成精液凝集而被废弃，为了防止未挤净的包皮积液顺着阴茎流入集精杯中，采精时要保证阴茎龟头端的最高点高于包皮口。

（6）不要收集最初射出的精液。最初射出的精液不含精子，而且混有尿道中残留的尿液，对精子有毒害作用，因此最初的精液不能收集。当公猪射出部分清亮液体（约5毫升）后，左手用纸巾擦干净右手上的液体及污物。

（7）只收集含有精子的精液。当公猪射出乳白色的精液时，左手将集精杯口向上接近右手小指正下方。公猪射精是分段的，清亮的精液中基本不含精子，应将集精杯移离右手下方，当射出的精液有些乳白色的混浊物时，说明是含精子的精液，应收集。最后的精液很稀，基本不含精子，不要收集。见图3-12-4。

（8）要保证公猪的射精过程完整。采精过程中，即使最后射出的精液不收集，也不要中止采精，直到公猪阴茎软缩，试图爬下假母猪，再慢慢松开公猪的龟头。不完整的射精会导致公猪生殖疾病而过早被淘汰。

图3-12-4 采精时必须注意的环节：锁定龟头→弃初射精液→采集精液

5. 精液品质检查

公猪精液的品质检测是关系人工授精技术实施效果的重要技术环节，也是人工授精技术的优势之一，可以对精液质量进行完全的监测。精液品质的检测包括两项，即表观检测和设备检测。见图3-12-5和图3-12-6。

（1）精液量。精液的密度近似于1克／毫升，所以可通过电子秤称重来计算精液量。

图 3-12-5　不可忽略的检查：色泽检查→气味检查→精液量检查

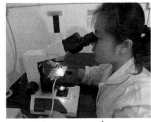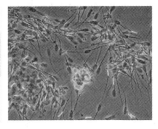

图 3-12-6　精液检查流程：取样→镜检→结果分析

（2）色泽和气味。正常的猪精液为乳白色，略有腥味，乳白色程度越深说明精子密度越大。如呈粉红色则可能混有血液；黄绿色带有异味则混有脓液；黄色则混有尿液。各种色泽、气味异常的精液应废弃禁用，查找发生原因及时采取措施。

（3）pH。新鲜精液可用精密 pH 试纸或酸度计测定。正常猪精液 pH 为 7～7.5，如果精液中含有大量微生物污染或含大量死精时，可使 pH 上升而呈偏碱性，而使精子存活率、与卵子结合力和保存效果受到明显影响。

（4）活力。采精、稀释后，保存、输精前都要进行精子活力检查。观察精子活力必须在 35～38℃ 的显微镜恒温台或可置入显微镜的保温箱中进行，在 100～150 倍显微镜下观察。低温保存的精液必须先缓缓升温。将需要检查的精液轻微摇动或用玻璃棒稍稍搅动至均匀，滴在载玻片上，盖上盖玻片后检查。活力采用十级评分，即按一个视野中直线前进运动精子的估计百分比分成十级，从 0 开始，活精子每上升 10%，评分上升 0.1 分。凡做旋转运动、原地摆动的精子均不作为活精计算。旋转运动或倒退运动的精子往往是冷休克或稀释液与精液不等渗等原因所致，有可能恢复正常；原地摆动则是精子衰老即将死亡的标志。一般精子活力在 0.6 以下不宜做输精用；用于稀释保存或做冻精的原液精子要求活力在 0.8 以上。

（5）测定精子密度。一般可采用估测法或光电比色计法测定。估测法估测精子密度简便易行，常与精子活力测定（原精）同时进行，根据显微镜观察精子间的间隙大小，分为密、中、稀三级。密级：精子间空隙很小，小到容不下1个精子。中级：精子间有一定空隙，可容纳1~2个精子。稀级：精子间空隙很大，可容纳2个以上精子。

（6）死活精子比例。以伊红—苯胺黑染色涂片检查，死精主要因精子头部在苯胺黑的暗背景中可被染成红色，活精则因其半透过性膜能防止色素侵入，故不着色。由于非直线前进运动的精子亦不着色，故采用该法得出的测定结果常比直接镜检方法要高，一般只适用于新鲜精液检查。

（7）畸形精子的检测。畸形精子指巨型、短小、断尾、断头、顶体脱落、有原生质、头大、双头、双尾、折尾等精子，一般不能做直线运动，虽活力较差，但不影响精子的密度。精子畸形率是指畸形精子占总精子的百分率。若用普通显微镜观察畸形率，则需染色；若用相差显微镜，则不需染色，可直接观察。公猪的畸形精子率一般不能超过20%，否则应弃去。采精公猪要求每2周检查一次畸形率。取原精液少量进行10倍稀释，对精子进行染色，在400~600倍显微镜下观察精子形态，计算200个精子中畸形精子占的百分比。见图3-12-7。

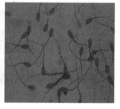

图 3-12-7 畸形精子的检测

（8）精子存活时间。精子存活时间是指精子在体外的一定条件下能生存的时间。通常将精液稀释后置于0℃冰箱中，定时取出少量精液逐步升温至37℃，用显微镜检查，直到精子全部死亡或只有摇摆运动时止，所需总的时数即为精子存活时间。存活时间越长，说明精子活力越强，品质越好。

（9）亚甲蓝褪色时间。亚甲蓝是氧化还原指示剂，氧化时呈蓝色，容易氢化还原而褪色。因为精液中有去氢酶，活精在呼吸时氧化脱氢而使亚甲蓝还原成无色。亚甲蓝褪色时间也就可以作为精子代谢能力的一个简明标志，也能反映出精子活力和密度的高低。一般以含 0.02% 亚甲蓝的生理盐水与 4 倍量的精液混匀,装入 1 毫升小试管中,以石蜡封口隔绝氧气,放在 40℃下观察褪色所需时间。

(10)抗力系数。抗力可大致表示出精子在体外对所处环境的生活力。方法是在 0.02 毫升精液中逐次加入 1% 氯化钠溶液 10 毫升,同时用显微镜观察精子的存活状况,直至精子全部死亡,加入氯化钠溶液总量与精液量之倍数即为抗力系数。

6. 精液稀释

通过检查精液的精子密度、活力、数量,结合输精的母猪头数,以确定稀释倍数。一般要求每毫升稀释精液中含有 0.5 亿个以上的精子数,保证每头母猪每次输精后获得 80 毫升输精量时能有不少于 40 亿个有效精子。

例如:某公猪一次采精量为 200 毫升,活力为 0.8,密度为 2 亿个 / 毫升,则总精子数为 400 亿个。按每瓶需要 40 亿个精子,可以稀释成 10 瓶,按每瓶精液 80 毫升,需要向 200 毫升精液中加入稀释液 600 毫升。

用稀释液稀释精液时,先用温度计检查稀释液和精液温度,当两者温差不超过 1℃时才能稀释。稀释时最好用玻璃棒引流,将稀释液沿玻璃棒缓慢导入精液中,并用玻璃棒缓慢搅拌。当稀释倍数大时,先低倍(2 倍)稀释,静置 1 分后,再稀释。精液稀释后静置片刻,对精子的活率再次镜检,确定正常后分装,或输精或逐步降温、保存。

7. 精液的分装与保存

(1)精液的分装。稀释后的精液经再次检查合格后,方可进行分装(每瓶 80 ~ 100 毫升)。将精液缓慢沿瓶壁倒入输精瓶内,挤出瓶内的空气,最后盖上盖子,贴上标签,标明公猪品种、耳号、采精日期。

(2)分装精液的保存。分装好的精液置于合适温度(22 ~ 25℃)1 小时,其间要避免强光直射,待精液冷却后水平放入 17 ~ 25℃冰箱中,保存期间每隔 12 小时摇匀一次精液(上下颠倒),防止精子沉淀凝集死亡。见图 3-12-8。

(3)确保适宜的温度。定期检查冰箱内温度,确保冰箱内温度的准确性。平时应尽量少开启冰箱门,以免内外温差对精子活力产生影响。

图 3-12-8　对精子进行认真检查和妥善保管

（4）精液的运输。精子是十分脆弱的，任何的不利因素都可能会造成大面积的死精，所以长、短途运输都要保护好精子。在运输过程中要避免阳光照射、避免颠簸震动、避免温差大起大落。使用专门的恒温运输箱或者泡沫箱，夏天放冰水袋，冬天放棉花，箱底铺棉胶垫，测试箱内温度在 15～20℃。

8. 猪的人工输精配种（输精）

（1）配种程序。检查母猪耳号，确定输精公猪的品种和耳号。赶母猪到配种栏。先用清水冲洗母猪外阴及臀部，然后用消毒液（1∶200 百毒杀溶液）清洗母猪的外阴部及尾巴，再用生理盐水冲洗干净。赶公猪到母猪前面，输精人员倒坐在猪背上并刺激母猪乳房等部位。插入输精管：用 0.9% 生理盐水冲洗，缓慢以偏上 45° 插入母猪性器官，插入 10～15 厘米后改为水平方向插入，直至感到有阻力时，改为逆时针旋转插入，直至子宫颈锁定输精管螺旋头。子宫颈锁住输精管的检查：不能继续逆时针旋转，往后拉感觉到有阻力即可。刺激母猪乳房，促进精液的吸收，输精时间以 5 分左右为宜。等精液吸收完全后，顺时针取出输精管。让母猪在配种栏停留 5～10 分后赶回定位栏。见图 3-12-9 至图 3-12-11。

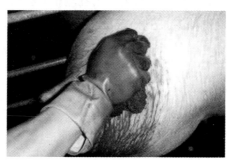

图 3-12-9　用消毒液清洁母猪外阴周围、尾根

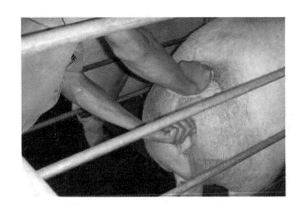

图 3-12-10　用生理盐水洗去消毒水，擦干外阴

图 3-12-11　从密封袋中取出输精管时不能触其前 2/3 部，在前端涂上对精子无毒的润滑油

　　（2）注意事项。在输精过程中若有精液流动不畅或不流，可采取将输精管稍退或稍挤输精瓶等措施。对于已产多胎的母猪，会有锁不住输精管的现象，输精时应尽量限制输精管的活动范围，对于此类母猪应该适当延长输精时间，通过刺激母猪敏感部位加强精液吸收。若在输精时有出血现象，应分析流血部位，但最好完成这次配种（即 3 次输精）。

第十三章
后备种猪的引进管理

种猪是现代化养猪场的一个重要生产环节，也是实现优质、高产的第一关。规模化养猪场在种猪引进时，要构建科学完善的引进方案，确保引种安全，同时对品种的选择、种猪选择、场地的选择、种猪防疫情况、种猪运输的应激、引种后猪群的管理等做好充分的准备工作。

第一节
规模化猪场引种的误区

规模化养猪场每年都要更新种猪，种猪更新率为 25%～35%，有的甚至更高。种猪的更新率及更新质量关系养猪场的命运。但是许多猪场在引种时很多问题，导致引种失败，造成经济损失，有的甚至引起疫病。近年来，一些养猪场在种猪的选择上有以下几方面的误区。

1. 只为更新血统引进种公猪

有的猪场在引种时只引进种公猪，目的是更新血统，实际上猪场引种不但要引进种公猪，还需要引进种母猪。一般正常情况下，种公猪的使用年限要比种母猪长，在规模化猪场一般为 2～2.5 年，种母猪的使用年限为 1.5～2 年。为了更新血统，主要是引进种公猪，种公猪的引进数量要求不多，公猪与母猪的人工授精配种比例约为 1∶100。但是如果只引进种公猪的话，则母猪的更新淘汰速度跟不上种公猪的更新速度，会导致配种比例不合理，从而影响到种公猪和种母猪的利用率。因此，在引种前要合理分析，不可盲目引种。

2. 对供种场了解不充分

通常在引种前需要对供种场进行充分的了解，包括种猪场的规模和本养殖场的距离等，尤其是要注意供种场猪群的健康水平和免疫情况。还要充分了解当地疫病的发生情况，如果对供种场的了解不充分，则易导致疫病发生。

3. 引进后备种猪时贪大、贪便宜

引进种猪时多数养殖场都喜欢体重大的猪，殊不知这样已经给今后的生产埋下了隐患。一是体重大的猪种多数是选择剩下的猪，挑选余地比较小，可能某方面有问题或生长性能不理想。二是达到 60 千克以上的后备母猪应该更换后备母猪饲料。因为此时的母猪需要大量的营养来促进生殖系统的发育，而育肥猪料中存在许多促生长剂，会损害生殖系统的发育，降低后备母猪的发情率以及配种受胎率，造成很大的损失，而种猪场一般不会这样做。引进的种猪在配种前，还要有充分的时间进行免疫注射和驱虫。为什么同样规模的猪场有的赚钱有的赔钱，出现同行不同利的现象，其中品种的选择起到了重要的作用。希望广大养猪场到省级种猪场去购买，不要到小猪场购买，劣质种猪对生产的影响很大。

4. 片面追求体型

后备种猪是要养而不是展览，不要认为屁股大的猪就是好的种猪。种猪和商品猪是不同的，不能按商品猪的要求和眼光去选择种猪。后臀发育优良的种猪，不易发情，配种困难，易难产，往往背部下陷，变形，淘汰率高。由于背膘薄，而泌乳力差，仔猪的成活率低（背膘厚和泌乳力呈正相关）。"双肌臀"和"双肌背"的概念是不同的，从猪的后驱观察，臀部左右两侧肌肉丰满，故称为"双肌臀"；从背部看背中线两侧肌肉发达、明显，称"双肌背"。这些只是猪的一种体形特征，双肌猪的泌乳力要比单肌猪的泌乳力差 5%～10%，直接影响仔猪的断奶重。同时，这一表现型不是固定的，父母表现双肌性状，其后代不一定表现双肌臀性状，随着猪场的生产，这一基因表现型会逐渐丧失。

很多种猪场为了抓住客户的心理，把母猪的后臀发育大小作为猪场的选育目标，过分包装它，结果购买这些种猪的客户回到自己猪场后，发现猪的后臀变小了，不能正常发育配种，淘汰率在 40%～50%，很多养猪场在这方面都有很深的教训。为此购买母猪时，要侧重于母性特征，例如产仔率、泌乳力、体质及母性品质等，后驱发育特别优秀的母猪不能作为种用。如果是挑选种公猪，应该侧重瘦肉率、胴体品质、四肢是否粗壮、饲料报酬等性状。

5. 盲目引进新品种而不重视猪的经济价值

我们养猪的目的是让其带来效益。现在社会上的品种比较多，猪场经营者引进后备母猪品种要根据自身的生产模式做决定。如猪场以养种猪为主，以出售小猪为目的，应选择繁殖性能好的加系、法系或丹系的长大二元后备母猪。这些品系的母猪平均产仔数都有 13～14 头，可以获得较多的仔猪。而对于自繁自养的商品猪场，则可以选择美系或新美系的猪种，它们后代的生长速度快，120 千克出栏体重的料重比低，而且，这个品系的商品猪体型好，有卖相，可以卖到更高的价钱，经济效益好。

6. 从多家种猪场引种

一些养殖者认为从多家种猪场引种，种源多、血源远，对生猪生产性能的提高有利，但是在养殖实际中发现这种观点并不正确。这是由于从多家种猪场引种，一方面极易造成疾病的大暴发，另一方面还易造成种源混乱，导致种猪的来源不明。因此，在引种时要尽可能避免从多个种猪场引种。

7. 运输管理不规范

从种猪场引种大多数要经过较长时间的运输，有时引种出现问题不全在源头，很大一部分原因是在运输过程中的管理不当造成的，包括车辆、运输人员的消毒工作是否彻底以及操作是否规范等。如果在运输过程中管理不够规范，极易导致交叉污染，引起种猪患病。

8. 入场管理不规范

种猪在引进入场饲养前需要进行一段时间的隔离，其目的是对种猪进行观察，并使其适应新的环境。如果种猪的入场管理不规范，没有实施严格的隔离制度，极易将疫病带入猪场，造成严重的损失。

第二节
把握好引种的三大环节及引入后的管理

挑选种猪时要注意查看猪的健康记录以及母本的繁殖性能；在种猪的运输过程中，要尽量避免应激；种猪到达场地后，应先在隔离舍进行隔离和适应，然后注意引入后的细节管理。

1. 挑选种猪要把好三大环节

猪场引进种猪，除了要向种猪销售单位索要具有兽医检疫部门出具的检疫合格证外，还要注意把好以下三关。

（1）种猪质量关。种猪应选择具有详细的系谱档案，生产性能记录，血缘纯正，具有稳定的遗传特征，精神状态良好、正常采食及饮水的个体。挑选耳标号清晰、具有显著品种特点的种猪。

①确保种公猪纯度及优良特征。种公猪应该保证品种纯正，活泼好动，要求四肢强健、结实，行走时步伐大而有力；胸部宽深丰满，背腰部长且平直、宽阔，腹部紧凑，不松弛下垂；后躯充实，肌肉丰满，膘情良好；睾丸发育正常，大而明显，两侧匀称一致，无单睾丸、隐睾及阴囊疝等情况，阴囊紧附于体壁，包皮无积尿，具有明显的雄性特征。成年种公猪应具有正常的性行为，包括性成熟行为、求偶行为、交配行为，而且性欲要旺盛。

②种母猪应该看其上一代母猪的生产性能。选择发育良好、身体健壮，乳头健全、分布一致的个体，对外界刺激反应机敏，腰背平直，后躯肢体发达；产仔数多、泌乳力强、护仔性能好，仔猪成活率高和采食量大。种母猪要保障生殖器官发育良好，阴户不能过小和上翘，应选择阴户较大且松弛下垂的个体，乳头的数量不能低于6对，且要保证乳头分布均匀。

（2）种猪防疫风险关。猪引种是从外地调入本养殖场的一种行为，在整个引种过程中涉及诸多环节，任何一个环节控制不当，都可能造成引进的猪群中携带有患病猪和带菌猪，给新疫病的传播流行提供条件。因此要详细了解引进猪场和猪的免疫情况。

①调查当地疫病流行情况和种猪的防疫情况，必须从没有严重的疫病流行地区进行引种。

②从经过详细了解的健康种猪场引进种猪，同时了解该种猪场的免疫程序及其具体措施。向养殖场索要猪群的免疫证明和免疫程序，详细掌握引进猪的免疫情况及各种疫苗的免疫日期。

③引进对外销售的种猪必须经过引种养殖场兽医临床检查确诊不存在猪瘟、猪传染性萎缩性鼻炎、布鲁氏菌病等疾病的典型特征，且应由当地的畜牧兽医检疫部门出具检疫合格证明后才能引种。

（3）环境适应关。实践中大多数引种者往往只重视品种自身的生产性能指标，而忽视品种原产地的生态环境，因而引种后常常达不到预想的结果。所以，猪场引种时还要把好种猪的环境适应关，引种时尽量做到产地的环境和自然条件与当地的环境自然条件大体一致。避免违反动物生理规律而导致引种失败，动物死亡，造成经济损失。

2. 引入后的管理

（1）隔离观察，适应环境，强化免疫。引进的猪回到饲养地时应隔离饲养观察 42 天，个别还可长一些。在此期有必要对一些一类传染病再进行一次免疫注射，如对口蹄疫、猪瘟病、高致病性蓝耳病等再进行一次强制免疫，确保群体健康。

（2）注意消毒和分群。种猪到达目的地后，立即对卸猪台、车辆、猪体及卸车周围地面进行消毒，然后将种猪卸下，按大小、公母进行分群饲养，有损伤、脱肛等情况的种猪应立即隔开单栏饲养，并及时治疗处理。

（3）加强饲养管理，预防应激。保障引进种猪健康，由于长途运输和异地迁移的应激，使猪的免疫力严重下降，引进后首先让猪充分休息，之后供给清洁饮水，并在水里添加电解多维让其自由饮用，4~8 小时后再喂给原场的饲料，一周内过渡为当地饲料。冬天要做到定量定温，夏天要保持饲料新鲜，防止发霉变质，饮水清洁卫生。引进猪一周后，猪的应激消失，此时要加强营养，注重饲管，确保引进猪只健康生长。

（4）解决隔离期内种猪免疫与保健方面的问题。参考目标猪场的免疫程序及所引进种猪的免疫记录，根据本场的免疫程序制定适合隔离猪群的科学免疫程序。如果所引进种猪的猪瘟疫苗免疫记录不明或经监测猪群的猪瘟抗体水平不高或不整齐，应立即进行全群补种疫苗；如果猪瘟先前免疫效果较好，可按新制定的本场免疫程序进行免疫。重点做好非洲猪瘟、蓝耳病、伪狂犬病的病原检测。结合本地区及本场呼吸系统疾病流行情况，做好针对呼吸系统传染病的疫苗接种工作，如喘气病疫苗、传染性胸膜肺炎疫苗等。对于 7 月龄的后备猪，在此期间可做一些引起繁殖障碍疾病的预防注射，如细小病毒病、乙型脑炎等。种猪在隔离期内，接种完各种疫苗后，应用广谱驱虫剂进行全面驱虫，使其能充分发挥生长潜能。

（5）引种时间和驯化。一是引进时间越早越好，这样就有足够的时间进行驯化。二是驯化，在隔离三四周之后，要考虑将引进的后备母猪群尽早地暴露在一些常见病原体中，给它们充分的时间来达到稳定的健康水平。后备母猪的驯化方案是很复杂的，要做一系列相关的记录和检测，以确定是否驯化成功。

第十四章
繁殖猪群日常操作关键点的控制

　　母猪繁殖力是养猪生产效益和经济效益的一项重要指标，又是高度变异的性状。在我国养猪业存在母猪整体繁殖效率大幅落后国际先进水平的背景下，应重点突破母猪整体繁殖效率问题，因此，繁殖猪群的管理，是生产管理的重中之重，它不仅仅是整个母猪群的问题，同时也牵涉公猪和仔猪，只有从根本上解决了母猪一体化的关键饲养技术，生产出更多的高质量断奶仔猪，才能降低仔猪后期生产成本，并推动生长育肥期的生产成本降低。

第一节
种公猪的高效养殖饲管技术

饲养种公猪的目的是使种公猪具有良好品质的精液和配种能力，完成采精配种任务。种公猪对猪群质量影响很大，把种公猪养好，猪群的质量和数量就有了保证。

1. 目标管理

（1）目标。

①对于种公猪，应使其以自然的生长速度达到性成熟，而不是刺激它们早熟，如果以美国国家科学院标准来培养种公猪，性成熟期为 200～210 日龄，体成熟应在 300 日龄，体重应为 165～175 千克。

②旺盛的配种力，即每周 5 次。

③精液品质综合评价大于 0.9（包括直线运动、强度、密度、畸形率等）。

④安全、有效的正式使用年限不少于 2 年。

⑤所配母猪胎均产仔数多于 11 头，并且无遗传缺陷。

⑥无肢蹄缺陷（外展、内收、卧系、变形蹄等）与肢蹄损伤。

（2）监测。

①应定期称重。如果将公猪体重划分为如下阶段：100 千克、150 千克、200 千克、250 千克、300 千克，那么每阶段到下一阶段的体重增长速度（每日计）为 0.5 千克、0.4 千克、0.3 千克、0.2 千克和 0.1 千克。

②定期（每月 1 次）检查精液。见图 3-14-1。

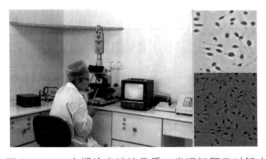

图 3-14-1　定期检查精液品质，发现问题及时解决

③做好配种与生产成绩记录。定期监测的目的是要及早发现问题，寻找原因，及时解决问题。

2. 种公猪的营养需求

在规模化猪场，种公猪淘汰率为40%～60%，这种非正常淘汰的原因多是公猪增重过快与体型过大，其原因多是营养过剩和缺乏运动锻炼。研究表明，日粮营养水平会明显影响种公猪的生长与成年体型的大小，因此，合理的营养水平对种公猪的影响是很大的。成年公猪的营养标本建议的日粮主要营养成分为：消化能13.3～13.8兆焦/千克，粗蛋白质16%～17%，可消化赖氨酸0.75%～0.8%，钙0.7%～0.8%，非植酸磷0.35%～0.45%，食盐0.4%～0.5%，适量的有机锌、硒、铬、铁等。日供2.25千克左右（依配种频次与个体大小适时调整）。

3. 种公猪的健康管理

（1）健康检查。

①体况检查。根据体况每天饲喂种公猪专用饲料2.5～3.0千克，控制公猪膘情在2.5～3分。

②性欲检查。发现自淫、早泄、阳痿的公猪要查原因、早治疗。对无性欲公猪应尽早采取措施及时处理；对先天性生殖机能障碍的应予以淘汰。非疾病引起的公猪无性欲可采取肌内注射丙酸睾酮或者肌内注射促性腺激素＋维生素E，2天1次，连续2～3次。

③采精频率。公猪栏悬挂采精记录卡，每次采精详细记录，防止公猪过度使用或闲置。初配体重和年龄：公猪9月龄开始使用，使用前先进行配种调教和精液质量检查，初配体重应达到130千克以上。9～12月龄公猪每周采精1次，13月龄以上公猪每5天采精1次。健康公猪休息时间不得连续超过两周，以免发生采精障碍。若公猪患病，一个月内不准使用。

（2）保健措施。

①在蚊虫季节性出现的地区，应在蚊虫活动季节前一个月（如长江以南等地在4月）接种乙脑疫苗；在蚊虫常年活动的地区，应在运输回猪场前，于产地接种乙脑疫苗。进场稳定2周后，应完成猪瘟疫苗接种，视当地疫情选择性接种伪狂犬疫苗、口蹄疫疫苗、衣原体疫苗、细小病毒疫苗。

②每半年进行1次针对性抗体监测，以确保必须免疫病种的抗体水平合格。

③有布鲁氏菌病的猪场，应在配种前1个月血检，淘汰虎红平板实验2次阳性的公猪；有传染性萎缩性鼻炎的猪场，对有鼻部变形、鼻出血的公猪坚决淘汰，对有泪斑、喷鼻的公猪，应做聚合酶链式反应检测，淘汰阳性后备公猪。

④在配种前发现不明原因的睾丸肿大的公猪，可在阴囊颈部注射地塞米松、青霉素与普鲁卡因合剂治疗，1天1次，连续1周，其后连续检查精液2个月，合格者方可投入生产，否则淘汰。

⑤避免发生关节疾病，特别是传染性关节炎，如链球菌病、副猪嗜血杆菌病、衣原体病、支原体病等，对肢蹄皮肤损伤要早发现早治疗，避免肢蹄感染的发生。油剂疫苗接种后，要注意注射部位是否发生脓肿，若发生要及时处理，避免散播到肢体关节。

⑥配种前两次驱除体内外寄生虫（驱虫药应选用安全性高的伊维菌素等，且体内外寄生虫分开驱除，该驱虫方案下同），保证舍内无蚊、蝇、鼠害。

⑦禁止在公猪舍使用福尔马林，慎用酶类消毒剂以及酒精。

4. 公猪的高效养殖日常管理技术

（1）日常工作计划。

08：00～08：30记录温度，检查舍内设备的运行状况。

08：30～09：30打扫舍内卫生。

09：30～10：00健康检查。

10：00～11：30加料、擦洗料筒、夏季通风等。

11：30～12：00检查舍内设备。

12：00～13：30午餐、午休。

13：30～14：30记录温度，检查舍内设备的运行状况。

14：30～15：30打扫舍内卫生。

15：30～16：30健康检查。

16：30～17：30加料，检查舍内设备，同时清洗工作用具和工作鞋。

（2）环境福利的控制。

①温度。公猪的最适温区为18～20℃，30℃以上公猪就会产生热应激。公猪遭受热应激后精液品质会降低，并在4～6周后降低繁殖配种性能，主要表现为配种母猪返情率高和产仔数少。因此，在夏天对公猪进行有效的防暑降温，

将栏舍温度控制在 30℃以内是十分重要的。

②湿度。公猪舍内适宜相对湿度为 60%～70%，夏秋季节通过风扇、水帘，冬春季节通过风扇、暖气调节舍内湿度。

③通风。通风换气是猪舍内环境控制的一个重要手段。其目的是在气温高的情况下，通过空气流动使猪感到舒适，以缓和高温对猪的不良影响；在气温低、猪舍密闭情况下，引入舍外新鲜空气，排出舍内污浊空气，以改善舍内空气环境质量，达到如下标准：$CO < 5$ 毫克 / 米^3，$CO_2 < 1\,500$ 毫克 / 米^3，$NH_3 < 10$ 毫克 / 米^3，$H_2S < 10$ 毫克 / 米^3。

④光照。在公猪管理中，光照最容易被忽视，光照时间太长和太短都会降低公猪的繁殖配种性能，适宜的光照时间为每天 10 小时左右，将公猪饲喂于采光良好的栏舍即可满足其对光照的需要。

⑤种公猪舍。舍内可采用 1∶4 的配种栏（即栏内有 1 头公猪和 4 头母猪的单体栏，另外还有 8 米^2 以上的配种栏）；若有专设配种舍，舍内亦同样应设专门的 1∶4 的配种栏。禁止在公猪栏内配种。实践证明，已投入生产的公猪应饲养在单独的公猪舍，待配母猪应到公猪舍的配种栏（1∶4）内配种，这种方式经实践证明比较贴近猪的繁殖行为。配种栏应干燥、防滑、无尖锐突起物，以免伤害公猪。配种栏的长宽不宜小于 3.9 米。

（3）种公猪管理的重点。

①巡视。巡视全群状况，及时处理异常情况。

②饲喂。种公猪应单圈饲喂，定时定量，一般每天饲喂 2 次。同时应根据个体体况以及使用强度等适当调整喂量，保持其体况。当种公猪配种负荷大时，可每天加喂 1～2 枚鸡蛋，满足其营养需要。见图 3-14-2。

图 3-14-2　膘情适中、性欲旺盛是产精的基础

③观察记录。在公猪采食过程中详细观察采食情况，了解其健康状况，出现采食减少与不食时应及时诊断与治疗并做好记录，同时调整配种计划，待猪只健康恢复后应当加强该猪的精液品质检测。

④环境卫生。应当保证圈舍干净、空气清新、光线充足，及时消除粪便，做好饲槽饮水器的清洁卫生工作。制订舍内的消毒计划，定时消毒。

⑤利用。成年种公猪每周可利用4~5次，定期进行精液品质检查，一旦精液品质下降，就应及时查找原因并做相应处理。

⑥互动和运动。对种公猪要主动与其亲近，建立人、猪亲和的关系，对猪体经常刷拭，防止体表寄生虫病的发生，定期驱虫，经常修剪公猪包皮周围毛丛。经常让种公猪运动，有助于增强体质。见图3-14-3。

图3-14-3　种公猪运动有助于增强体质

⑦及时修蹄。随着年龄的增长，公猪常出现变形蹄，如扁蹄、蹄趾过长、悬趾过长等，及时修蹄可保证后躯正常姿势、肢姿与蹄姿，有助延长交配的时间与公猪使用年限。

⑧防止性器官的损害，禁止用性器官有损伤的公猪从事交配。

⑨每半月应清洁包皮内分泌物，防止棒状杆菌等细菌的隐性感染或带菌，进而防止母猪尿路感染引起的繁殖性能下降。

第二节
高产后备母猪的培育技术

后备母猪的培养直接关系到初配年龄、使用年限及终身生产成绩，规模猪场大多选用进口品种，这些品种有一个共同的特点，即性成熟晚、发情症状不明显，给配种工作增加了一定难度，后备母猪的培育变得更加重要，它是保证规模化猪场生产成绩的关键环节。

1. 目标管理

（1）目标。

①7～8月龄90%以上能正常发情。

②初配时，体重达到130～140千克（初配时间为第2次或第3次发情）。

③背膘厚为18～20毫米。

④无肢体、乳房、乳头缺陷与损伤，无泌尿生殖道感染。

（2）监测。现代基因型的母猪，达到性成熟与体成熟时的体重更大，但采食量变小，对营养失衡更敏感。其"延续效应"明显，持续时间长。因此，后备母猪培育过程的监测很重要。很多国家，母猪更新率为40%～50%，在最初两胎被淘汰的母猪中，50%是因为不能发情和受胎，另外是因为肢蹄病。

在180日龄时，要对体型外貌进行评定，决定种用与否。对后备母猪的选择，一是看外阴部——阴部要大；二是看肢、蹄——肢、蹄要健壮；三是看乳头——6对以上；四是看腰、腹部——结构均匀，躯体发育良好，腹部要有弧线。标准的后备母猪见图3-14-4。

图3-14-4 标准的后备母猪

2. 后备母猪的营养需求

许多猪场没有后备母猪专用日粮，后备母猪日粮既不同于妊娠母猪的日粮，亦不同于哺乳母猪的日粮。

30～75千克用后备母猪前期料，主要营养成分建议为：消化能12.5～13兆焦/千克，粗蛋白质16%～16.5%，可消化赖氨酸0.75%～0.85%，钙

0.9%～1.0%，非植酸磷 0.45%～0.5%，食盐 0.35%～0.4%。另外，保证每千克配合饲料中生物素 0.3 毫克，叶酸 3～4 毫克，维生素 E 35～45 国际单位，有机铬 200 微克（以铬计），有机硒 0.3 毫克（以硒计）。

75～140 千克改喂后备母猪后期料（主要营养成分浓度比前期下调 5%～8% 即可，特殊维生素与有机铬、有机硒等不变）。

限食阶段日粮中应有较多的大容积原料（如苜蓿干草），粗纤维 7%～9%。禁止使用霉变的饲料原料，常规添加霉菌毒素处理剂。不宜使用棉籽饼粕。

3. 后备母猪的健康管理

（1）健康检查。

①外购的后备母猪，在隔离观察 1 个月并确认安全后，应将其饲养在可与本场母猪接触的环境中，或与本场母猪新鲜粪便接触 1～2 个月，以适应本场的微生物群，与它们建立稳态。

②及时淘汰病残、超期 3 个月不发情、经人工处理 3 次配不上的后备母猪，淘汰有泪斑、歪鼻、流鼻血并经检验认为有萎缩性传染性鼻炎的后备母猪。

③体况检查：根据体况每天饲喂专用饲料，控制后备母猪膘情。

④保持后躯清洁，防止泌尿生殖道感染。

（2）保健措施。主要有以下几个措施：在蚊虫活动季节到来前 1 个月进行乙脑免疫。在配种前 2～3 个月完成猪瘟加强免疫与细小病毒疫苗的接种，并视本场疫情有选择性地接种伪狂犬疫苗、口蹄疫疫苗、衣原体疫苗。有胸膜肺炎放线杆菌病、链球菌病、副猪嗜血杆菌病、支原体肺炎流行的猪场，应每月有 1 周加药或加功能性产品饲料，如在每吨饲料中添加 8.8% 泰乐菌素 1 250 克 +10% 多西环素 1 500 克或 40% 林可霉素 400 克 +10% 多西环素 1 500 克，连续饲喂 5 天。在进场 2～3 周驱虫 1 次，转入配种舍再驱虫 1 次。禁用氯霉素、磺胺类、喹啉等治疗药。慎用酚类、福尔马林类消毒药，禁用有机磷、有机氯杀虫剂。

4. 后备母猪的高效日常管理技术

（1）日常工作计划。

08：00～08：30 检查设备设施，饲喂、清粪、记录温度。

08：30～08：50 催情、查情。

08：50～10：30配种。

10：30～11：00配后后备母猪转入基础种猪群。

11：00～11：30健康检查及问题母猪治疗。

11：30～12：00水电检查。

12：00～13：30午餐、午休。

13：30～15：00加料、清粪、打扫卫生。

15：00～15：20催情、查情。

15：20～15：50健康检查及问题母猪治疗。

15：50～17：20配种。

17：20～17：30整体检查后下班。

（2）环境控制

①温度。配种怀孕舍温度应控制在18～22℃。

②湿度。配种舍相对湿度应控制在60%～68%。夏季有水帘工作，湿度较大，春秋冬季应做好猪舍的冲洗工作，保证湿度。

③有害气体的控制。$CO < 15$ 毫克/米^3，$CO_2 < 1500$ 毫克/米^3，$NH_3 < 10$ 毫克/米^3，$H_2S < 10$ 毫克/米^3。如果一进到猪舍闻到有较浓的气味，则要加强抽风。

④达到90千克体重前最好群养，每栏4～6头，每头不少于2米^2，应设有室外运动场。

⑤达到90千克时，转入配种舍单栏饲养，以适应环境，并可以与成年母猪、公猪有近距离的接触。在前2个发情期可以观摩成年母猪交配。

⑥没有鼠害、蚊、蝇干扰。

（3）后备母猪管理的要点。

①75千克体重以前可自由采食，75千克体重以后应限制采食，每头日料量（2.3±0.3）千克，分2次喂给。2次投料之间给予优质青饲料1.5～2千克。

②通过个性饲喂，控制膘情与体重。超重超膘酌减，反之应考虑增料。

③初配前1周，应将日粮逐步增加到3.5千克，以求短期优饲促多排卵。

④75千克后，每周2次按摩乳房、按压腰背，每次10分，以促进发情，适应配种。

⑤每周驱赶成年公猪在母猪栏前走动2次，每次30分。

⑥对到期不发情母猪，可与刚发情母猪并栏饲养，或放置在1：4的配种

栏内用优良公猪与母猪接触诱情。

⑦在做清洁时，应同时驱赶母猪到运动场运动。

⑧地面要干燥、平整。防止打滑形成肢蹄外展等缺陷。

⑨栏内可放置少量干净稻草或干净红土，供其咀嚼玩乐。

第三节
妊娠母猪高效饲养管理技术

怀孕母猪饲养要达到三个指标：一是生产出体大、健壮、数量多的仔猪；二是母猪乳腺发育正常，哺乳期产奶多；三是尽可能节省饲料，降低仔猪饲养成本。所以怀孕母猪饲养是一项既简单又复杂的工作。

1. 目标管理

（1）目标。

①发情期受胎率≥90%，分娩率（分娩数/配种数）≥85%。

②理想健仔数 10～12 头/窝，初生重 1.3～1.6 千克，断奶时个体重均差≤0.5 千克。

③病、伤、死年淘汰率≤10%。

④平均使用年限≥7 胎次。

⑤无显性或隐性乳房水肿，无泌尿生殖道感染以及肢蹄损伤与缺陷等。

（2）监测。

①应在配种后第 21 天、第 40～45 天，观察有无再发情，若有发情表现，应认真确定后转入配种舍。可在第 35 天用多普勒超声诊孕仪监测。

②妊娠 70 天后要注意母猪腹围变化，若腹围不增大或反而缩小，要警惕胚胎吸收或木乃伊胎、死胎形成，特别是存在繁殖障碍的猪场可用诊孕仪监测。

2. 妊娠营养需求

妊娠料的营养要求：消化能 12.3～12.6 兆焦/千克，粗蛋白质 13.5%～14.5%，可消化赖氨酸 0.55%～0.6%，钙 0.9%～1.0%，非植酸磷 0.45%～0.5%，食盐 0.4%～0.5%，膳食粗纤维 7%～8%。

建议在饲料中添加有机硒、有机铬、有机铁。

原料不发霉变质，必须添加霉菌毒素处理剂，以吸附处理肉眼不可见的毒素。

禁用未脱毒的棉（粕）饼，菜籽（粕）饼。

3. 妊娠母猪的健康管理

（1）健康检查

①健康检查的项目包括：精神状态是否良好，体温是否在37.8～39.3℃的正常范围内，如果体温超过39.3℃，则可能是发烧；呼吸频率是不是在30次／分左右的正常范围内，如果每分呼吸超过40次，很可能是发烧；眼睛是不是红肿或有较多的分泌物，鼻孔是否流鼻涕，大便是太硬还是太稀等。见图3-14-5。

图3-14-5　母猪便秘

②技术员每天早上、下午查情时，应赶母猪起来，观察母猪是否有肢蹄疾病。

③每天注意母猪吃料情况，若母猪没有发情，没有注射疫苗，但采食量下降，可能是有些疾病的征兆，应引起注意，并打好记号，连续观察几天。

④对于有健康问题的猪，要统一做好标记并对症治疗。

⑤当发现猪群有5%的猪出现同一症状，要向上级汇报，并由主管制订相应的治疗方案。

（2）保健措施。

①没有特殊疫情，妊娠期间前80天内禁止使用任何疫苗。

②配种完毕，每头常规注射孕酮20毫克，隔天1次，连续2次。

③注意流产、早产的母猪是否排净胎儿与胎衣，且一律要抗感染处理3～5天。

④对有先兆流产的母猪（精神不振、喜卧、阴户红肿有黏液流出，有时可挤出乳汁，但未到预产期）应单栏饲养，避免应激，注射孕酮 30 毫克保胎，隔天 1 次，连续 2~3 次。

⑤对于发生便秘的母猪，应寻找其原因且消除之。

⑥产前 3 周驱除体内外寄生虫，禁用可诱发流产的驱虫药，如左旋咪唑、敌百虫等。

⑦有厌气梭菌感染（母猪突发腹部鼓气、皮肤苍白、喘气、高度沉郁）与急性肺部感染史（突发高热、高度呼吸困难、鼻孔有浅红色泡沫状鼻露）的猪场，应在妊娠期间将饲料酸化或在每吨饲料中脉冲式添加 8.8% 泰乐菌素 1 250 克 + 磺胺多辛 200 克，连续饲喂 5 天。

⑧每周载畜台消毒 2 次，最好用复合有机碘制剂或复合醛制剂。

4. 高效日常管理技术

（1）日常工作计划。

08：00~08：30 检查设备设施，饲喂、清粪、记录温度。

08：30~08：50 查情。

08：50~10：30 配种。

10：30~11：00 配后 0 天、8 天、107 天，断奶母猪转群。

11：00~11：30 健康检查及问题母猪的治疗。

11：30~12：00 检查水电。

12：00~13：30 午餐、午休。

13：30~15：00 加料、清粪、打扫卫生、治疗。

15：00~15：30 健康检查及问题母猪的治疗。

15：30~15：50 查情、妊娠诊断。

15：50~17：10 配种。

17：10~17：30 整体检查后下班。

（2）环境控制。

①配种后 21 天内单栏饲养，确认受孕，至妊娠 70 天内可群养，70 天后应减为 2 头一栏。

②舍温控制在 10~25℃，氨气浓度 < 10 毫克 / 米^3。

③防止滑跌、打斗以及机械性损伤造成的流产。

④保证充足的清洁的饮水，饮水器流量 ≥ 2 升 / 分。

⑤保证没有鼠害及蚊、蝇干扰。

（3）日常管理要点

①实施 1：4 栅栏诱情技术。

②实施补饲催情技术，配种前 4 ~ 6 天，日供哺乳料 4 ~ 4.5 千克。

③适时配种，以发情后出现静立反射为配种时机。二元母猪最好实行二重配，即 2 次交配用不同公猪，本交间隔 12 小时，人工授精间隔 16 小时。

④配种后单栏饲养 21 天，日喂妊娠料 1.8 千克。确认受孕后，可 2 ~ 4 头混群饲养。将未配上的母猪返回配种栏待配。

⑤严格控制料量，妊娠第 22 ~ 70 天，日饲 1.8 ~ 2.0 千克；第 71 ~ 95 天，日饲 2.8 ~ 3.0 千克；第 95 天至临产前 1 天饲喂 3.0 ~ 3.2 千克，分 2 次饲喂。

⑥每天饲喂 1 次优质青绿饲料 1.5 ~ 2 千克。

⑦若为混群饲养，每次清洁时，应轻柔地驱赶母猪运动。

⑧母猪群体足够大时（500 头以上），可试行分胎次饲养技术。

⑨栏内放置少量干净稻草或干净红土，任其咀嚼玩乐。

第四节
哺乳母猪高效饲养管理技术

产房的管理是最需要精细的，因为不论母猪还是仔猪都是一生中最脆弱的阶段，每一项精细的管理都会带来效益。

1. 目标管理

（1）目标。

①产程在 3 小时以内，产仔间隔不超过 15 分，白天分娩比率在 60% 以上，无产后厌食症，无产后便秘。

②保证品质优良的初乳，内含本场现有疫病或免疫病种的各种高水平抗体，这样方能有效地保护仔猪免患这些疫病。

③所有乳腺充分发育，有理想的泌乳量，21 日龄仔猪的平均体重 ≥ 6.5 千克。

④泌乳期掉膘应 ≤ 10 千克。

⑤断奶后母猪 7 ~ 10 天发情率 ≥ 90%。

⑥哺乳期无乳症、子宫内膜炎、乳腺炎发生率 ≤ 1%。

⑦母猪内残淘汰率 ≤ 1%。

（2）监控。

①母猪分娩的鉴定。

a. 母猪妊娠期平均 114 天，部分母猪还没有到预产期也可能会分娩，因此，要特别注意观察预产期前 3 天的母猪，并做好产前准备。

b. 准备工作：检查母猪耳号，核对母猪卡，按母猪预产期早晚顺序排列母猪，对急躁不安，用脚刮产床，呼吸急促，尿量少、次数多，乳房肿胀、乳头发红，不用挤就有乳汁流出，外阴肿大，预产期前 24 小时用手指挤乳房会有乳汁流出、分娩前 6 小时有羊水流出的母猪，要做好接产准备。

②错误的分娩护理。

a. 尚未分娩就进行产科救助，注射催产素。

b. 分娩还在进行时就进行产科救助，抓着仔猪的头或后腿往外拉，拉出尽可能多的仔猪；仔猪胎位不正要将仔猪往产道里边推。

c. 移走仔猪，仔猪未能吃到充足的初乳。

③产后。3 天内每天应注意观察母猪是否有以下症状：坚硬乳房（乳腺炎）、便秘、气喘；不正常的恶露（产后 3 ~ 4 天的恶露是正常的）；以腹部趴卧；狂躁、发热；母性不好，咬仔猪；腹泻；机械损伤。针对这些问题应做如下处理：分娩 6 ~ 8 小时后应赶母猪站起饮水，以避免因饮水不足导致便秘引发乳腺炎和阴道炎；产后 3 ~ 4 天要检查母猪的乳房，若有发炎和坚硬现象的应按乳腺炎及时治疗，必要时进行输液。

2. 哺乳母猪的营养需求

哺乳料的主要营养成分建议：消化能 14 ~ 14.5 兆焦 / 千克，粗蛋白质 16.5% ~ 17.5%，可消化赖氨酸 ≥ 0.9%，可消化缬氨酸 ≥ 0.8%，可消化蛋氨酸 + 胱氨酸 ≥ 0.56%，可消化苏氨酸 ≥ 0.6%，钙 0.9% ~ 1.0%，有效磷 0.45% ~ 0.5%，食盐 0.5%，膳食粗纤维 7% ~ 8%，亚油酸 ≥ 1%。

保证日饮水量不低于 30 升，最好是槽内自由饮水。

为了保证能量，应添加磷脂、高亚油酸脂肪粉；为了增加采食量，可添加乳制品，如巧克力粉、酵母培养物等；为了防止便秘，可添加低聚木糖与纤维浓缩物等功能性产品。

严禁使用霉变的饲料原料，且应常规添加霉菌毒素处理剂。

哺乳期在饲料中添加生理营养调节剂，促进泌乳的功能性产品。

3. 分娩期的健康管理

（1）健康检查。

①健康检查的项目包括：精神状态是否良好，分娩舍母猪体温是否在 37.8～39.3℃的正常范围内，如果体温超过 39.3℃，则可能是发热；呼吸频率是不是在 30 次/分左右的正常范围内，如果每分钟呼吸超过 40 次，很可能是发热，但母猪临产时呼吸一般都比正常时要高；眼睛是不是红肿或有较多的分泌物，鼻孔是否流鼻涕，粪便是否正常。

②技术员每天早上、下午喂料时，观察母猪是不是有奶水，是否有肢蹄疾病。

③注意观察母猪产前和产后的采食情况，如果产后 7 天采食量不达标，就要特别关注和治疗。

④对于有健康问题的猪，要打上标记，以便对症治疗。

⑤每天检查小猪保温灯是不是正常工作，小猪有没有扎堆现象，如果是扎堆睡觉，说明温度过低，应加强保温；如果小猪不睡保温箱，说明温度较高，应调高保温灯的高度或调低保温灯的功率。

⑥每天检查小猪毛色、精神、粪便等是否正常，如有异常应及时采取措施。

（2）保健措施。

①分娩前后 7 天，建议添加调节免疫功能的产品。适时应用氯前列烯醇等产品，以提高白天分娩的比率，这样方便饲养员护理。

②一般 85% 以上的母猪产程在 2.5～3 小时，产程一旦超过了 3 小时，对于一些努责不明显的母猪，在确认有 2～4 头胎儿产出后，应常规注射催产素 30 单位，必要时静脉滴注 10% 葡萄糖盐水 500 毫升＋维生素 C 5 克，以补充能量，加快分娩。

③不是十分必要，不应随意做产道与胎儿检查。如有必要，术者应常规剪指甲，用复合有机碘或复合醛消毒剂消毒手臂，并涂以卫生的液体石蜡，用消毒剂溶液冲洗阴道后方可实施检查。

④所有的难产助产，均应在保证母猪安全的前提下进行。

⑤及时检查胎衣的完整性，防止母猪吞食胎衣。将胎衣煮热后返饲母猪的

做法不可取。产后 1 小时胎衣仍不下者或不完全者，应立即注射 40～50 国际单位催产素或麦角新碱 1～2 毫克。

⑥对产后的母猪给予背腹部按摩（借用器具）10～15 分，间隔 1 小时后再做 1 次。

⑦及时防治产后感染，无乳症、隐性乳房水肿、乳房外伤、产后便秘。

4. 哺乳母猪的日常管理

（1）日常工作计划。

08：00～08：30 检查设备设施，饲喂、清粪、记录温度。

08：30～09：30 健康检查及问题母猪、仔猪的治疗。

09：30～10：30 仔猪打耳号、补铁、磨牙、断奶、转群等。

10：30～12：00 配后 107 天断奶母猪转群。

12：00～13：30 午餐，午休。

13：30～14：30 加料，清粪，打扫卫生。

14：30～16：30 健康检查及问题母猪、仔猪的治疗。

16：30～17：30 整体检查后下班。

（2）环境控制。

①临产母猪入分娩栏之前必须先将待转母猪用水冲洗干净，产床栏位经严格消毒并适当空置后才能进猪，检查所有设备是否处在能用的状态，环境控制系统应检查电动机是否正常运转及皮带的松紧度是否合适，水泵工作有没有足够的压力，水帘能否正常工作，猪舍的窗户是否密封好，检查温度控制器是否准确，水压及水流量是否达标，维修已损坏的饮水器及其他设备等。

②分娩舍环境温度控制在 18～22℃，相对湿度 55%～70%。仔猪需要的温度为 30～32℃，因为对于母猪的最适温相对小猪而言显然低了很多，所以在保温箱中要用红外线保温灯，保温灯的功率夏天产后 3～7 天用 250 瓦，7 天后用 100～150 瓦；冬天产后前 10 天用 250 瓦，10 天后用 100～150 瓦。从仔猪出生就给保温箱内挂保温灯，使用保温灯要防烫防炸，有损坏应及时更换。

③冬天要关上全部水帘进风口，启用冬季进风口，根据猪数量和天气进行调节。

④当舍内温度高于目标温度，全部风机逐个开启，当全部风机都开启仍高于目标温度时，要启动水帘降温，必要时启用滴水降温设施，但分娩后一周内

的母猪慎用。

（3）日常工作管理要点。

①由妊娠舍转来的母猪，必须清洁、消毒后方可进入产房。先用水扫洗蹄部，再用常压水流冲洗后躯与下腹，抹干。最后用复合有机碘或复合醛消毒剂喷雾除头部外的所有部位，以猪体表被毛上见雾滴但不滴下药液为度。

②分娩前2天开始减料，首天减1千克，分娩当天最多只给料1千克，分娩第2天给2千克，以后每天递增0.5~0.75千克，第5天自由采食，日喂4次。断奶前2~3天可酌情减料，日减0.5~0.7千克，断奶当天只给予2千克。

③保护母猪的乳房和乳头，要让尽量多的乳头被仔猪均衡吸吮，尤其是头胎母猪，避免有乳头未被吸吮利用及乳腺发育不良，影响泌乳力。因此，当活仔数少于母猪有效乳头数时，应训练部分弱小仔猪吸吮2个乳头。围栏、漏缝地板应平整光滑，以免造成乳头与乳房的擦伤。

④适期断奶（21~28日龄）。断奶后母猪即可合群，并继续喂给哺乳料，每天4~4.5千克，直至发情配种，配种后改为妊娠料，按妊娠母猪管理。

⑤分娩前3天用45℃热水浸泡毛巾，拧干按摩乳房，每天1次，每次12分。

⑥严禁当着母猪的面摔死弱小仔猪。

⑦断奶后先轻柔移走母猪，减少其可视仔猪离开之痛苦。

第十五章
生长猪群日常操作关键点的控制

　　"多生，少死，长得快"，可以说是猪场盈利的秘诀。猪场是否盈利要看配怀、产房和保育的生产成绩。而猪场盈利的多少，则看育成、育肥的生产成绩，从改变生产成绩的三大数据可以更清楚地知道养好该阶段猪的重要性。一是料肉比，该阶段的耗料占猪场全群的75％，如果保育仔猪在30千克时转入中、大猪舍，饲养至110千克出栏，共增重80千克，假设料肉比3：1时需要240千克，如料肉比为2.5：1时，则需要200千克。二者之间差40千克，每千克成本按3元计算，1头猪就是120元。二是成活率，在正常情况下，不同的饲养管理水平，育肥的成活率为95％～99％，对一个万头猪场来讲，二者相比就差400头。三是出栏时间，现在商品猪出栏天数为170天左右，如果能提前至155天，则能节约15天的维持饲料，如按20千克计算，每头猪将节约60元。

第一节
哺乳仔猪的高效饲养管理技术

仔猪是养猪生产中的基础，是扩大生产，提高质量和经济效益的关键，由于新生仔猪免疫尚不健全，因此，加强哺乳时期的仔猪饲养，避免因饲养不当导致的仔猪死亡，做好新生仔猪死亡的防范措施尤为重要。

1. 目标管理

（1）目标。

①21日龄断奶重≥6.5千克，28日龄断奶重≥8.5千克。

②21日龄断奶后1周内增重≥150克，28日龄断奶后1周内日增重≥200克。

③哺乳期仔猪下痢率＜5%，僵猪发生率＜1%。

④哺乳期成活率≥98%，窝内个体体重均差＜0.5千克。

（2）检测。

①新生仔猪局部的环境温度按环境控制的标准落实执行。

②注意新生仔猪的疫病防控。

③保持产房干燥清洁良好的环境卫生。

2. 哺乳仔猪的营养需求

哺乳仔猪的营养主要来源于母乳，应尽早让新生仔猪吃上初乳（产后18小时内的乳汁），吃足初乳是仔猪营养福利的头等大事。

母乳是不能满足仔猪生长潜力对营养的需求的（母乳喂养的仔猪在21日龄内日增重一般为200～300克，而产后吃完初乳的仔猪实行人工特护喂养日增重可达350～400克），因此，补料是继吃好初乳后的另一重要营养福利。

3. 哺乳仔猪的健康管理

（1）仔猪健康检查。

①应每天检查仔猪的健康，如有下痢、断趾等现象，应给予适当的处理。

②仔猪正常体温 39℃，呼吸频率大约 40 次 / 分，正常卧姿是侧卧，每天观察仔猪毛色、体况、吃奶情况、走路姿势等是否有异常。

③发现仔猪异常，应对症治疗，并做好病程及治疗记录；若疫病由母猪引起，应治疗母猪或调群；若发病仔猪窝数占 5% 以上，应上报主管，制订整体治疗方案。

（2）保健措施。

①规范断脐，有效防止脐部感染，如破伤风、脐疝等。

②没有必要则不进行超前免疫；若有必要剪牙、断尾，应在出生 24 小时内进行，并要防止操作不当发生的损伤与术后感染。

③2 日龄应注射铁剂 100 毫克（纯铁含量）、维生素 E—亚硒酸钠注射液 1 毫升。隔 2 周后再补注同剂量的亚硒酸钠注射液，防止过量中毒。针头及皮肤消毒应严格，防止补铁诱发厌气菌感染。

④公仔猪应在 7 日龄内进行去势术，以减少疼痛、出血及感染机会。

⑤有乳猪独立饮水系统的猪场，可在饮水中加入益生菌或乳酸制剂保健饮用。宜采用温水（水温为 35 ~ 40℃）作为仔猪饮用水。

⑥无特殊疫情，哺乳期不做任何免疫接种。在伪狂犬血清阳性或隐性感染猪场，应在 3 日龄进行伪狂犬疫苗滴鼻。

4. 哺乳仔猪的日常管理

（1）哺乳仔猪日常工作计划。参照哺乳母猪。

（2）环境控制。

①保温防潮是实现仔猪环境福利的第一要务。推荐水暖控温培育专利技术，使仔猪卧睡休息处温度如下：初生当日 33 ~ 34℃，2 ~ 3 日龄 32 ~ 33℃，4 ~ 7 日龄 31 ~ 32℃，8 ~ 21 日龄 28 ~ 30℃。在其哺乳区与活动区辅以红外线加热灯，以保证温差不超过 2℃。

②严禁冲栏，只能铲扫粪便，确保干燥。

③做好窝猪社群环境管理。按仔猪大小、强弱认真固定好乳头（产后 6 小时内）；做好仔猪吃奶（吃料）、休息、排泄的定位训练。

④防贼风，舍内空气流速控制在 0.2 米 / 秒左右。

（3）日常管理福利。

①分娩前的准备。母猪妊娠期平均 114 天，部分母猪还没有到预产期也可

能会分娩，因此，要特别注意观察预产期前 3 天的母猪，并做好产前准备。

准备工作：检查母猪耳号，核对母猪卡，按母猪预产期早晚顺序排列母猪；准备好保温箱，安装并开启保温灯，并在临产前 2 小时开始预热保温箱；将母猪臀部、外阴和乳房用清水擦洗干净，并用配制好的消毒液消毒；在保温箱及母猪臀部铺好麻袋，准备好接生工具，包括接产布、碘酒、细线、止血钳、剪刀钳、耳号钳等，安装好保温箱和电热板。接产用具、饲料车、铲子等用碘酒消毒（浓度为 1∶500）。

②接产程序。

a. 母猪产出小猪后，接产员先用洁净毛巾擦净小猪口鼻中的黏液，然后在小猪身上涂抹接生粉，减少小猪体能损耗；结扎、剪断脐带（肚脐到结扎线 3 厘米，结扎线到断端 1 厘米），用碘酒消毒脐带及肚脐周围；把小猪放入保温箱内，待仔猪能站稳活动时马上辅助其吃 50 ~ 100 毫升的初乳；如产床粗糙，应在小猪身上干燥后在其四肢贴上胶布。仔猪清理见图 3-15-1。

b. 给仔猪剪牙、断脐、断尾。断面用碘酒消毒。处理完的仔猪应人工辅助使其尽快吃上初乳，并放在保温箱内取暖。

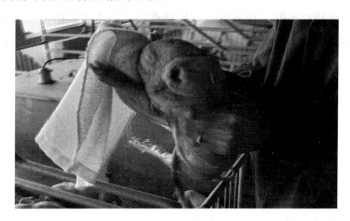

图 3-15-1　清理干净仔猪

c. 健康的母猪能正常分娩，若年老、瘦弱或过肥的母猪生产时可能会出现难产，正常分娩第一头仔猪要 30 分，以后每头仔猪产出在 20 分内，总时长大约 3 小时，分娩的时候仔猪从左右子宫交替产出。

d. 在接产过程中，接生员应注意观察母猪的呼吸有没有异常、是否正常产仔等，如有异常，应及时采取有效措施。

e. 母猪完全产仔以后，在正常的情况下，会在 3 小时内排完仔猪胎衣，若

3小时以后没有完全排出胎衣，应及时对母猪进行治疗，如注射催产素等药物，并认真观察母猪所排放的胎衣数量，确保将胎衣完全排出。

f. 在母猪产后，及时给予护理（如加糖钙片，以及注射抗生素预防感染）。有炎症感染的母猪，要及时治疗，见图3-15-2。

图3-15-2　有炎症感染的母猪要及时治疗

③助产程序。

a. 判断：母猪产仔时，小猪体表黏液少或带粪、带血；母猪眼结膜红，努责吃力但无仔猪产出；有死胎产出；产仔间隔时间30分以上，可判定为难产。

b. 母猪难产时，可采取以下助产程序：将手（手指甲要剪短）及胳膊洗净和消毒，涂上润滑剂或戴上手套，以免对母猪造成伤害（图3-15-3）；五指并拢，手心朝母猪腹部，手要随着母猪的阵缩而缓慢深入，动作要温柔，且不可用力过猛，以免对母猪生殖道造成伤害（图3-15-4）；当手接触到仔猪时，要随母猪子宫和产道的阵缩顺产道慢慢地将仔猪拉出；仔猪胎位不正时，可矫正胎位，再让其自然产出，如果两头小猪同时阻塞于产道，可将一头推入子宫内，拉出另一头；可抓住仔猪的牙、眼眶、耳洞、腿部关节等处拉，也可借助助产工具；辨认假死仔猪，如有心跳、脐带搏动，应及时抢救（图3-15-5）；要及时清理死胎、胎衣（图3-15-6）。

图3-15-3　助产前手臂要彻底消毒

图 3-15-4　手臂缓慢进入

图 3-15-5　对假死仔猪要急救

图 3-15-6　要及时清理死胎、胎衣

c.助产时注意事项：当母猪产仔太慢时，可谨慎使用催产素。每次注射的用量不超过 2 毫升，在 30 分内不得再次使用，而且一头母猪注射催产素不能超过 2 次。也可使用按摩母猪乳房的方法使母猪自然分泌催产素。给母猪注射催产素之前要检查子宫颈是否已打开，助产人员的手及器械要消毒。用催产素会收缩子宫肌，如子宫颈有小猪或子宫颈未张开，会造成子宫破裂，母猪死亡。

（4）仔猪处理。新生仔猪的常规处理包括脐带结扎、断尾、打耳号（或做标记）和补铁等。

①脐带结扎。结扎每头仔猪的脐带，留 2 厘米剪断，用碘酒或甲紫消毒（脐带及其周围）。

②断尾。断尾一般留 1/3，断口用碘酒消毒。

③补铁。初生仔猪在 3 ~ 5 日龄补铁，注射部位在颈部。

④护膝。产床床面粗糙时应在仔猪膝关节下部贴胶布，以防止膝盖受伤而引发关节炎、跛脚。胶布应能覆盖膝关节及趾关节之间的部分，胶布绕腿 3/4 为宜。

⑤去势。5~7 日龄阉割非种用公猪，阉割器械酒精消毒、伤口碘酒消毒。

⑥药物保健。仔猪出生第 3 天、第 7 天以及断奶前 1 天注射抗生素，防止胃肠道和呼吸道疾病。见图 3-15-7。

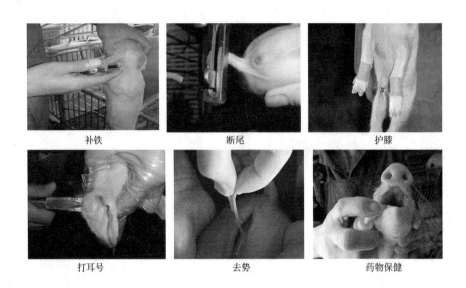

| 补铁 | 断尾 | 护膝 |
| 打耳号 | 去势 | 药物保健 |

图 3-15-7　新生仔猪的处理

保证仔猪出生后 1 小时内吃上初乳，产后 6 小时内固定好乳头。随时注意保温措施，按环境管理要求落实。及时发现问题及时解决，在防低温同时防局部过热应激。随时注意母猪哺乳与仔猪吃奶的状况，避免应激，保证仔猪尽量多吃奶，特别是产后 18 小时内的初乳。6~7 日龄，将"仿生猪奶"等仿母猪乳产品 20~30 克洒在碎粒的教槽料上，诱促仔猪采食，视采食量逐日增多。免疫工作不可忽略，对伪狂犬病感染严重的猪场，1~3 日龄要滴鼻；对喘气病严重的猪场要做好支原体疫苗的免疫接种；14 日龄要做好圆环病毒疫苗的接种，21 日龄猪瘟疫苗的免疫不可忽略。必要时做好寄生工作，做好定位训练。

第二节
保育仔猪的高效饲养管理技术

保育期一般是从 21 日龄断奶，到 70 日龄，体重 25~30 千克期间的饲养。近年来，仔猪断奶成了养猪过程中的重中之重，原因是断奶仔猪本身的特殊性和现代饲养管理模式不协调。出现的后果包括仔猪断奶后腹泻及断奶后生长停滞，另外此时期还是呼吸道病多发时期，工作稍有疏漏会给养猪场造成相当大的损失。解决好断奶仔猪问题，是每一个养猪场饲养管理的关键。

1. 目标管理

（1）目标。

①无腹泻等断奶应激。

② 21 日龄断奶后 1 周日均增重 ≥ 150 克，28 日龄断奶后 1 周日均增重 ≥ 200 克。

③ 70 日龄体重 ≥ 27 千克；个体重均差 ≤ 2 千克。

④断奶 70 日龄育成率 ≥ 98%；基本无僵猪、伤残猪。

（2）检测。

①饲料的过渡，防止营养落差。

②转群应激的预防。

③猪呼吸道疾病的健康。

2. 保育仔猪的营养需求

（1）断奶仔猪的营养要求。饲料主要营养成分建议为：消化能 14~14.5 兆焦/千克，粗蛋白质 17%~19%，可消化赖氨酸 1.1%~1.3%，可消化苏氨酸 0.68%~0.76%，可消化蛋氨酸 + 胱氨酸 0.62%~0.7%，可消化色氨酸 0.19%~0.21%，钙 0.7%~0.75%，有效磷 0.4%~0.45%，食盐 0.3%。

（2）给料方式。在良好管理操作下，仔猪在哺乳阶段（21 天）大都会采食 200~350 克的固体饲料，但仍处于由液体饲料（母乳）向完全采食固体饲料的过渡时期，因此，采取断奶后 3~5 天的液体供料方式，实践证明对克服仔猪断奶后应激反应是有益的。具体操作建议：于断奶当天用"仿生猪奶"等仿母乳产品按要求稀释后放入料槽内让仔猪直接饮用，日喂5次；第2天至第5天，将优质仔猪料继续用更大稀释比例的"仿生猪奶"或温开水稀释成稀粥状饲喂，逐日变稠至粒料。

（3）注意事项。仔猪料中建议使用消化性高、适口性佳、水溶性好、少抗营养因素的原料，如乳制品、酶解大豆蛋白、膨化玉米等。不建议在仔猪料中使用高锌和大剂量多品种抗生素，提倡使用益生素、酶制剂、酸化剂、植物提取物等。

3. 保育仔猪的健康管理

（1）检查方式及工具。肉眼观察，用体温计或红外线测温仪进行测量。猪的正常体温为38～39.3℃（直肠温度）。不同年龄的猪体温略有差别，保育猪一般为39.0℃；一般傍晚猪的正常体温比上午猪的正常体温高0.5℃。

（2）检查内容。检查猪的毛色、采食状况、排泄物（粪便、尿液）、呼吸症状、行走姿势、唇鼻等是否正常。

①看毛色。健康猪皮毛光滑，皮肤有弹性，若皮毛干枯，粗乱无光，则是营养不良或病猪。健康猪的皮肤干净，毛色发亮，具有弹性。若皮肤表面发生肿胀、溃疡、小结节，多处出现红斑，特别是出现针尖大小的出血点，指压不褪色时为病态。

②看食欲。健康的猪食欲旺盛，如食欲突然减退，吃食习惯反常，甚至停食，是病态表现，若食欲减少，喜欢饮水，则多为热性病。

③看眼睛。健康猪两眼明亮有神，病猪眼睛无神，有泪带眼屎，眼结膜充血潮红。

④看鼻液。无病的猪鼻没有鼻液。有病的猪鼻流清涕，多为风寒感冒；鼻涕黏稠是肺部发热的表现；鼻液含泡沫，是患有肺水肿或慢性支气管炎等疾病。

⑤看鼻突。鼻吻突清亮、光洁、湿润为无病猪，若干燥或皲裂，多是高热和严重脱水的表现。

⑥看粪便。健康猪粪便柔软湿润，呈圆锥状，没有特殊气味。若粪便干燥、硬固、量少，多为热性病；粪便稀薄如水或呈稀泥状，排粪次数明显增多，或大便失禁，多为肠炎、肠道寄生虫感染；仔猪排出灰白色、灰黄色或黄绿色水样粪便并带腥臭味，为仔猪白痢。

⑦看尿液。健康猪尿液无色透明，无异常气味，病猪尿液少且黄稠。

⑧看睡姿、听叫声。健康猪一般是侧睡，肌肉松弛，呼吸节奏均匀。病猪常常整个身体贴在地上，疲倦不堪地俯睡，如果呼吸困难，还会像狗一样坐着。健康的猪叫声清脆，病猪则叫声嘶哑、哀鸣。

⑨测体温。健康猪体温一般是 38 ~ 39.3℃；体温过高，多系传染病，过低则可能营养不良、贫血、患寄生虫病或濒死。

（3）保健措施。

①做好免疫接种。高质量初乳抗体得到保护，避免了哺乳期对仔猪做过多的免疫接种。21 日龄断奶后的保育阶段，做好伪狂犬疫苗的二免以及其他必须免疫疫苗的首免，加强免疫是断奶仔猪保健福利的重要事项。一般 21 ~ 25 日龄首免猪瘟，50 ~ 60 日龄二免；35 ~ 40 日龄接种免疫伪狂犬病；65 ~ 70 日龄口蹄疫首免，95 ~ 100 日龄口蹄疫二免。

②接种时，可能发生超敏反应，尤其是猪瘟疫苗的接种，因此要备好肾上腺素针剂，剂量为 0.1% 肾上腺素注射液 0.5 ~ 1.0 毫升，最好心内注射（需资深兽医操作），亦可肌内注射。

③其他病种的免疫接种应视各场自身疫病流行情况而定。如果一定要用肺炎支原体疫苗、胸膜肺炎放线杆菌疫苗，那么它们之间以及它们与其他疫苗之间的接种间隔时间应不少于 14 天。

④在有疫情的猪场，断奶前后 1 周，可在饮水中加入阿莫西林或多西环素或替米考星预防。

⑤及时治疗病猪或僵猪，保证均匀度。无治疗价值的仔猪于夜间做无害化处理。

4. 保育仔猪的日常管理

（1）日常工作计划。

08：00 ~ 08：15 消毒、换工作服入生产区。

08：15 ~ 08：30 检查设备设施并做好记录。

08：30 ~ 08：50 做猪的健康检查，并做好记录。

08：50 ~ 09：30 饲喂。

09：30 ~ 10：30 清理卫生、换水。

10：30 ~ 11：00 治疗发病的猪、接种疫苗。

11：00～12：00 接收断奶猪或转群等。

12：00～13：30 休息。

13：30～14：30 饲喂。

14：30～15：30 清理卫生。

15：30～16：00 消毒。

16：00～17：00 治疗发病的猪，其他工作。

17：00～17：30 填写报表，处理死淘猪。

（2）环境控制。

①温度：断奶后（21 日龄）1 周内，栏舍内板温度（仔猪腹部实感温度）仍应保持在 28～30℃（比产房保温箱高 2℃左右），1 周后可为 25～27℃。

②保育舍实行小单元"全进全出"，转栏后常规清洁，消毒并空栏 1 周。

③应有独立饮水系统，便于添加药物，水溶性维生素、电解质等。饮水器宜每栏（10～15 头）安装 2 个，其中一个高度为 26～28 厘米（安装为可调卸式，10 天后调高至另一饮水器高度），另一饮水器安装高度为 36～38 厘米，饮水器安装向下倾斜约 15° 以方便其咬饮。

④保证足够的食槽，每头仔猪 1 个槽位，槽位宽 15 厘米。

⑤适时通风换气，防贼风、蚊、蝇危害。

（3）日常工作管理要点。

①转猪前准备。猪舍消毒：清洁猪舍及各种饲养工具，待猪舍干燥后在整个猪舍喷洒消毒液，并在仔猪入舍前空置 7 天。生产设备检修：饮水线，检查供水设备是否处于正常使用状态，水流量控制 0.5～1 升 / 分。料线：检查料线是否处于正常使用状态。保温通风降温设施：检查保温通风降设施如地暖、锅炉、水帘等控温设备是否处于能用状态。生产用具等：检查猪舍生产用具及照明设施如铁铲、电灯等是否有损坏，若有损坏应及时进行维修，维修损坏的猪舍，如墙体、地、门窗等。时间安排：按照生产计划，提前通知接收方人员，落实好进猪数量，转猪时避开恶劣天气。准备保健药物。见图 3-15-8。

②进猪管理工作。断奶时待母猪移走后迅速将仔猪转群到保育舍。提倡使用有透气孔的封闭转猪笼，移猪时用双手托住腹部抱移，并轻放至笼内（严禁手倒提或粗鲁地丢抛仔猪等行为），平稳缓慢地推拉转猪车，至保育舍后用同样的方法抱移仔猪至栏内。合理分群。必须按照"全进全出"的模式进行饲养管理，进入同一个猪舍的猪日龄不应该超过 7 天；大小分开，公母分群；将不

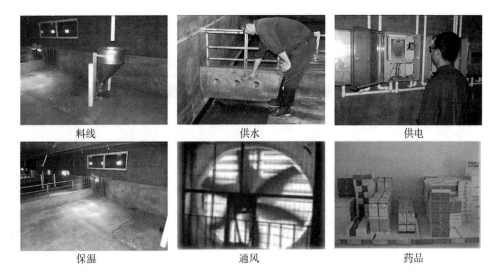

料线　　　　　　　　　　供水　　　　　　　　　　供电

保温　　　　　　　　　　通风　　　　　　　　　　药品

图 3-15-8　进猪前要做好准备工作

会采食的猪与会采食的猪分开；将健康的猪与不健康的猪分开。饲养密度不能低于 0.3 头 / 米^2。猪三点定位调教："饮水"，用木屑或棉花将饮水器撑开，使其有小量流水，诱导猪饮水。"采食"，保证食槽有新鲜饲料，自由采食。"排便"，是"三点定位"中最重要的一点，猪进栏后，栏舍一定要保持干净卫生，若有猪在采食或睡觉的地方排便，要立即清扫干净，使用人工辅助调教，强制驱赶到指定的地方排便，直到调教好为止。

　　另外，执行自由采食，并保证有足够的料位（一猪一料位）。这与生长猪自由采食时只需要约 1/3 料位不同，断奶仔猪早期有同时采食行为。原窝培育或合理并群，每栏 10 ～ 15 头。可在栏内给予少量干净稻草供其咀嚼尝玩，给予小铁球、铁链以玩耍，满足其探奇心理，减少互咬等异常行为。提倡原窝保育，以减少并栏应激。必须并栏时，宜在夜间进行。保持干燥，尽量减少甚至杜绝地板的冲洗。

第三节
生长肥育猪的高效饲养管理技术

1. 目标管理

（1）目标。

① 25 ~ 100 千克（下同）出栏育成率≥ 99%。

②日均增重≥ 800 克。

③饲养天数≤ 95 天。

④料重比≤ 2.7∶1。

（2）检测。

①残次率。残次有时造成的损失比猪死亡还要大，所以要及时淘汰无价值的猪。

②出栏时间和料肉比。出栏延长 1 天，一头猪多消耗饲料 3 千克。因此，对每一批猪都要进行检测和分析，做到合理的成本控制。

2. 生长肥育猪的营养需求

在营养上，一定要满足猪各阶段的营养需求，才能获得好的饲料效率，建议生长肥育猪的饲粮主要营养成分如表 3-15-1 所示。

表 3-15-1　生长肥育猪建议的主要营养成分

营养指标	小猪 （25 ~ 40 千克）	中猪 （41 ~ 70 千克）	大猪 （71 ~ 100 千克）
粗蛋白质	≤ 17%	≤ 16%	≤ 14%
消化能（兆焦 / 千克）	≥ 14	≥ 14	≥ 13.8
可消化赖氨酸	≥ 0.9%	≥ 0.8%	≥ 0.7%
可消化苏氨酸	≥ 0.6%	≥ 0.52%	≥ 0.45%
可消化蛋氨酸 + 胱氨酸	≥ 0.54%	≥ 0.48%	≥ 0.42%
可消化色氨酸	≥ 0.16%	≥ 0.14%	≥ 0.12%

营养指标	小猪 （25~40千克）	中猪 （41~70千克）	大猪 （71~100千克）
钙	0.7%	0.7%	0.6%
有效磷	0.4%	0.35%	0.30%

3. 生长肥育猪的健康管理

（1）健康检查。参照保育猪。

（2）保健措施。添加复合酶制剂、中草药免疫剂等以提高其免疫力与饲料转化率，充分挖掘生产潜力。不用违禁添加剂。

4. 生长肥育猪的日常管理要点

（1）日常工作计划。

08：00~08：15消毒、换工作服进入生产区。

08：15~08：30检查设备设施并做好记录。

08：30~08：50给猪做健康检查，并做记录。

08：50~09：30饲喂。

09：30~10：30清理卫生，换水。

10：30~11：00治疗发病的猪，接种疫苗。

11：00~12：00接收保育猪或销售肥猪等工作。

12：00~13：30休息。

13：30~14：30饲喂。

14：30~15：30清理卫生。

15：30~16：00消毒。

16：00~17：00治疗发病的猪，其他工作。

17：00~17：30填写报表，处理死淘猪。

（2）环境福利。

①舍温以15~25℃为宜，重点放在防热应激影响上。可采取植树、房顶喷水、室内喷雾、纵向排风机、湿帘等方式。

②合理密度。漏缝地板猪栏每头0.8~1.0米^2，地坪猪栏每头1.0~1.2米^2，

每栏 10 ~ 20 头。

③由于排粪尿量大，舍内有害气体浓度易超标，除注意通风外，可在日粮中添加丝兰属植物提取物。

④可在日粮中添加杀灭蝇蛆类的产品，以减少苍蝇危害（猪场保持环境整洁，及时清粪、采用沼气等可有效减少苍蝇滋生）。

⑤每季度灭鼠 1 次。

（3）日常管理要点。

①转猪前准备（参照保育舍）。

②进猪管理。通过驱赶仔猪经过赶猪道或用运猪车把仔猪从保育区移入育成区。同一猪舍猪的日龄相差不应超过 7 天。转入的猪应符合以下要求：猪体重大于 20 千克、低于 20 千克的应做次品处理；猪健康、活泼、无病弱残现象。按照猪性别、体重合理组群。猪分栏后注意观察，如果打斗激烈，用玩具如链子等分散它们的注意力。把病猪、弱猪挑出来，在病猪栏单独隔离饲养。猪进入育成区后连续 3 天饮水添加电解多维。

③自由采食，必须设置料槽，料位按 1/3 日常存栏猪设计。

④每天用超低容量喷雾器喷雾 1 ~ 2 次，以减少舍内尘埃。

第四篇

猪场治未病

　　中医经典名著《黄帝内经》中全面总结了先秦时期的养生经验，明确指出了"圣人不治已病治未病，不治已乱治未乱，此之谓也。夫病已成而后药之，乱已成而后治之，譬犹渴而穿井，斗而铸锥，不亦晚乎"这一养生观点。更提示我们对于疾病要防患于未然，防重于治。

　　中国式猪场疫病防控的根本解决之道：动物疫病，守之以人；疫病日繁，守之以简；病原易变，守之以常。

第十六章
"双疫"导致养猪业的困境与近年来猪病诊断回顾

在2018~2019年非洲猪瘟袭击我国生猪养殖产业之后，我国许多生猪养殖企业的存栏量都有明显的下降。近两年，通过采取科学可靠的防控手段，落实严格的生物安全措施以及高强度、高效的检测与监测手段，非洲猪瘟等各种猪传染病的流行率有所下降。经过非洲猪瘟疫情之后，我国各地区生猪养殖企业的生物安全理念都发生了重大变化。编者对近两年的重要猪病流行情况进行了深入的剖析和探究，同时对未来的流行情况进行了分析与预测，并在此基础之上，对今后如何高效、科学开展猪病防控总结出了综合性的措施。

第一节
猪病流行的原因及主要疫病

随着法律法规的不断完善，检测条件与检测水平的不断提高，兽医技术人员对疫病的认识不断加深，猪病防控水平得到不断提高，促进了养猪业的健康发展。近几年，除非洲猪瘟外，我国猪病总体平稳，但2021年发病情况较2020年相对严重且更复杂，局部地区、部分猪场，某些疫病疫情依然较为严重。

1. 猪场疫病流行的主要因素

猪场防控意识有所放松，思想上有所麻痹，生物安全、饲养管理和预防保健等工作有所松懈。在高额利润的诱惑下，猪场复产、补栏、二次育肥积极性高涨，导致养殖密度增加、种猪和仔猪流动频繁；不同来源猪混群、隔离驯化未做到位，导致猪群多个病原谱共存。自然或人工缺失毒株的使用、病毒的变异和重组、弱毒疫苗高频次使用，疫病临床症状与病理变化复杂化、非典型化，给疾病诊断与防控带来难度。

因蓝耳病等免疫抑制疾病感染严重和霉变饲料的使用，导致病原之间互相作用，出现亚健康猪群，多病原共感染现象增多。现代集约化饲养模式违背猪的生物学和行为学特性，饲料营养平衡度不够科学，饲料软度不够。不科学的消毒、疫苗注射、抗生素保健，更是对猪造成伤害。猪场复合型人才缺乏，专业知识不扎实，没有疫病防控的系统思维及适合场情的个性化防控方案。

基层兽医力量薄弱，存在检疫、监管不严，病死猪无害化处理不规范等诸多问题。随着诊断水平的提高，发现疾病的能力提升，疾病种类相对增加。

2. 2021年猪场主要流行的疫病

（1）非洲猪瘟。非洲猪瘟仍是我国养猪业头号威胁。自2018年8月在经历非洲猪瘟疫情的发生和快速流行之后，我国总体的生猪养殖规模出现急剧下滑，通过采取科学可靠的防控手段，落实严格的生物安全措施以及高强度、高效的检测与监测手段，非洲猪瘟的流行率有所下降。2021年我国共发生非洲猪瘟疫情11起，涉及我国7个省（市）。与2020年18起非洲猪瘟疫情相比，

2021年的非洲猪瘟疫情流行率以及强度均有所下降。从疫情发生的规模来看，存栏100头以下、100~500头、500~1 000头、1 000头以上的猪场分别发生60起、88起、13起、31起；从发病率来看，发病率最高的是存栏量小于100头的猪场，高达34.89%；病死率方面，100~500头存栏量的猪场病死率最高，高达81.88%。不同规模猪场非洲猪瘟疫情发生情况见图4-16-1。

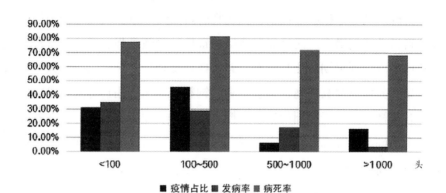

图4-16-1　不同规模猪场非洲猪瘟疫情发生情况

从非洲猪瘟传播途径来分析，2018~2021年，传播途径有较大的变化。非洲猪瘟传播途径由生猪及产品和餐厨剩余物两条传播链变为以生猪及产品为主的单传播链（图4-16-2）。从当前情况分析得知，我国仍然需要进一步限制生猪以及产品的调运。

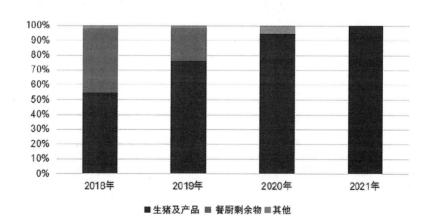

图4-16-2　非洲猪瘟传播途径变化

从不同发病组合的养殖场来看，种猪、育肥猪以及仔猪三者混合发病率最高，占比高达 37.11%；其次为"仅种猪发病"，占比高达 23.11%。因此，进一步加强对引种和饲养种猪过程的相关管理，有着重大的防控意义和价值。从生物学特性来看，在基因 II 型低毒流行的背景之下，2021 年我国报道已经出现了非洲猪瘟基因 I 型毒株，两种毒株有较强的隐蔽性和传播能力。

2021 年，除了非洲猪瘟病毒自然野毒的传播与流行以外，还必须面对一个事实：非洲猪瘟病毒弱毒株的污染与传播，是非洲猪瘟防控中面临的新的问题。感染猪群呈现临床症状不典型、发病晚的特点，严重影响母猪繁殖性能，生长育肥猪慢性病例增多。而且非洲猪瘟弱毒株的隐蔽性强、感染猪排毒不规律，养殖场难以做到早期监测与检测，其传播范围较广、污染面也较大（包括猪、屠宰场、养殖场及其环境、运输工具、饲料、饮水、用具等的污染），其危害性不容忽视，不利于非洲猪瘟的防控和根除。非洲猪瘟强弱毒株在各方面的特点完全不同于强毒株野毒株引发的非洲猪瘟。非洲猪瘟强毒株和弱毒株的差异对比见表 4-16-1。

表 4-16-1　非洲猪瘟强毒株和弱毒株的差异对比

差异性	非洲猪瘟（强毒）	类非洲猪瘟（弱毒）
病毒基因结构	基因组完整	MGF 缺失、CD2v 缺失、多位
症状	非常典型：不食、精神沉郁、体温高、呼吸困难、皮肤出血、便血	无症状或非典型症状：不食，皮肤轻微发红，发绀，坏死溃疡，脚痛，关节炎肿，呼吸重，腹泻，繁殖障碍流产
病变	各器官出血、脾脏肿大	各器官出血和脾脏肿大不明显
死亡率	高：30%～100%	低：常小于 25%
带毒部位	明显：粪便，所有器官	隐秘：脾脏、淋巴结
排毒	连续、量大、时间长	间断、量小、有窗口期
检测难度	容易	困难，猪群阴性、环境阳性
传入方式	多种	多种，引入无症状带毒后备猪
传播方式	各种	各种，风扇气溶胶
污染面	小	大
检查面	检查面可缩窄	全面普检普查（含环境）
防控手段	生物安全和全面消毒	另需可靠消毒药；消毒方案升级；操作方案简单化、可视化

　　我国非洲猪瘟疫情形势总体较为严峻，疫源污染仍将呈现点多、面广、感染强度较高的状态；弱毒流行仍处于高风险状态；临床症状多样性更加明显；流行毒株仍将呈现多样化特点。目前存在的主要问题：养殖成本高的现象短期内仍然难以逆转；超大型养殖场养殖量大，生物安全存在巨大隐患；需防范基因Ⅱ型非洲猪瘟的流行和扩散。

　　（2）猪繁殖与呼吸综合征。2021年，猪繁殖与呼吸综合征（蓝耳病）疫情呈平稳态势，以地方流行性的临床疫情为主，无大规模暴发和严重疫情发生。猪繁殖与呼吸综合征减毒活疫苗的使用频度进一步降低，有不少养殖企业停止了减毒活疫苗免疫，特别是种猪企业实施闭群饲养和不引种的策略，猪繁殖与呼吸综合征趋于更加稳定，猪群中猪繁殖与呼吸综合征病毒的感染率呈现下降态势。但也有一些养殖企业因购进不同来源的种猪或仔猪，进行混群饲养，造成了猪繁殖与呼吸综合征感染情况不稳定，临床表现以母猪的散发性流产、产死胎和弱仔增多等繁殖障碍和保育猪的呼吸道疾病为主。中国农业大学杨汉春教授对全国21个地区（省、市）202个猪场的6 837份血清样品进行了猪繁殖与呼吸综合征病毒（PRRSV）抗体监测。结果显示，PRRSV抗体总阳性率为73.75%；猪场阳性率为84.16%（170/202）；阴性猪场32个，占监测猪场的15.84%（32/202）。与之前相比，猪场PRRSV抗体阳性率呈现下降趋势，而且阴性猪场数量显著增加。

　　2020年，利用反转录聚合酶链反应技术对临床样本的PRRSV检测结果显示，ORF7基因阳性率为10.86%（154/1 418）。与2019年相比，临床样本中的PRRSV阳性检出率显著下降（见图4-16-3）。

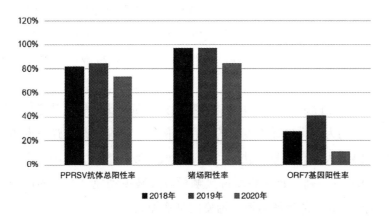

图4-16-3　2018～2020年猪繁殖与呼吸综合征感染状况监测结果

华南农业大学王修武教授对广东省猪繁殖与呼吸综合征流行情况进行检测发现，PRRSV 在广东省具有较高的感染率。

非洲猪瘟的流行导致养殖场（户）清群和清场，可能会使我国猪繁殖与呼吸综合征病毒毒株类型、多样性、分布等生态特点发生改变，有必要持续开展猪繁殖与呼吸综合征病毒的监测，免疫程序的系统改变和猪繁殖与呼吸综合征新毒株疫苗的研发、储备使用也应提前规划。

（3）产房仔猪腹泻综合征。近两年产房仔猪腹泻的原因仍以猪流行性腹泻病毒（PEDV）为主，但轮状病毒在猪场的检出率有所提高，母猪健康度低依然是诱发产房仔猪腹泻的主要因素，引起仔猪腹泻的病因更加复杂、更加综合，流行风险较高。PEDV 仍然以 G2 分支（S 基因）为主，从猪群流行率、发病率和死亡率的情况来看，猪流行性腹泻（PED）疫苗的临床效果并不明显，能否激活黏膜免疫使乳汁中有高水平分泌型免疫球蛋白是评价免疫模式的关键指标。

（4）其他重要疾病。

①猪瘟。近两年，猪瘟疫苗使用情况较好，从辽宁地区四季度抽检的 1 922 份样本来看，总体阳性率为 0.73%，猪瘟在临床呈散发现象。

②猪伪狂犬病（PR）。猪伪狂犬病没有大面积暴发和流行，主要呈散发和地方性流行，多为潜伏感染，但 gE 抗体阳性率有所提高，野毒依然广泛存在。流行毒株仍然以变异株为主。不同猪场野毒感染程度、不同生长阶段感染率、发病率等存在较大差异。从猪伪狂犬病疫苗的使用情况来看，总体效果较好，差异不是很明显。

③猪圆环病毒 2 型（PCV2）。猪圆环病毒 2 型疫情趋于平稳状态，但 PCV2 阴性猪并不多见，临床中常造成机体免疫抑制，与其他病原体共同感染或继发感染，其隐形损失不可忽视。流行以 2d 亚型和 2a 亚型占多数，2b 亚型也有流行。

④猪口蹄疫（FMD）。FMD 发病率和病猪心肌炎比例呈上升趋势，发病猪群以非免疫猪场为主，口蹄疫疫苗的使用比例低、强度小是口蹄疫发生的主要风险因素。FMD 发病传播速度快，可以通过气溶胶传播，大栏内猪之间的接触可以加速 FMD 的传播，感染猪直接接触可以突破主动免疫产生的保护力，导致集约化饲养方式下的猪场防控口蹄疫的难度加大。

⑤塞内卡病毒（SVA）。呈局部感染，最新研究报告显示 SVA 可以跨宿主

传播到牛，这是一个危险的信号，尤其是在牛和猪混养的地区。猪急性腹泻综合征传播范围局限在广东省和福建省，需要注意其扩散和严重发病。

⑥细菌性疫病。细菌性疫病的发生和流行，与猪场病毒性疾病严重程度、应激的发生、环境控制、饲料营养等多种因素直接相关，不同猪场细菌性疫病的发生情况差异很大。多因素互相作用的猪呼吸道疾病综合征、猪传染性胸膜肺炎、猪支原体肺炎、猪副嗜血杆菌病、猪链球菌病仍然是感染猪场的主要细菌疾病，河南省豫北六市猪副嗜血杆菌检测阳性率为54%，上海种猪场链球菌阳性率为58.11%，其中以1型、2型、7型猪链球菌为主。

⑦普遍存在混合感染。在当前畜牧生产的过程中，养猪企业面临的疫病除病毒性疾病外，仍然需要加强对链球菌、猪副嗜血杆菌以及胸膜放线杆菌等常规性细菌性疾病与病毒性疾病的混合感染防控，尤其是在当前禁抗、限抗的大环境之下，各地区的细菌性疾病发生率相对政策实施之前均有所反弹。

第二节
从一线猪病诊疗中对有关问题的思考

从生产实践中我们对猪病的防控有了更清楚的认知。一是生物安全是猪病防控的首要任务，但是我们也要根据实际情况及时进行调整，真正做到有效、易操作、可持续。二是对于内源性传染病，阻止或减少种猪的排毒是我们的首要目标，因此除了必要的疫苗免疫外，提升机体非特异性免疫力的益生菌、保健中药等产品还是值得推广的。

1. 非洲猪瘟可防可控，但仍然存在许多误区

（1）南方疫情并非雨水的污染和传播。通过对一些疑似病例的调查，我们发现许多猪场包括一些集团公司对饲料污染问题没有引起足够的重视。其实南方雨季疫情多发的真正原因并不是雨水的污染和传播，而是一些饲料加工厂在同时加工水产饲料(或家禽饲料)和猪饲料过程中，由于饲料加工设备的污染，把水产饲料（或家禽饲料）使用的猪血浆蛋白粉或血球蛋白粉中可能残留的病毒无意传递到了猪饲料中。

（2）忽视对淘汰母猪销售过程的防疫监管。通过对一些疑似病例的调查，

我们发现一些猪场对肥猪的销售管理非常严格甚至过度，但是忽视了对淘汰母猪销售过程的防疫监管。往往在母猪饲养区域另开了一个销售通道，而且对这个通道的防疫管理常常是缺失的。更为可怕的是，装运淘汰母猪的车辆上可能已经装上了其他猪场的淘汰猪。这是一些猪场母猪首先发病的重要原因。

（3）猪场对生产区人员管控过度。通过对一些疑似病例的调查，我们发现一些猪场由于对猪场生产区人员的过度管控（频繁洗澡和对食品用消毒水浸泡），时间久后生产人员就会产生抵触情绪；使得许多防控措施没有真正落实到位，反而造成了防控的漏洞。

2. 蓝耳病等防控的重要性又被突显

在外源性疫病得到有效防控的情况下，蓝耳病等疫病防控的重要性又被突显出来；由于活疫苗和药物防控的效果不尽如人意，蓝耳病灭活疫苗又引起了大家的关注。随着基因检测技术的发展，蓝耳病弱毒疫苗与野毒株发生基因重组的证据愈来愈多，迫使大家去权衡使用活疫苗防控蓝耳病的利与弊。由于传统灭活疫苗不能产生细胞免疫的致命缺陷，使其在防控蓝耳病上基本无效；因此研发能够诱导细胞免疫功能的疫苗佐剂是各个疫苗公司的核心任务。据有关资料报道：已有灭活疫苗成功地帮助部分猪场实现了蓝耳病的免疫净化（抗原和 N 蛋白抗体阴性）。对于蓝耳病防控效果的评估也从传统的抗体检测发展到更直接和客观的病毒核酸检测：通过对脐带血中蓝耳病病毒核酸检测可以知道是否发生了胎盘垂直传播；通过对阉割液和刚断奶弱仔猪血液中病毒核酸的检测可以知道是否发生了母仔间的水平传播；通过对保育后期仔猪口腔液和育肥猪口腔液中病毒核酸的检测可以知道是否发生了保育舍或育肥舍病猪与健康猪间的水平传播。

3. 流行性腹泻持续发病或病毒核酸反复阳性

由于生物安全措施的严格落实，一些外源性传染病得到了有效控制。如猪流行性腹泻在中小猪场没有出现区域性大流行的现象，但在部分大型猪场或集团公司却存在流行性腹泻持续不断发病或病毒核酸检测呈反复阳性的状况。2022 年通过对这些猪场的流行病学调查发现，造成这种状况的原因主要有 3 种：后备种猪用流行性腹泻病毒进行返饲驯化，人为传播扩散野毒；现有的聚合酶链式反应检测方法无法区分弱毒和野毒，把疫苗毒误诊为野毒；已有研究证实，流行性腹泻病毒可以在猪粪中存活9个月，所以在水泡粪猪场受污染的猪粪是重大隐患。

4. 疫苗一针多防是趋势，但不可盲目

为了减少人与猪的接触机会，降低疫病传播风险和减少应激，疫苗的一针多防是发展趋势，但是一些未经科学验证的混合免疫已成为免疫失败的主要原因。在进行混合免疫前我们必须考虑这些事项：灭活苗与灭活苗的混合，佐剂是否相同，不同佐剂间是否会发生物理、化学反应；活苗与活苗的混合，不同活苗对稀释液的pH要求是否相同；支原体培养过程中残留的猪血清是否影响其他疫苗；灭活苗与活苗的混合，灭活苗中残留的灭活剂是否影响活苗，灭活苗佐剂的pH要求是否适合活苗；考虑母源抗体的干扰，不同疫苗的首免日龄是不一样的。

5. 母猪群亚健康现象的普遍存在，是猪场生产不稳定的重大隐患

母猪便秘、眼屎增多、毛孔铁锈色渗出物等现象在大部分猪场普遍存在，造成的原因也是多样的，如饲料霉菌毒素、经常添加药物、频繁带猪消毒、猪舍空气污浊等。母猪处于亚健康状态必然会出现免疫应答减弱，造成免疫失败、非特异性免疫力下降，造成低毒力病原体的感染发病、繁殖功能受损，母猪流产和死胎比例上升。

第三节
疫病的防控措施

猪病将在较长时期内依然复杂严峻，在局部地区和某些时段暴发，会引起重大损失。我国猪业生产的首要问题是疫病防控，生猪养殖企业在扩大规模和产能的同时，要时刻牢记生物安全理念，以防控好猪病为中心，坚持"提高生物安全体系和全方位综合防控"两个基本点，针对性和选择性使用上述多项疫病防控技术和措施。针对传染源方面，做好早期"拔牙"与分区分级、区块链管理，高效利用实验室诊断技术。针对传播途径，科学防疫，切断疫病传播途径。针对易感动物，科学关注猪群营养，改善居住环境，合理运用中草药保健，

提高机体的免疫力以稳定生产，达到猪场效益最大化。

1. 更新防控理念

疫病防控是一个系统工程，要有系统思维，要制订综合防控方案，包括营养方案、环控方案、生物安全方案、管理方案、免疫方案、驱虫方案、保健方案、预警方案等，不能只局限于某一个环节。疾病的发生与环境、饲料、饮水、应激、管理息息相关。比如，产房仔猪腹泻与母猪健康度关系很大，仔猪发生蓝耳病往往是因为母猪感染了蓝耳病，呼吸道疾病与管理不当造成黏膜损伤密切相关，猪链球菌病与皮肤屏障破坏关系很大。因此，仅靠疫苗、抗生素、消毒不仅不能完全防控疫病的发生，有时反而起反作用。"哪里有压迫，哪里就有反抗"，疫苗使用频次越高、消毒越频繁，病毒变异越快，变异、重组是病毒的"天性"，是它们的"生存方式"。变异的结果是毒力更强或更弱。如果病毒变强了，造成的损失很大；如果病毒变弱了，隐蔽性更强，对猪场危害依然不容忽视。因此，疫苗、消毒药减量化使用、科学使用对疾病控制利大于弊，希望通过加快疫苗研制步伐来应对新毒株更不现实。

猪价低迷时，有的猪场为了降低成本而盲目减少投入、降低原料质量、放松了管理，结果成为酝酿重大疫情的"温床"。降低养猪成本的根本是精细管理，要优化生产管理体系，简化生产管理流程，与提质、增效、防病相结合。

2. 回归养猪本质

养猪的本质是"养"，养猪要满足猪的生物学和行为学特性，提供适宜的温度、湿度、光照、空气、料水、营养，满足猪的生理需要、福利需要、维持需要、生长需要、繁殖需要、免疫需要、抗病需要，让猪吃好、喝好、呼吸好、住好、睡好、玩好、排便好，猪才能健康，才能病得少、死得少。要千方百计保护好猪的皮肤屏障和黏膜屏障，要采取一切措施提高肠道健康度，要尽可能减少或避免生产应激和环境应激。提高猪的健康度是防病的基础和前提。

3. 强化生物安全

生物安全永远是健康养猪最重要的措施。猪场生物安全包括将病原体堵截在猪场之外，防止猪场内的病原体向外扩散，控制猪场内部病原体的扩散和污染，避免将猪机体中常驻的微生物诱发为致病性等。生物安全是一条紧密连接的锁链，其中最弱的一环决定整个生物安全的水平。加强细节管理，绷紧生物安全之弦，坚持不懈落实生物安全措施对疫病的防控至关重要。

短时间内传染源和污染源难以彻底被清除，非洲猪瘟和其他疫病都将呈常态化。要构建科学合理的生物安全体系，成立生物安全专门团队，坚持脚踏实地落实和做好生物安全工作的各项措施，经常性地开展猪场生物安全自查、自评、自纠，及时填补漏洞和短板，全体员工提高警惕，加强防控意识，做细、做实、做到位。

严把引种关，做好后备猪的检疫、隔离、驯化和管理，及时、果断淘汰和无害化处理病猪、僵猪、弱猪、残猪是猪场非常重要但很容易被忽视的生物安全措施。

4. 政策执行到位

从当前的情况来看，生猪及其产品调运是非洲猪瘟等疫病的主要传播途径。严格落实产地检疫、屠宰环节官方兽医派驻和非洲猪瘟自检等相关制度，加大调运、无害化处理等环节的监管力度，强化闭环管理，是切断传播途径最主要的手段。及时规范处置疫情，持续开展非洲猪瘟包村包场的排查、重点区域和重点场所的经常性采样检测，开展无疫区和无疫小区的评估创建工作，有利于疫病区域化控制。

5. 重视人才培养

猪的发病率、死亡率与饲养管理水平有关，与疫病诊断水平和处置能力有关。因此，要加强对猪场员工的培训，加强复合型人才的培养，提高员工专业知识与技能水平、工作积极性和责任心，强化疫病防控意识和生物安全意识，提高制度执行力。

6. 建立预警体系

疾病防控存在着非常大的不确定性。构建猪病风险预警体系，经常性开展重大猪病及生物安全风险分析、评估和研判，落实各项应急预案和风险控制措施，将猪病风险降至最低。很多猪场经常采样检测，但没有科学的监测方案，不仅效率低下、费钱费力，还影响检测结果分析的准确性，反而贻误疾病控制时机。监测是摸清猪场疫病的本底、系统掌握猪场疫病发生与流行状况以及危害程度、评估免疫效果和猪群健康状况、协助健康管理的一种手段。因此，要制订科学的监测方案，监测结果要与猪群生产成绩、临床表现、流行病学、免疫程序等进行综合分析。

7. 重视 ASF 防控

基因 I 型非洲猪瘟病毒已入侵我国田间猪群，并可引起慢性感染发病。变异毒株的出现，使非洲猪瘟病毒隐蔽性更强，感染猪群呈现临床症状不典型、发病晚、排毒不规律的特点，母猪繁殖性能下降和生长育肥猪慢性病例增多，难以做到早期监测，其传播范围更广、污染面更大，今后还可能会出现不同基因型毒株的重组，防控和根除难度更大。因此，非洲猪瘟防控形势很复杂，任务很重，是猪场工作的重中之重。非洲猪瘟防控要素很多，特别强调以下 4 点：

①继续执行严格的生物安全措施，借鉴"铁桶模式"，采取一切措施将病毒堵截在猪场之外、猪舍之外、猪体之外，特别是减少引种、卖猪和购买饲料等物资的频次。建立缓冲和中转体系，强化网格化管理，加大对买猪卖猪相关人、车、物的消毒与监测，加大对进场快递的监控、消毒。

②经常性开展科学监测工作，特别是猪场环境样本（猪场周边道路、运输工具、出猪台 / 中转站、场区大门、生产区猪舍内环境）的检测和对猪采食情况观察，做到早发现、早处置。

③通过优化管理模式、改善养殖环境、提供精准营养方案、借鉴"奇昌模式""阳光猪场模式"，最大限度提高猪群健康度。

④在实施非洲猪瘟病毒感染猪"精准扑杀、定点清除"时，要防止病毒在猪场内扩散和传播，将疫情控制在最低程度与最小范围，以减少疫情造成的损失。对于清除的发病猪和感染猪及其污染物，应进行严格的无害化处理，禁止发病猪和感染猪进入屠宰、运输、销售等流通环节。

8. 重视猪蓝耳病防控

猪蓝耳病通过气溶胶、精液、接触等多途径传播，加之其病毒的不断变异、重组毒株毒力返强等问题使蓝耳病的防控形势依然不容乐观。相对非洲猪瘟而言，蓝耳病的防控要更复杂，难度也更大。猪蓝耳病防控要素很多，特别强调以下 4 点：

①加强引种检疫、隔离、驯化，结合生物安全措施和管理手段，将引进不

同毒株的概率降到最低，从而减少病毒重组和变异，保持猪场优势毒株不变。

②持续监控蓝耳病感染状态。密切关注猪群的异常表现，特别是采食量和饮水量、日增重等生产数据，保育、育肥猪群呼吸道症状，母猪群流产率和木乃伊胎比例，肺部、胸腺和淋巴结病变等。收集新生仔猪出生后断尾的尾巴、去势处理中的睾丸和脐带血进行检测，采集组织样品进行病理分析，监控和评估猪群蓝耳病感染动态。另外，需要监控 PRRSV1-4-4L1C 变异毒株。

③在使用疫苗防控猪蓝耳病时，猪场内只能使用一个毒株的弱毒疫苗，尽量减少疫苗的接种频次，不要随意加大疫苗接种剂量，免疫疫苗前必须对猪群状态（包括健康状况、抗原阴性还是阳性、抗体水平等）进行评估。

④在做好生物安全措施的基础上，使用芪板青颗粒等中药加强重胎母猪、断奶仔猪和猪混群期间的保健，减少各种生产应激和环境应激，对防控猪蓝耳病很有必要。

9. 重视产房仔猪腹泻防控

产房仔猪腹泻的多种病因加大了诊断和防控难度。产房仔猪腹泻防控要素很多，特别强调以下 4 点：

①通过临床症状、病理变化、流行病学和实验室检测进行准确诊断，并分析产房仔猪腹泻的主因、次因和诱因，是单一发生还是混合感染，不盲目处理。

②目前任何针对猪流行性腹泻的疫苗都不能取得理想效果，疫苗免疫的关键是有效刺激黏膜免疫，使乳汁中产生高水平的分泌型免疫球蛋白 A。因此，要结合本场实际采用科学的免疫模式。

③不管什么原因引起的产房仔猪腹泻，母猪健康度都是根本。使用茵栀解毒颗粒等中药对母猪保健，使用生物发酵饲料加强母猪妊娠期特别是妊娠 70 ~ 90 天的饲养管理，加强产房的环境控制，提高母猪肠道屏障功能和黏膜屏障功能，提高母猪健康度。

④如果采取返饲、处方疫苗等措施处理腹泻病例，一定要对本场技术力量、病料的安全性和有效性进行评估。

10. 重视猪口蹄疫（FMD）防控

猪口蹄疫病毒感染性和致病力强，毒株多，传播速度快，传染性强，极易继发或并发其他疾病，防控难度很大。猪口蹄疫防控要素很多，特别强调以下

3 点：

①疫苗免疫是目前预防 FMD 最有效的方法，但科学的免疫程序与规范的免疫操作非常关键。

② FMD 疫情风险点主要在活猪异地调运和免疫不完善的养猪场，尤其是猪经长途调运后风险更大。因此，加强出猪台的管理与消毒，加强买猪或卖猪前后车辆、人员、工具的消毒，加强营养以提高猪群非特异性免疫能力，尤为重要。

③需要关注与猪口蹄疫症状、传播途径类似的猪塞内卡病毒感染。

11. 重视猪伪狂犬病（PR）防控

不同毒株猪伪狂犬病病毒（PRV）毒力千差万别，PRV 的传播方式多样化，免疫猪群依然可以导致野毒感染，感染猪终身带毒，这些特点给 PR 的临床诊断与防控带来很大的困难。PR 的防控要素很多，特别强调以下 3 点：

①育肥猪排毒是导致猪场 PRV 循环和传播的重要原因。因此，跟踪 13 周龄以后育肥猪的 gE 和 gB 抗体水平，以判断猪场的感染压力，确定是否需要再次免疫，对防控 PR 很关键。

②猫和鼠类是携带 PRV 的主要媒介，猪场要做好灭鼠工作，禁止饲养狗、猫和禽类，严格控制野狗、野猫进入猪场。

③根据猪场感染情况和不同的控制目标，制定不同的免疫程序。

12. 重视其他猪病防控

从物种自身演化的趋势来看，任何一种病毒在没有重组的前提下，都有自身毒力逐步下降和与感染宿主持续共存的趋势，从而使自身物种得到长久延续。因此，猪瘟病毒、猪伪狂犬病病毒、猪圆环病病毒 2 型等已成为猪场常在的条件性致病病毒，这些病毒是否导致典型疾病及危害程度如何，取决于猪场的生产管理和猪群的抗病力。因此，重视猪群营养，加强精细化管理，使用生物发酵饲料，采用中药保健等多种方法提高猪群非特异性免疫力，可以减少甚至避免条件性致病的猪病。气溶胶是蓝耳病、支原体肺炎、流行性腹泻、口蹄疫等传染病的重要传播途径之一，猪场要结合猪舍的建筑结构、通风模式、生产模式做出合理设计，以减少气溶胶传播疾病的概率。

第十七章
读古吟今——漫话猪场疫病防控新理念

　　我国养猪产业的技术落后是一个不容回避的客观事实，落后的根本原因是产业内局部存在的一些背离科学发展的倾向。这种倾向在没有受过专业培训的人员身上最突出，这些人缺乏系统科学的养猪知识，仅凭参加过几次讲座、与业内从业人员进行技术交流及参观一些猪场所获得的一些一知半解的知识而大胆地发挥自己的主观想象力，毫无章法地去创造、标新立异，其结果可想而知。

第一节
控制猪场疾病的最高境界——"上工之术"

目前，大多数从业兽医的观点仍然停留在"兽医的作用就是治病"，把"技术水平"的高低建立在"灵丹妙药"的试验中，这是不对的。防火者是练内功，救火者是练外功，如果负责人只喜欢和重视"救火"英雄，而不重视"防火者"的功劳和作用，那么"火灾"就可能越来越多。读扁鹊"上工之术"的故事，能给我们在猪病防控上带来启迪。

1. 扁鹊三兄弟论医术"上工治未病"的故事

扁鹊三兄弟的故事许多人都听说过，这个故事说明一个道理："上工治未病。"魏文王问名医扁鹊："你们家兄弟三人，都精于医术，到底哪一位是最好的呢？"扁鹊回答说："大哥最好，二哥次之，我最差。"魏文王又问："那么为什么你是最出名呢？"扁鹊回答说："我大哥治病，是治病于发作之前。由于一般人不知道他事先能铲除病因，所以他的名气无法传出去，只有我们家的人才知道。我二哥治病，是治病于病情刚刚发作之时。一般人以为他只能治轻微的小病，所以他只在我们村子里小有名气。而我治病，是治病于病情严重之时。一般人看见的都是我在经脉上穿针管来放血、在皮肤上敷药等，所以他们以为我的医术最高明，因此名气响遍全国。"

2. 何谓治未病

"不治已病治未病"是早在《黄帝内经》中就提出来的防病养生谋略，是至今为止我国卫生界所遵守的"预防为主"战略的最早思想。它包括未病先防、已病防变、已变防渐等多个方面的内容，这就要求人们不但要治病，而且要防病，不但要防病，而且要注意阻挡病变发生的趋势，并在病变未产生之前就想好能够采取的救急方法，这样才能掌握治疗疾病的主动权，达到"治病十全"的"上工之术"。

猪为什么会生病？"这与兽医无关，兽医的作用就是治病。"这就是目前大多数职业兽医的思想。作为兽医尤其是猪场兽医，应该树立"不使猪生病"

的理念，这种思想的基础在于"猪原本是能够健康生存的"这个健康概念。

第二节
2022年的高考作文题对猪场管理的启示

2022年高考作文题（见图4-17-1）注重考查学生的思辨能力，贴近现实生活，蕴含人生哲理，引人深思。亦对猪场管理有很多可借鉴之处。

2022高考作文

全国新高考Ⅰ卷

阅读下面的材料，根据要求写作。（60分）

"本手、妙手、俗手"是围棋的三个术语。本手是指合乎棋理的正规下法；妙手是指出人意料的精妙下法；俗手是指貌似合理，而从全局看通常会受损的下法。对于初学者而言，应该从本手开始，本手的功夫扎实了，棋力才会提高。一些初学者热衷于追求妙手，而忽视更为常用的本手。本手是基础，妙手是创造。一般来说，对本手理解深刻，才可能出现妙手；否则，难免下出俗手，水平也不易提升。

以上材料对我们颇具启示意义。请结合材料写一篇文章，体现你的感悟与思考。

要求：选准角度，确定立意，明确文体，自拟标题；不要套作，不得抄袭；不得泄露个人信息；不少于800字。

图4-17-1 2022年高考作文题

围棋之道，非常之道。"本"如夯实垒土，土厚方能有"妙"之九层台；"本"如深扎树根，根实方能有"妙"之合抱木。妙在于巧，巧源于熟。至于"俗手"，就是人们常说的"臭棋篓子"了。俗手者，或急于求成，或刚愎自用，貌似神乎其技，实为蹈空凌云。而多数初学者，欲求速成，热衷于精妙之法，总想着靠"妙招"一剑封喉，结果往往"一着不慎，满盘皆输"，适得其反。追求"妙手"思想的存在，对猪场是管理中的一大障碍，也是很多猪场多走弯路的重要因素。

1. 善弈者通盘无"妙手"——论大型企业之崛起

这有点违背我们的直觉，但那些取得过非凡成就的人却告诉我们这是事实。夺得多个世界冠军的韩国围棋职业棋手李昌镐说："我从不追求妙手，也没想过要一举击溃对手。"作为世界围棋冠军，他个人就从不追求妙手，而只求51%以上的胜率，俗称"半目胜"，他认为重在点滴积累。草船借箭、空城计都是妙手，成为千古绝唱，但是如果败了就国破人亡。

因此无论是打仗还是养猪，如果总靠"奇兵"制胜是不可能的，高胜率的打仗终归还是要高筑墙、广积粮。晚清重臣曾国藩就是个例子，他便推崇尚诚尚拙的人生哲学。很多养猪人总想着"一招鲜吃遍天"，如非洲猪瘟发生后，不少猪场不是努力做好猪场生物安全，而是通过各种关系购买非法的非洲猪瘟疫苗，以为注射了非洲猪瘟疫苗就可以高枕无忧了，而随后的事实告诉我们，这些想走捷径的猪场，最后几乎都惨败离场。"妙手"虽妙，但存在不稳定性和不持续性，很多时候是可遇而不可求的。所以关键时刻一旦"妙手"迟到或缺席，若没有扎实的基本功，就必然会陷入困境。

为何从2016年开始，重资产的企业扩张速度比轻资产的企业还快？养猪行业没有捷径可言。生猪归根到底属于生活资料，要依靠成本取胜，老老实实把生产抓好，"多生、少死、长得快"才是这个行业核心的经营策略。诸如大企业必做的两件事：第一，新员工培训和企业文化建设。按自己企业的模式设计课程进行培训，并且不断改进培养模式。在培训过程中不断进行筛选，把不适合在本企业工作的、思想不稳定的人都筛出去。第二，猪场设计和建设。猪场设计和建设不好，猪就养不好。这些养殖企业对猪场都投巨资持续改造、持续优化，是在努力持续地做好"本手"，恰恰是持续地做好一个又一个"本手"，才能够穿越猪周期的魔咒，无论猪价上行和下行，都能够持续发展。

2. "日拱一卒，功不唐捐"——猪场日常管理，要落到实处

笨功夫成就真功夫，认真用心做好"本手"，养猪尤其如此。在养猪生产中，发现很多猪场的免疫程序是套用别的猪场的，这样非常不可取，因为不同猪场猪群的抗体水平千差万别，而套用别的猪场的免疫程序，自然很难收到好的免疫效果，从一开始就埋下了失败的种子。根据本猪场猪群的抗体水平，量身定制适合本猪场的免疫程序就是做好"本手"的一个重要表现。

"全进全出"技术之所以能成为规模养猪的主流技术，正是因为它能阻断疾病传播、减少不同批次间的疫病传播。而"全进全出"的精髓是 6 步消毒法，且最核心的是消毒后的猪舍空栏干燥的时间不少于 3 天，这是降低不同批次猪群疫病传播的重要步骤。猪场只有在做好"选址""批次化生产""全进全出""生物安全"等"本手"的基础上，将生猪生产中的关键技术落到实处，才能有稳定的好成绩。

3. 感悟

"妙手"都是慢慢熬出来的。不做好博观约取的准备，再好的机遇摆在面前都是白搭。古今中外，任何叫得响、传得开、留得住的文艺精品都是远离浮躁、不求功利得来的，都是呕心沥血铸就的。其实，养猪更是如此，只有认真地做好一个又一个"本手"，才有可能出现"妙手"，更何况"善弈者通盘无妙手"。要想取得"猪场常年稳定、高效生产"的成绩，就要经历一番做好众多"本手"的旅程。世上许多事情就是这样，在人们看来似乎都很简单，可换作自己去做，才知并不像想象中的那样容易，原因就在于，"妙手"非偶得，有无数不简单的辛苦付出，凝结在最后的"简单"之中。

第三节
从养生的思维角度兼议"养好猪"的哲理

清代著名中医大家徐灵胎在《病同人异论》中曾说："天下有同此一病，而治此则效，治彼则不效，何也？"意思是，同一种病，治这个病人有效，而治另一个病人却没效，什么原因呢？因为我们每个人的体质是不一样的，存在一定的致病内因，而外因需要通过内因才能起作用。因此，徐灵胎说："则以病同而人异也。"实践证明，个体差异是可以通过后天的合理膳食和生活方式加以规避和缓解的。也就是说某一个体由于自身的内因易患某种疾病，可以通过改变营养与生活方式使其不患这种病，治疗猪病也是如此。

1. 对猪病频发原因的反思

现在的养猪场疾病频发，以前的各类疾病此起彼伏、反反复复，新的疾病轮番登场、愈演愈烈。养猪人实在是寝食难安、谈病色变，大家不免发出同样的感叹——现在的猪怎么这么娇气，动不动就发病？

让我们回头认真反思，我们是怎样在养猪的：用限位栏长时间地控制着猪的空间和运动；总是找廉价、劣质，甚至霉变的饲料敷衍应付它们；我们生活在优美舒适的环境里，而猪面对的是拥挤、争斗、肮脏、潮湿、蚊蝇和老鼠，忍受着严寒和酷暑；猪一发病我们就习惯滥用疫苗、大量用药、全群用药，注射、饮水、饲料多管齐下，疫苗、药物及保健品越用越多、越用越贵，结果导致免疫抑制、耐药性增加，钱花了，猪也死了。是我们降低了猪的抵抗力，破坏了猪与病原体自然共生的法则，造成了猪病流行；是我们让猪处于亚健康状态，没有找到猪处于亚健康或猪发病的真正根源，相反却把疾病元凶的帽子扣在细菌或病毒身上。

2. 以哲学的思维找准猪病发生的根源

从疾病发生的四个阶段，即潜伏期（无症状）、征兆期（也叫前驱期，临床症状开始表现，特征症状不明显）、发病期、转归期（病原致病性增强，机体抵抗力减退，则死亡；机体抵抗力改进、增强，则恢复健康）来看，说明疾病并不是突然夺走机体的健康，而是由于长期的疏忽和糟蹋身体才引发疾病的。在疾病发生的任何一个阶段内，都可以制止疾病的继续恶化，同时清除一切疾病和不适，所以猪场最需要改变的是观念。养猪人不要习惯于病急乱投医，病急乱用药，世上没有灵丹妙药，没有万能的疫苗。多年的养猪实践和经验告诉我们，养猪人要彻底更新养猪理念，开阔思路，由表及里，由人及猪，由猪到人，努力探求科学健康的养猪之道。

3. 从"养"入手，防病于未然

养猪顾名思义关键在于一个"养"字，养好养坏在于如何去养。"养"包括加强营养、精细饲养、减缓应激、改善环境等，是让猪吃好、喝好、睡好、玩（运动）好，猪才会把精力用在生产上，才会体质强壮，才能有效防止疾病的发生和传播。因此，养猪之"养"在于防病于未然。

"养"更是对猪无微不至的照顾，是尽可能地给猪提供适宜的生存条件，管理要细，要感同身受，换位思考，考虑到每一个影响猪的因素。如控制温度时不但要考虑空间温度，更要关注猪体腹感温度，还要考虑湿度、密度及垫料的影响。每种病的发生都是多种不利因素同时作用的结果，而且发病也会有一个由轻到重、由少到多的发展过程。看似严重的呼吸道病，其根源都是由于环境变化引起的。

疾病是病原与抗体相互抗争的过程，即致病力与抗病力的二力对抗。认识到这一点，猪场就要创造一个适宜的环境，主动消除和减少一切环境性及管理性应激。进而提升猪体免疫力，使猪变得百毒不侵，这才是养猪的最高境界。

养生在动，养心在静。一位名人说过，运动就其作用来说，可以代替很多药物，但是世界上一切药物并不能代替运动的作用。生命在于运动，猪亦如此，所有的猪都需要适当运动。运动可以锻炼机体，促进血液循环，提高机体抵抗力。猪的运动可以锻炼肢蹄，健壮身体，促进发情，提高精液品质。各类猪群都要有较大的运动场所，在运动场可设置供嬉戏的玩具，有条件的可给猪提供淋浴池进行洗澡净身、降温等。归根结底，养猪要保持其良好的生活习惯，让其吃好、喝好、睡好、玩好。

养猪之道是养猪人必须全身心地投入养猪管理中去，必须以百分之百的努力去做好每一天、每一个，最简单、最基础的工作。相信猪舍好了，设备好了，环境好了，管理细了，应激小了，猪的体质也就健壮了，猪病自然就少了。

第四节
科学"保健"——不能让猪场成为"兽药中转站"

近年来，往饲料中广泛加药已成为众多猪场防范疫病的主要手段，和一些猪场的负责人交流时，他们无可奈何地说："如果不加药，猪群就不得安宁，我也知道让猪经常吃'药'不是好事，但却没有办法。"办法是有的，只是许多养猪业主没有从根本上改变观念，没有从本质上认识到猪群的健康源自良好的栏舍环境、均衡的营养、科学的管理与主动免疫功能的提高，从而难以走出把"加药"当成"心理安慰剂"的泥潭。笔者在一线奔波，能看到众多猪场日常"加药"的利与弊（不含治疗用药），何为有效的保健措施，以及如何获得健康水平的猪群，谈点主流思维上的观点，以免谬误损人。

1. 为什么"加药"

人们习惯于产前产后、断奶前后、转栏前后等在饲料中"加药",预防疾病的发生。其药效本质是通过添加抗生素类药物,起到杀灭或控制肠道、呼吸道病原微生物繁殖的作用,如给仔猪、生长猪的饲料"加药"。通过添加药物,减少排泄分泌物的病原微生物,从而减少母源性疫病的发生。如在母猪料中"加药",有一定的促生长作用,但抗生素促生长的作用药理仍未定论。

2. "加药"的副作用

药物不总是杀灭或抑制病原菌,对有益菌(如双歧杆菌、粪链球菌等)也会"下手",从而对维系肠道正常的微生态菌群产生不利影响。有证据表明,几乎所有的药物都会使机体产生更多的过氧化物,如"自由基",这等于加剧了对机体组织与器官的损伤,进而损害免疫功能。药物的代谢需要消耗机体的营养,部分药物经肝代谢时会加重肝负担和排泄时的肾脏负担。

"是药三分毒",药物不是营养素,一切药物对于猪体来说,都是"异物"。"异物"在机体运转代谢时都会产生一定的负面影响,并成为新的应激源。许多药物具有苦味等异味,会影响猪的采食量,进而影响正常的生产性能的发挥。猪的味蕾是人的3倍多,对饲料中气味的改变都很敏感。从粪或尿中排出的药物代谢产物均会对环境(水、土)产生巨大压力,不利于和谐环境的长久目标实现。

长期或阶段性、预防性加药均会产生不同程度的耐药性,从而使生猪染病时的治疗用药显得束手无策。环境恶劣会促使微生物进化与变异加快,因而抗生素的抗药性常会以超出人们想象的速度产生。长期"加药"会降低免疫应答反应,反而使猪抗病力下降,致使生长性能的潜力发挥受到限制,许多猪场中大猪阶段日均增重仅600克左右,这种现象与药物的毒副作用有关系。"加药"给养猪者带来沉重的成本负担。目前,每头猪平均"加药"成本接近200元,有些甚至高达350元以上,如此高的成本支出不确定是否会带来相应的收入。

3. "保健"的本质是什么

"保健"的本质是保障所有饲养动物的健康,一切有损于动物健康的措施均不能称之为"保健"。对生猪而言,一切为改善生猪生活环境(主要指有效温度、湿度、空气质量、卫生状况）的努力和给予良好的福利性管理、提供均衡营养的安全饲粮、在饲料或饮水中添加有益于机体健康（或免疫力提高）且无副作用的产品等行为，均可称之为"保健"措施。养猪者要改变对药物的依赖，首先要从彻底改变陈旧的观念入手，观念不变，一切不变。一个十分关键的观念是养猪者如何看待"生猪"是赚钱的"机器"，还是赚钱的"伙伴"。如果是"伙伴"，那么就应该给予"猪"福利性的关怀。以改善环境和创造舒适感作为切入点，采取积极有效的配套管理措施，不要让你的"伙伴"长期或阶段性地吃"药"，因为吃"药"不仅损害猪的健康，也削减你的收入。

我们完全可以用非药物手段来达到预防疾病的目的。生物营养与生命科学的研究进展带给我们空前多的选择，在保证适宜环境与安全均衡饲料的前提下，在营养师（畜牧师）的指导下，在饲料（或饮水）中添加有效的酶制剂（植物酶、木聚糖酶）、碱性离子制剂、益生素、酸制剂、小肽制剂、寡糖制剂、某些有确切成分的植物提取物、有机微量元素（有机硒等）、特殊脂肪酸等，均获得了可喜的进展，且不乏成功的实例，上述产品可能是未来动物真正意义上的"保健品"。这些产品的合理使用，对动物的免疫机制提高、抗应激能力（抗病力）的增强、改善生产性能等均有积极作用，并很少有负面影响的报道，且无有害残留之忧。

第五节
规范疫苗免疫程序——预防特定疾病的发生

猪免疫某种疫苗后会产生特异性的抵抗力，原则上一种疫苗只能预防一种疾病，其目的是针对某一种疫病进行免疫，防止该病的发生和流行。科学的免疫程序也是预防猪病发生的一种手段。

1. 目标原则

保护胎儿：如细小病毒、乙脑疫苗等。保护哺乳仔猪：如链球菌疫苗、病毒性腹泻疫苗等。同时保护母猪、胎儿、仔猪：如伪狂犬、猪瘟及口蹄疫疫苗。保护未发病的同群猪：如猪瘟、伪狂犬病发病时全群紧急免疫。

2. 地域性与个性结合原则

不同地区、不同猪场的疾病情况不同，免疫疫苗种类和免疫程序都有很大差异，所以不同猪场免疫程序具有个性化，要因地制宜，制定适合自己的猪场的免疫程序。

3. 强制性原则

口蹄疫和猪瘟被世界动物卫生组织列为 A 类动物疫病，蓝耳病被世界动物卫生组织列为 B 类动物疫病，预防这些烈性传染病，必须按国家要求进行强制免疫。

4. 病毒优先原则

基础免疫：猪瘟、伪狂犬病、口蹄疫的免疫必须最优先考虑，因为这关系猪场生死存亡。关键免疫：因蓝耳病和圆环病毒病引起免疫抑制会导致严重的混合感染，可能造成重大损失。重点免疫：为了保护胎儿，母猪重点免疫好乙脑和细小病毒苗，为了预防哺乳仔猪腹泻，产前母猪重点免疫好病毒性腹泻苗，为了预防育肥猪呼吸道综合征，仔猪重点免疫好肺炎支原体苗。选择免疫：细菌性的疫苗，可根据猪场具体发病情况进行选择性免疫。

5. 经济性原则

圆环病毒病、支原体肺炎、传染性萎缩性鼻炎等病，感染发病后会严重影响生长速度、耗料增加，造成较大经济损失，应根据猪场损失情况计算投入产出比，选择合适疫苗进行科学免疫，一般在首次感染前 4 周或野毒抗体转阳前 4 周免疫，必要时间隔 4 周后加强免疫。

6. 季节性原则

有些疾病发生具有季节性，一般在该病流行季节前 4 周免疫。蚊虫大量繁殖的夏季前 4 周（3 月）种猪免疫乙脑苗。高温多湿的夏季（4~9 月）要特别重视链球菌、猪肺疫、猪丹毒免疫。寒冷冬、春季节（10 月到第二年 4 月）需要加强口蹄疫和病毒性腹泻免疫。

7. 阶段性原则

一般在易感染阶段前 4 周免疫，或在野毒抗体转阳前 4 周免疫，必要时 1 个月后要加强免疫。所谓易感染阶段是指大约有 5% 的猪出现该病的临床症状时，并检测到该致病源。

8. 避免干扰原则

避免母源抗体干扰：母源抗体合格率下降到 65% ~ 70% 首免，免疫过早疫苗抗原会被母源抗体中和而造成免疫失败，免疫过迟会造成免疫保护空白而发病。避免疫苗之间干扰：接种两种疫苗一般间隔 1 ~ 2 周。避免疾病对疫苗的干扰：发病或亚健康状态，容易干扰疫苗免疫效果。避免应激时免疫：长途运输后、断奶、转群、去势、换料、气候突变时免疫，往往影响免疫效果。避免药物干扰：接种活菌疫苗前后 1 周禁用抗生素，接种弱毒疫苗前后 1 周禁用抗病毒药物，接种疫苗前后 1 周，尽量避免使用免疫抑制类药物（如氟苯尼考、磺胺类药物、地塞米松）等。

9. 安全性原则

建议首次应用新厂家、新品种疫苗，甚至不同批次的疫苗，最好先进行小群试验，确定安全后再大群使用。尤其要重视疾病潜伏、发病状态或弱仔，怀孕母猪处于怀孕早期或重胎期，要尽可能避开这些阶段接种疫苗。

10. 免疫监测原则

免疫监测既是科学制定免疫程序的重要依据，也是监测免疫是否成功的依据。免疫后 1 个月监测疫苗免疫是否成功，免疫后 3 ~ 4 个月监测抗体维持时间。

第六节
找准原因——破解猪病治疗难的对策

树立正确的防疫意识，严格按照预防为主的方针来控制传染病。在做好饲养管理的同时，若有商品化疫苗，可用疫苗免疫预防，减少此类病的发生。一且发病，以控制继发感染，提高机体抵抗力为主，同时，可以紧急接种疫苗，这是控制病毒性疾病的重要手段。

1. 新品种引进和品种改良使猪生长周期缩短、猪抗病力下降

由于从国外引进新品种和高生产性能的种猪，以及进行品种改良，猪的生长周期缩短，导致猪难以适应现在的养猪环境，抵抗力下降，抗应激能力减弱。当天气突变、畜舍通风不良、饲养密度大、饲料突然更换或质量不佳等饲养管理不当、有传染病流行时，猪就容易发病。

对策：目前我国猪病种类繁多，且越来越复杂，迫切需要对猪的抗病性进行选育。猪的抗病性是由基因引起的，例如我国地方品种猪的抗病性明显强于国外引进的品种，野猪的抗病性明显高于家猪，杜洛克的抗病性也要高于大白和长白，目前对猪抗病性能的选择是国内外研究的热点和重点。猪的抗病性十分复杂，影响因素众多，也有遗传方面的原因，我们可以从猪整体的免疫力方面进行选育，使其提高对疾病的抵抗力。目前国外已经培育出了抗猪大肠杆菌病的品种，已经应用到生产上并取得了良好的经济效益。对猪抗病性的选育我们要密切关注国外的研究动态并在生产中实行，使我们抗病育种方面的工作始终处于国际先进，国内领先。

2. 生猪及其产品的流通速度加快造成了猪病的广泛传播

猪病的发生呈明显的地域性和季节性，并且在地域间传播迅速，通常与生猪的调运有密切的关系。近期一个养殖户饲养的仔猪发生了突然死亡的病例，了解得知该养猪户仔猪是从外地调运的，并及时注射了强制免疫疫苗。通过临床分析引发仔猪发病的主要原因：长途运输使猪应激比较大，仔猪抵抗力弱，容易发病；流通领域管理不严格，生猪及其产品的流通速度加快，造成了传染性疾病的传播和易感。

对策：政府防疫部门、生猪及产品经营单位和养殖单位，要严格按照国家有关规定，做好以生猪为主的畜禽及产品在市场流通中的检疫和防疫工作，防止各种烈性传染病和检疫性病害传播，以确保养殖行业的生产安全。

3. 疾病表现复杂，诊断困难

目前，多病原混合感染已成为猪病发生的主要形式，使得临诊表现和病理

变化不及单纯感染那么典型，同时，非典型化病例的出现，使得猪病诊断更加困难。临床实践中，猪病诊断方法有流行病学诊断、临诊诊断、病理学诊断、微生物学诊断、血清学诊断及分子生物学诊断。但是，基层兽医常用的方法仍是流行病学诊断、临诊诊断或病理学诊断，有些甚至不会病理剖检，诊断只凭经验，其结果可想而知。疾病诊断是治疗的前提，若诊断差之毫厘，治疗则谬以千里。因此，当前猪病治疗难的主要原因之一，就是诊断困难。

对策：掌握猪病诊断方法，拓宽疾病诊断思维。在掌握传统诊断方法的同时，猪病实验室诊断技术将是今后猪病诊断的重要方向。因此，猪场或兽医门诊应积极地创造条件设置猪病诊断实验室，基本功能可进行常规细菌病和寄生虫病诊断，能利用诊断试剂盒、胶体金试纸等进行快速检测即可。

4. 混合感染，影响疗效

当前猪病流行特点之一就是多病原引起的混合感染，如细菌与细菌、细菌与病毒、病毒与病毒或与寄生虫等。猪一旦发病，多为混合感染。多重感染带来的后果就是增加了诊断和防治的难度。同种治疗方法在单纯感染和混合感染病例上呈现出的疗效存在差异。这是由于细菌混合共存，其中一些病菌能抵御或破坏宿主的防御系统，使共生菌得到保护；更为重要的是混合感染常使抗生素活性受到干扰，体外药敏试验常不能反映混合感染病灶中的实际情况，故增加了治疗难度。

对策：加强饲养管理，搞好环境卫生，增强猪体抵抗力，正所谓"正气存内，邪不可干"。制定严格的消毒制度，科学选择和使用消毒药。根据当地疾病流行情况和猪场实际情况，制定切实可行的免疫程序，但注意不可盲目照搬。

5. 免疫抑制使猪体抵抗力下降

（1）饲料引起。玉米霉烂能产生大量霉菌毒素，我们肉眼很难发现，能毒害和干扰机体免疫系统正常的生理机能，过多摄入会造成免疫抑制，使免疫组织器官活性降低，导致猪不能正常地进行免疫应答，抗体生成减少。

（2）疾病引起。蓝耳病、圆环病毒病等会造成免疫抑制，使机体出现免疫功能低下综合征。猪在胚胎期或初生期感染病毒，未成熟的免疫组织与细胞形成免疫耐受，所以对病毒抗原不产生免疫反应。病毒将基因整合到宿主细胞DNA中，随细胞基因组复制而复制，病毒长期持续存在，并侵犯免疫细胞，造成免疫低下。病毒抗原发生变异，逃避了机体的免疫应答。

（3）日常管理不到位或滥用药物引起。畜禽养殖场制定的免疫程序不合理或使用的病毒疫苗质量有问题，造成免疫效果差或不能有效免疫应答。临床用药过程中，使用解热镇痛药超量，造成猪体自我调整紊乱，也会引起免疫抑制。养殖密度增加，环境承载负担重，易引起猪病蔓延。规模猪场防疫和治病的及时性明显优于散户，但由于过度集中、过大规模，往往导致环境灾难，又使得猪群不健康，更容易暴发疫情。散养户多数未掌握科学的饲养免疫技术，免疫注射时操作不正确，加之滥用兽药，也造成了一些猪病的蔓延。

对策：做好免疫抑制病的预防接种。禁喂发霉变质饲料，饲料中添加霉菌毒素吸附剂，使用免疫增效剂提高机体免疫力。目前，使用的免疫增效剂有中药制剂，以多糖成分为主，如黄芪多糖、香菇多糖、灵芝多糖、党参多糖等；细胞因子制剂，如干扰素、白细胞介素、转移因子、免疫核糖核酸及胸腺素，以及植物血凝素等；此外，还有左旋咪唑、维生素类等，均可激活细胞免疫活性，调节免疫功能，增强机体免疫力。加强饲养管理，搞好卫生消毒，减少应激，给猪创造一个良好的小环境。

6. 兽药质量存在问题

目前，兽药存在的问题主要有：生产和流通假冒兽药；添加违禁药物成分，如抗病毒西药；含量不足，有些甚至查不到药物成分；包装标示药物与实际所含药物不同；添加不明物质，干扰兽药的正常检测。因此，拿着假冒伪劣兽药、含量不足的兽药去治病，效果可想而知。

对策：选择有信誉度、知名度和大家认可的兽药公司的产品，密切关注农业农村部发布的不合格兽药企业名单及产品名称。同时，兽药行政管理部门应加强监管，严禁假冒伪劣兽药的生产和流通。只有从生产、流通等多个环节下手，加大惩罚力度，才能有效遏制假冒伪劣兽药流通。

7. 有些病无药可医

猪病根据病因可分为传染病、寄生虫病、内科病和外科病、产科病等几大类，其中75%为传染病。到目前为止，许多传染病无有效治疗药物，特别是病毒性传染病，如口蹄疫、圆环病毒感染等。因此，对于目前尚无有效治疗药物的疾病来说，治疗难度是非常大的。

对策：以预防为主，在做好饲养管理的同时，按程序进行商品化疫苗的免疫，以减少此类疾病的发生。一旦发病，以控制继发感染，提高机体抵抗力为主，同时紧急接种疫苗，是控制病毒性疾病的重要手段。

8. 产生耐药性

目前，由于滥用抗生素，细菌耐药性越来越普遍。猪经常反复接触某一种抗菌药物后，其体内敏感细菌将受到选择性的抑制，从而使耐药菌株大量增殖。疫病治疗变得越来越困难，致使发病和死亡率升高，饲养成本增高，严重挫伤养殖户饲养的积极性，从而影响畜牧业的发展。

对策：有条件时，最好做药敏试验，在药敏结果的基础上合理选择药物，会大大提高治疗效果，降低治疗难度。无条件时，最好选择平时场内不常用或少用的药物，或注意各地对分离菌株所做的药敏试验。

9. 猪病防治观念不正确

猪传染病控制原则是：预防为主、治疗为辅，防重于治、防治结合。其中预防是根本，治疗是在前期预防不奏效的情况下所采取的一种补救措施。可是许多人对传染病的防治认识存在偏差，割裂和混淆了防治之间的关系和区别，认为传染病都是可以治疗的，把平时的工作重点放在治疗上。当然，这也与当前兽药功效夸大宣传有关，让人们误以为某药是包治百病的"灵丹妙药"，只要发病，都可以治，从而淡化了饲养管理、生物安全综合防治意识。

对策：树立正确的防疫意识，严格按照预防为主的方针来控制传染病。同时，发病后控制的原则应是以保护假定健康猪为主，以密切观察、控制可疑猪为重点，以治疗病猪为关键。

10. 猪病出现新变化

随着我国养猪业的发展，猪病呈现出许多新特点，也增加了猪病治疗的难度。新病不断出现，如非洲猪瘟病毒、猪圆环病毒病、肠道病毒感染等；表现形式呈现出非典型化或亚临床感染；"综合征"疾病群相继出现，如高热综合征、呼吸道综合征、繁殖障碍综合征等，病因复杂，治疗难度大大增加；老病新形式，如高致病性蓝耳病。

对策：兽医部门要加强对猪病疫情的监测和通报，并提出有针对性的控制措施。兽医工作者要善于观察、总结，猪场可以与高校、科研部门积极合作，对"新病""新类型"开展及时的研究，在最短时间提出有针对性的防控措施。

11. 细菌内毒素——猪病治疗中不可忽视的环节

细菌内毒素主要成分为脂多糖。当细菌死亡自溶或黏附于其他细胞时，才表现其毒性，为外源性致热原，可激活中性粒等细胞，使之释放出一种内源性热原质，作用于体温调节中枢，引起发热。猪的某些病原体，如多杀性巴氏杆菌、支气管败血波氏杆菌、胸膜肺炎放线杆菌、嗜血杆菌属、猪霍乱沙门菌等。在使用抗生素时会诱导革兰阴性菌释放大量的内毒素，细菌内毒素可通过两种途径进入血液循环而导致内毒素血症，致使机体发热、血压降低、休克、白细胞减少、出血倾向、肝脏损伤及心力衰竭等，很多严重疾病都直接或间接与细菌释放的内毒素有关。因此，治疗时，若不注意清除细菌产生的内毒素，势必会增加猪病治疗难度。

对策：配合使用细菌内毒素吸附剂，目前最常用的有中药制剂，特别是清热解毒类中药，单味或复方均可。单味的有板蓝根、大黄、柴胡、连翘等，复方制剂有黄连解毒汤、清瘟败毒散、热毒清、清营汤等。此外，溶菌酶、阳离子抗微生物多肽、NK 细胞溶素等也可使用。

12. 养殖场规划不合理

因为养殖户本身对养殖场规划选址的认知不足，使得部分场主在选址的过程中就存在众多隐患，比如选择距离屠宰场、村庄以及交通干线等不符合动物防疫条件规定的距离和不利于畜禽生长的地区进行建设，或选择地下水位较浅、排水不畅等区域进行规划，导致猪病多发。

对策：养殖场的选址必须要进行科学合理的规划，并严格按照动物防疫条件的规定选址。养殖场必须要远离屠宰场、村庄、居民生活区、交通要道以及其他禽畜养殖场，同时尽可能保证良好的供电、供水条件，尽可能选择地下水位低、土质硬、地势高、干燥、排水便捷、通风良好以及背风向阳的地势，以此来促进养殖场生产工作的有序开展。

第十八章
猪病诊断技术

　　疫病的防治关键是诊断。猪病诊断的目的是为了正确认识疾病，以便及时采取有效的预防和治疗措施。诊断是防治工作的先导，只有及时、准确的诊断，防治工作才能有的放矢，卓见成效，否则，往往会盲目行事，贻误时机，使疾病由轻变重，由小变大，最后酿成疫情的不断扩散，给养猪业带来重大的经济损失。

第一节
猪病诊断的误区与纠偏

我国关于猪病防控的效果一直不尽如人意，虽然有诸多的原因，但其中最为重要的原因之一就是诊断不明。因此，进一步明确诊断方法，准确做出诊断，是能够真正有效控制猪病的关键所在。

1. 猪病临诊误区

在临床上对猪病的误诊，往往导致病性判断错误、病因判断错误等，误诊导致误治、治标不治本、延误治疗时机，在给企业造成损失的同时，也使兽医自身形象受损。

（1）对疫病流行认识的误区。传统传染性疾病流行情况不明，一些新病或局部区域新病与旧病交错发生规律不清。临床实践发现，传统传染病对蓝耳病的致病作用有着明显的加强效应。新发传染病如圆环病毒感染的流行率增高增大了传统传染病的危害，如猪伪狂犬病、猪瘟、传染性胃肠炎、流行性腹泻等，多重免疫抑制因素导致预防免疫不确切或失败。合并感染现象突出，病原体的多重感染往往是造成发病率高、病死率高的重要原因。继发感染普遍发生，腹泻性疾病日益突出，呼吸道疾病问题日久不衰，繁殖障碍疫病仍然是主题，细菌感染是表面现象，耐药问题越来越严重，从而阻碍了继发感染的控制，制约着对疫病的准确判断，影响临床处置措施的合理性。对区域性疫病流行病学的认识不足给疾病防控和诊疗效应上增加了盲点。

（2）对某一疾病发生的原因和发病机制认识的误区。由于对猪的生理特征与生活习性认识的不足，正常与非正常界定模糊导致病因不明，疾病机制不清；由于缺失必要的诊疗设备和手段，又缺乏对疫病监测重要性的认识，看不懂实验室检测数据和标准，引起诊断失误。病因的复杂化、病原体的多重感染造成疫病的复杂化和非典型化，猪群中存在一些常驻病原菌、条件性病原菌或处于隐性感染阶段，经常促使猪群处于一种亚健康状态，一旦条件成熟，如应激、不合理的动物保健方案或不合理的防疫方案等因素导致机体体质下降时将会发病，再继发感染其他传染病性疾病（继发感染现象普遍）。猪病的发生和发展往往是多种因素综合作用的结果，轻视病史病因的细致询问，临诊中忽视一些细菌、病毒毒素和代谢产物等猪病的主要致病因素，会导致病性和病因诊断失误、药物选择和应用失误、药物配伍和治疗方法失误。

（3）普通病与传染病界定的误区。临诊中常常出现将群发性普通病疑为某一种传染病，缺乏全面观察、检查和分析，疏于对发病特点和规律的认识，忽视病因、病史、症状、体征、主诉，导致临床处置的盲目性。将普通营养代谢性疾病引起的继发细菌病以点带面视为某一细菌性传染病，如断奶仔猪的营养消化不良被疑为细菌性肠炎。要正确区分普通病和传染病，不能单一地从某一点进行区分，还需要从多病因复合致病综合分析加以区分。如料箱陈料引起育肥猪的亚硝酸盐中毒，由于饲喂管理方式的滞后，料筒或采食器内的饲料淤积，时间长久，在一定条件下经硝化菌的作用而还原为高毒的亚硝酸盐，猪摄入污染的饲料会导致猪群中的部分猪在短时间内发病，出现全身皮肤发绀、呼吸急促、行走困难、全身震颤等类似猪瘟等温热性疾病临床表现，而被误认为是某些急性传染病。临诊中常常出现将散发疾病倾向认为是普通病的现象。某些猪病的个例由于防疫的不确切性、疫病的隐性感染、潜伏期较长、疾病传播表现模糊，而在某一个区域、某一个季节或猪的某一个日龄段发生疾病，因认识上的失误而诊断为"普通病"，耽误了群防群治的最佳时期。如在夏季保育猪隐性感染伪狂犬病毒或圆环病毒后继发的病毒性腹泻，容易误诊为仔猪普通腹泻病。近年的哺乳仔猪的腹泻性疾病的病因复杂多样，病理特征模糊不清，临床处置措施混乱。

2. 纠偏措施

随着猪疫病类型的增多，也相对更综合，给猪病诊断增加了难度，容易导致诊断结果受到影响，出现误诊问题。因此，在未来猪病诊断中需要注重引入先进技术和诊断方法，规范诊断流程，确保诊断准确度。

（1）全面详细分析。在未来病猪诊断分析工作开展中，为确保最终形成的诊断结果较准确可靠，需要确保诊断人员对病猪及其环境进行全面了解，以此为基础，进而才能形成准确判断。基于此，病猪诊断人员需要及时到猪养殖一线，重点了解病猪的各个具体表现，同时观察猪养殖的环境和相关养殖因素，进而才能获取最全面详细的信息资料，辅助自身进行病症诊断。随着当前猪病的不断发展，相比传统猪病类型出现了较多的变化，相应猪病的成因以及影响因素越来越复杂，诊断和分析的难度加大。如对于一些猪传染病进行分析，其通常并非单纯通过病原体引起猪的病变，还和猪自身免疫系统的受损存在密切联系，因此需要在病猪诊断分析中予以全方位关注，在充分考虑和研究病毒类型的基础上，还需要考虑到这些病毒对猪免疫系统的影响和破坏机制，进而才能形成更理想的诊断结果，保障后续病猪的治疗以及相应病症的防治可以发挥出最佳作用。

（2）充分运用先进技术。目前猪病诊断之所以存在误诊问题，除和操作程序以及诊断人员有关外，通常还和具体诊断技术手段存在密切联系，因为诊断技术相对过于滞后，依然沿用传统技术手段，很可能造成诊断误差，难以准确发现和明确病毒性病原体。因此，未来猪病诊断工作中应该注重引入各类先进技术手段，力求借助先进仪器设备以及技术处理方式，保障猪病的诊断更为准确可靠。如针对当前越来越复杂的病毒性病原体带来的猪病问题，检测诊断人员就需要不断引入新型仪器设备，借助更先进的实验室进行深入分析，不断丰富和完善病毒性病原体数据库，以使在检测分析后能直接明确具体病毒性病原体类型，为后续治疗和防控工作的开展提供可靠支持。

（3）综合运用多种诊断方法。为更好提升猪病诊断的准确度，降低出现误诊的频率，在未来猪病诊断分析中还需要灵活运用多种诊断方法，避免过于依赖单一诊断手段，最终导致猪病诊断出现严重问题。比如实验室诊断作为比较准确可靠的一种诊断手段，确实在猪病诊断分析中发挥了重要作用，同样也对各类病原体的明确发挥了关键作用，但是仅仅依靠实验室相关检验程序，很难形成病猪的全面分析和诊断。在此基础上，还需要重点结合临床诊断手段，要求猪病诊断工作人员能进入猪养殖一线，重点关注病猪的具体表现，进而全方位明确可能影响病猪的多个因素，保障相应诊断工作更可靠；通过观察病猪的一些外在表现，同样也有积极的参考作用。此外，解剖诊断手段的应用也能发挥出理想作用，能针对病猪进行更深入的分析，了解病猪内脏方面是否存在严重异常病变问题，为最终猪病明确诊断提供更多参考资料。

（4）规范诊断程序。在病猪诊断工作中，最终诊断结果准确度的保障还需要重点从整个流程规范入手，确保各个诊断行为依据具体任务得到标准化践行，如此才能有效规避可能出现的多种干扰因素。在当前病猪诊断分析中，很多环节都容易因为细微的偏差，导致最终诊断结果受到影响，比如在选择血液样本进行实验室检测分析时，如果血液样本的选择不合理，代表性不足，很可能导致后续检测结果无法真实反映病猪实际状况，对病症的判断存在严重影响。基于此，相应猪病诊断工作人员需要加大培训力度，确保其熟悉各个流程和技术手段，通过规范自身诊断行为，降低出现误诊的概率。

第二节
猪病诊断思维引导

相比猪病流行特点的多变，猪病的诊断手段发展与创新则明显滞后于猪病的发展，导致面对一些新的病种症状时显得盲目而无从下手，看起来什么病都像，不敢做出明确的临床诊断。

1. 猪病临床检查的程序

（1）建立完整的病猪史。把病猪的个体特征逐项登记在病历表上，比如在不同年龄阶段发生特定的多发病，如仔猪易患水肿病。登记内容包括猪群信息、品种、性别、年龄和用途，便于识别，并为诊断、治疗及预后提供参考。

（2）病史调查。

①饲养管理环境。饲养管理环境的好坏直接影响到猪体健康与否，环境条件包括猪场的位置、常年主风向、距交通主干道和居民生活区的距离、隔离条件以及猪舍的朝向、采光、通风情况等。

②饲养设施。具体包括圈舍建设标准，饲槽大小、长度，饮水器位置、高度，饲养密度，每头猪占地面积，猪舍空间大小，饲养人员技术水平、责任心等。

③饲喂情况。具体包括每天饲喂次数、饲喂时间、饲喂数量，饲料质量，饲料有无突然变化（突然变料会造成猪食欲不佳，因此应逐渐过渡）。

④管理情况。了解卫生、消毒、防疫、驱虫等情况，关注猪群的整齐程度以及有无以大欺小、相互咬斗现象发生，对发生疾病或体重差别过大、体质过弱的个体应适时调整管理措施。

2. 症状检查

（1）猪全身皮肤。观察猪全身皮肤的颜色，尤其要注意鼻、耳、腹下、股内侧、外阴和肛门部皮肤的颜色（在自然光下或白炽灯下观察）。

白猪皮肤的颜色变蓝提示循环障碍；变红提示充血、发热或有感染；苍白提示贫血；黄染提示肝脏功能不全或溶血；呈灰色或出现结痂则提示寄生虫侵袭或营养失调。

健康猪被毛光滑平整。如被毛粗乱则提示猪冷、不健康或营养不良。如果发现皮肤有损伤，则应注意是局部的还是均匀分布的。病变部位是平坦的还是凸起的，是弥漫性的还是界线分明的。同时，注意病猪是否经常摩擦皮肤。如果有特征性的皮肤损伤，则应从损伤边缘刮取皮屑进行检查。当怀疑有疥癣时，应从耳道内取皮屑进行检查。

（2）猪心血管系统。除观察猪的皮肤颜色外，在安静的状态下，可以通过心脏听诊来检查心血管系统，但对于猪来说，一般听诊比较困难。

（3）猪呼吸系统。除视诊观察呼吸外，还要检查鼻漏是浆液性的、脓性的，还是血性的，以及口鼻部解剖结构，判定其长短或是否弯曲。

（4）猪消化系统。首先应检查牙齿的状况，牙龈是否有损伤和感染，是否有水疱和溃疡。仔猪出生时有特别尖锐的犬齿，应在出生后24小时内剪掉，使之与其他齿面相平。腹部应当圆鼓，而非瘪塌或过分膨胀。膨胀的猪应检查直肠和肛门是否开放。有的猪可出现脐前或腹股沟环疝，可通过按压腹壁加以鉴别。猪粪的正常颜色为棕黄、棕绿或暗棕色，但主要取决于采食饲料的种类。如果粪便变红、变黑或变黄，特别是含有血液或黏液时，均表明胃肠道功能紊乱。正常猪粪应能成形，掉到地上后能稍稍散开。只有在各种疾病状态下，猪粪才会呈水样或过于干硬。

（5）猪眼睛。应注意有无结膜炎、分泌物和白内障，并检查视力如何。长期过量流眼泪或鼻泪管阻塞，可以导致内侧眼角下部皮肤的污染，呈月牙形。

（6）猪乳房。应注意其皮肤颜色、质地、热度及疼痛反应。仔猪的行为可以反映母猪乳汁充足与否，仔猪吵闹不安、不时拱乳房，通常提示吮乳不足。如果怀疑母猪有传染性乳腺炎时，可采集乳汁做细菌分离培养和白细胞数测定。母猪乳头应突起，不应该有瞎乳头。乳腺应均匀分布于腹线两侧，并充分前伸。

3. 病理解剖

（1）病理解剖的方法。在进行尸体解剖之前，应先了解病死猪的流行病学情况、临床症状和治疗效果。观察其天然孔、皮肤、可视黏膜等变化，以对病情进行初步诊断，避免解剖不可解剖的尸体，缩小范围，做到有针对性地解剖，以及早得出结果。

（2）病理解剖的步骤。观察猪的皮肤、眼结膜、粪、尿、口腔、耳朵、鼻腔、腹股沟淋巴结、蹄部等，让猪仰起四肢朝上，用手术刀从下颌至骨盆腔划开，用反挑法将胸、腹部剖开，取出内脏。

①胸腔、腹腔和心包积液可能是由弓形虫或是附红细胞体引起的疾病；喉头会厌软骨有针尖样出血点，可以怀疑是猪瘟；气管有大量泡沫可能是胸膜肺炎；有大量的脓汁可能是副猪嗜血杆菌感染；肺水肿、出血、坏死、虾肉样变、纤维样渗出物，或有气泡、水肿、出血，可能由弓形虫引起；纤维素样渗出物可能是胸膜肺炎、副猪嗜血杆菌病或猪肺疫；如肺无气泡，似橡皮样，可能是圆环病病毒引起；如有虾肉样变（白色），则可能由喘气病引起；有分散的肉样变，可能是猪副嗜血杆菌病或猪瘟；心冠脂肪或心内膜出血，可能为链球菌感染或猪瘟；心肌坏死或苍白，可怀疑为口蹄疫或缺硒。

②脾脏肿大 $2\sim3$ 倍，多由链球菌或弓形虫引起；脾脏有锯齿状梗死或出血，多由猪瘟或弓形虫引起；脾脏有露珠样出血点，多由伪狂犬病毒引起；脾有坏死则显示是病毒病。

③肝脏坏死、出血、有水疱、硬化、肿大，可能是弓形虫、蛔虫、伪狂犬病毒或副伤寒杆菌感染；肝脏有拇指大的水疱，可能是囊尾蚴病；胆汁变稠可能是附红细胞体病。

4. 分析症状，建立诊断

临床上调查的病史资料以及临床症状都是比较零乱和片面的，必须进行归纳整理，可按病理进程进行排序，或按系统进行归纳。这样才便于在零乱的症状中抓住主要矛盾，从相互联系中进行深入细致的分析，准确把握猪病的主要症状、固定症状、示病症状并建立诊断。

（1）准确把握各种症状间的关系。

①全身症状与局部症状。全身症状是发病时呈现出全身性反应，而在受害组织或器官表现出的局部反应，称为局部症状。临床上应抓住明显的局部症状，判断病变部位，兼顾全身症状，对疾病种类和性质、病程及预后做出判断。

②主要症状与次要症状。主要症状是指对疾病诊断有决定意义的症状。其他那些症状，相对来说属于次要症状。

③典型症状与示病症状。典型症状是指能反映疾病特征的症状，也就是特

殊症状。示病症状是指据此就能毫不怀疑地建立诊断的症状。

④固定症状与偶然症状。在整个疾病过程中必然出现的症状，称固定症状。在特殊条件下才能出现的症状，称偶然症状。

⑤综合症状。在许多疾病过程中，有一些症状不是单独孤立地出现，而是有规律的同时或按一定次序出现，把这些症状概括成为综合症状。综合症状大多数包括了某一些病的主要的、固定的和典型的症状，依此对疾病诊断和预后的判断具有重要意义。

（2）诊断建立的目标。确定主要病理变化的部位，判断组织、器官病理变化的性质，指出致病的原因，阐明发病机制。

（3）建立诊断的指导思想。疾病是一个病理发展的动态变化过程，临床症状呈现出发展、转变、消失等变化过程，所以在临床上必须用发展的观点来应对所有症状，不能以一个时间点上的症状作为诊断疾病的依据，确保病理过程真实全面的再现。强调猪机体的整体性以及机体与其外部环境的统一。

（4）建立诊断的原则。从一种疾病的诊断入手，尽可能用一种诊断解释病猪的全部症状，而不用多个诊断分别解释不同症状。考虑常见病和多发病，然后考虑少发病和偶见病：当主要的临床资料可能见于几种疾病时应根据当地情况优先考虑发病概率高的疾病。考虑群发性疾病，然后考虑个别发生的疾病：如传染病、寄生虫病、中毒病和代谢病等危害性较大，一旦发现，便应尽快防治。诊断不应耽误防治工作的时机，对一时难以做出准确诊断的病例，应当针对已判明的临床情况，及时采取防治措施。

（5）建立诊断思路引导。

①顺藤摸瓜法即正向推理法，是从已知条件推论其结果的方法。在猪病诊断中，一定要根据临床的主要症状和典型症状顺藤摸瓜，由病畜登记到病史调查，由一般检查到系统检查，综合分析各种症状，前后衔接，环环紧扣。这样，不但使检查变得程序化，而且使凌乱的临床症状变得有主次要害之分。只要全面完整地掌握病史资料和临床症状，朝着诊断的目标，抓住主要矛盾，坚持指导思想，遵守诊断原则，猪病诊断就会变得不再困难。

②筛选法。面对很多缺乏典型症状和示病症状的疾病，应用筛选法对所有的临床症状加以鉴别排除。可以先根据一个主要症状或几个重要症状，提出多个可能疾病的假设，通过相互鉴别，逐步排除可能性小的疾病，缩小范围。实行筛选法时，主要看假设的疾病能不能解释病猪所呈现的全部症状，如果假设

的疾病与病猪临床症状有矛盾，则否定假设的疾病。经过几次排除，可以筛选出一个或几个可能性较大的疾病。如果一个假设不能解释所有的症状，则可能存在混合感染或者并发症。

第三节
常见猪病诊断指标

我国养猪在规模化水平提高的同时，也给生态环境的保护带来一定的挑战，有些密集型地区的养殖环境随之恶化，再加上引种和生猪调运频繁程度不断加剧，给传染病的流行提供了"临时班车"，因而传染病的流行和发展成为必然，给养猪业带来严重的威胁，养殖从业人员在诊断过程中往往显得无所适从。现将生产实践中猪常见传染病的常用诊断指标归类如下。

1. 常见病毒病

（1）猪瘟（猪为唯一的自然宿主）。

①流行病学。任何年龄段的猪均可感染，无季节性，但以冬季多见，有未免疫或免疫失败史。

②典型症状。体温升高，拱背，皮肤有血点，初便秘后下痢，脓性或浆液性眼屎，公猪包皮积尿。

③病理变化。淋巴结大理石状出血，肾土黄色，有针尖状出血点（雀斑肾），膀胱黏膜，心内、外膜，喉头及大肠黏膜有点状出血；脾脏边缘梗死；慢性或亚急性者见回盲口附近有纽扣状溃疡（扣状肿）。

④病原学诊断。被膜病毒科猪瘟病毒，硝酸诊断试验阳性（取内脏150克，捣碎后加入瓷盘内，加入90%酒精浸泡20分，用纱布过滤，取其滤液放入平底小瓷盘内，置于38℃恒温箱或室温下蒸发干，沿瓷盘边加入浓硝酸数滴，立即观察，有棕红色反应为阳性，淡黄色反应为阴性）。荧光抗体标记试验阳性。

（2）伪狂犬病。

①流行病学。一年四季均可发生，但以冬季多见；以断奶仔猪发病最多，有未免疫或免疫失败史。

②典型症状。小猪中枢神经障碍（阵发性痉挛，转圈运动，四肢或前肢叉

开站立，或泳状、或角弓反张）。妊娠母猪呈现流产，产死胎、木乃伊胎或死胎。

③病理变化。有典型神经症状者可见脑膜出血、充血，脑脊液增多。

④病原学诊断。动物试验出现奇痒症状；皮肤试验阳性（用于检测带毒猪，采用猪传代细胞培养伪狂犬病毒，在56℃下加热3小时，灭活后制成皮试抗原，在受检猪的眼睑皮下注射0.1毫升，若皮试部位出现严重红肿者为阳性）；免疫扩散试验为阳性。

（3）猪蓝耳病。

①流行病学。各年龄段猪均可发生。

②典型症状。双耳、外阴、腹下出现短暂性皮肤发绀。

③病理变化。间质性肺炎。

④病原学诊断。动脉炎病毒属；荧光抗体检验或酶联免疫吸附试验为阳性。

（4）流行性腹泻。

①流行病学。各年龄阶段猪均可发生；但以1~5日龄内哺乳仔猪多见；冬末初春多发，传播迅速，数天内可波及全群。

②典型症状。病猪排灰黄色或灰色恶臭水样便；呕吐（含有凝乳块），脱水。

③病原学诊断。免疫扩散试验呈阳性。

（5）传染性胃肠炎。

①流行病学。10日龄以内仔猪多见，其他年龄阶段呈隐性或轻度感染。

②典型症状。病猪排灰黄色或灰色恶臭水样便；呕吐。

③病理变化：（小肠）膨胀，充满黄色内容物，肠壁薄，肠绒毛萎缩。

④病原学诊断。免疫扩散试验呈阳性。

（6）猪细小病毒病。

①流行病学。头胎母猪为易感对象。

②典型症状。流产、死胎或木乃伊胎。

③病理变化。怀孕母猪感染后本身不表现明显的。

④剖检病变。胚胎病变是死后液体被吸收，组织软化；受感染而死亡的胎儿可见充血、水肿、出血，体腔积液，脱水（木乃伊化）等病变。

⑤病原学诊断。由细小病毒科细小病毒属细小病毒引起，病毒呈圆形或六角形，基因型为单股DNA，无囊膜。

（7）猪水疱病。

①流行病学。各年龄、品种的猪均有易感性；经粪尿和水疱液排毒；可经

消化道进入体内；一年四季均可发生，不良条件可诱发本病。

②典型症状。体温40~42℃；蹄冠、趾间、蹄踵可见1个或几个黄豆至蚕豆大的水疱，继而融合，1~2天后破溃，露出鲜红色溃疡面；若无继发感染；多呈良性经过。

③病理变化。病猪在鼻镜、口腔黏膜、蹄部和哺乳母猪的乳头周围可见水疱。

④病原学诊断。由猪水疱病毒感染引起。

（8）口蹄疫。

①流行病学。春消夏藏，秋始冬盛。

②典型症状。蹄冠、趾间、蹄踵可见1个或几个黄豆至蚕豆大的水疱，继而融合，1~2天后破溃，露出鲜红色溃疡面；若无继发感染；多呈良性经过。

③病理变化。病猪在鼻镜、口腔黏膜、蹄部和哺乳母猪的乳头周围可见水疱；"虎斑心"。

④病原学诊断。微核糖核酸病毒科口蹄疫病毒感染所致，病毒无囊膜。

（9）流行性乙型脑炎。

①流行病学。主要通过蚊虫叮咬传播，多发生于7~9月，主要侵害幼龄动物。

②典型症状。稽留热，粪便干燥，球状，表面有灰白色黏液，伴有神经症状；公猪睾丸热性肿胀，怀孕母猪流产，死胎。

③病理变化。脑和脊髓膜出血，液体增多；睾丸肿大，实质充血、出血、坏死，子宫内膜充血，有小出血点；胎盘呈炎性水肿，流产胎猪可见脑膜水肿，腹水增多，皮下血样浸润。

④病原学诊断。由黄病毒科黄病毒属的日本乙型脑炎病毒引起；病毒球形，单股核糖核酸，有囊膜，外有纤突。

（10）圆环病毒病。

①流行病学。可感染任何年龄段猪，猪圆环病毒1型主要感染1周龄内仔猪；猪圆环病毒2型主要感染哺乳仔猪、育肥猪和母猪。其中断奶仔猪多系统综合征，常见于6~8周龄，也见于5~16周龄的猪；猪皮炎和肾脏综合征常散发于哺乳仔猪至生长发育期猪；猪圆环病毒2型相关性繁殖障碍主要发生于母猪。

②典型症状。先天性震颤，断奶仔猪多系统综合征（黄疸，可视黏膜苍白，呼吸困难），皮炎和肾病综合征；繁殖障碍；返情率增高，流产，产木乃伊胎、死胎、弱仔。

③病理变化。猪圆环病毒1型感染无肉眼可见病变；多系统衰竭综合征可

见皮肤苍白，黄疸，肌萎缩；淋巴结肿大3~4倍，切面均质灰白，橡皮肺；肾脏高度肿大，苍白，肝萎缩；脾脏肿大，坏死。

④病原学诊断。免疫学试验阳性。

2. 常见细菌病

（1）猪链球菌病。

①流行病学。猪体的常在菌，猪多发生于秋、冬季节；经呼吸道、消化道、破损皮肤感染，仔猪多发败血症型和脑膜炎型；化脓性淋巴结炎，多见于青年猪。

②典型症状。高热稽留；颈、腹、胸下皮肤红斑；颌下、咽部淋巴结脓肿，关节肿大。

③病理变化。败血型各器官充血出血，各浆膜有浆液性炎症变化，心包积液增多。脾肿大暗红，包膜上有纤维素沉着。脑膜炎型见脑膜充血出血，脑脊液增多混浊，脑质有化脓性变化。

④病原学诊断。采关节液、血液、脑脊液、脓汁涂片镜检见不等链球菌革兰氏染色阳性；无芽孢、鞭毛。

（2）猪肺疫。

①流行病学。各年龄猪均有发生，以架子猪多见。多发生于秋末、春初气候骤变季节。

②典型症状。咽喉区高热红肿，呼吸困难，黏膜发绀，口鼻流泡沫样液体，呈犬坐姿势。

③病理变化。咽喉部及周围组织胶样浸润，皮下组织可见大量胶冻样液体。纤维素性胸膜肺炎病变。

④病原学诊断。取病猪血液、脾、肝、肾等涂片经吉姆萨或革兰氏染色，可见纤细正直和稍弯曲的小杆菌，阳性，菌体着丝均匀。

（3）猪传染性胸膜肺炎。

①流行病学。不同年龄阶段猪均有发生，但以2~5月龄，体重30~60千克猪多发，有明显季节性，多在4~5月和9~11月。

②典型症状。腹式呼吸，犬坐姿势，鼻中流出血样泡沫状液体；体温 > 42℃。

③病理变化。肺肝（心叶、膈叶）间质有胶冻样液体，胸腔内有黄红色混浊液体，肺炎灶部位附有纤维素；肺炎区与胸膜粘连。

④病原学诊断。耳鼻、气管、肺炎病变部位涂片，革兰氏染色镜检可见红色小球杆菌。

（4）猪丹毒。

①流行病学。多为地方流行或散发性，夏秋交替多发，经破损皮肤感染，多见于4~10月龄架子猪。

②典型症状。颈、胸、腹部形成大小不同的指压褪色的斑，皮表出现疹块。

③病理变化。败血型见脾充血肿大，呈樱桃红色，肾暗紫红色，肺淤血水肿，心内外膜有小点出血，肝充血，淋巴结充血肿大，胃底弥漫性充血；皮肤坏死性疹块，疣状心内膜炎，纤维素性关节炎。

④病原学诊断。取病猪血液、脾、肝、肾等涂片经吉姆萨或革兰氏染色，可见纤细正直或稍弯曲的小杆菌，菌体着丝均匀。

（5）副猪嗜血杆菌病。

①流行病学。常侵害2周至4月龄的仔猪和青年猪，主要在断奶期发生。

②典型症状。心包与心脏有摩擦音；体表出现紫斑，腕、跗关节红肿热痛；叩诊有振水音。

③病理变化。纤维素性或浆液性脑膜炎、胸膜炎、心包炎、腹膜炎和关节炎。

④病原学诊断。副猪嗜血杆菌在普通培养基上不可生长，在血液培养基上生长良好，与金黄色葡萄球菌共接种，形成"卫星现象"。

（6）仔猪副伤寒。

①流行病学。主要发生于饲养密度较大，且管理差的仔猪群；多发生于2~4月龄的仔猪，无明显季节性；以冬春寒冷季节、气候骤变时多见。

②典型症状。顽固性下痢，消瘦；耳蹄等部位表现蓝紫色。

③病理变化。急性型见脾脏肿大，似橡皮样，色灰暗。肠系膜淋巴结红肿。亚急性型见胃底黏膜弥漫性出血，大肠黏膜有浅平溃疡或坏死，表面有灰黄色或暗褐色假膜，用刀刮取可见底部污灰色，中央稍凹。肠系膜淋巴结肿大，肝脏、脾脏、肾脏、肺脏均有干酪样坏死灶。

④病原学诊断。取粪便、血液涂片镜检可见两端钝圆或长丝状，有荚膜、有鞭毛的短杆菌。

（7）仔猪红痢。

①流行病学。多见于1周龄内乳猪；主要见于1~3天的初生仔猪。

②典型症状。排红色粪便（恶臭，含有坏死组织）。

③病理变化。空肠呈暗红色，腔内充满红色内容物，腹腔内有红色积液，肠系膜内鲜红色，肠黏膜弥漫性坏死。

④病原学诊断。取粪便涂片可见革兰氏染色阳性厌气大肠杆菌，两端钝圆，有荚膜。

（8）仔猪大肠杆菌病。

①仔猪黄痢。流行病学：主要发生于1周龄内的哺乳仔猪，以1~3日龄更多见，死亡率高，传播快。典型症状：病仔猪排黄色或黄白色稀粪。病理变化：小肠内积有大量黄白色内容物和气体；卡他性肠炎。病原学诊断：取排泄物涂片镜检可见短小单个存在的革兰氏阴性小杆菌。

②仔猪白痢。流行病学：主要见于10~30日龄发病仔猪，发病率高，死亡率不高。典型症状：发病猪排灰白色的有腥臭味的糊糊样便。病理变化：胃内积气，有凝乳块；肠黏膜充血，出血，肠内有灰白色液体。病原学诊断：取排泄物涂片镜检可见短小单个存在的革兰氏阴性小杆菌。

③仔猪水肿病。流行病学：6~15周龄；断奶后的强壮仔猪多发。典型症状：眼睑、头颈部水肿，指压留痕，运动失调，惊厥和麻痹。病理变化：胃壁和肠系膜高度水肿，呈白色透明胶冻样，胸腹腔积液。病原学诊断：取排泄物涂片镜检可见短小单个存在的革兰氏阴性小杆菌。

④断奶仔猪腹泻。流行病学：常发生于断奶后5~14天的仔猪。典型症状：仔猪断奶后不久采食量明显下降并出现水样腹泻，脱水和沉郁，表现极强饮欲。典型症状：鼻盘、耳和腹部发绀。病理变化：胃充满干燥食物，底区充血；小肠扩张充血，内容物水样或黏液样，有异味，肠系膜高度充血；大肠内容物为黄绿色，水样或黏液样。死亡较晚者尸体散发出浓烈氨味；胃底有浅层溃疡。
⑤病原学诊断：取排泄物涂片镜检可见短小单个存在的革兰氏阴性小杆菌。

（9）猪痢疾。

①流行病学。各年龄段猪均易感，以7~12周龄最为易感；无季节性。

②典型症状。初见排黄色稀粪，后见黏液性血样性下痢。

③病理变化。大肠黏膜及肠系膜充血，水肿，渗出性卡他性肠炎。

④病原学诊断。刮取肠黏膜碎屑，涂片镜检，见到螺旋体可以确诊。

（10）猪传染性萎缩性鼻炎。

①流行病学。以2~5月龄青年猪多见。

②典型症状。泪斑，鼻痒，从鼻孔流出黏液性脓性节。鼻液混有血液。

③病理变化。鼻腔软骨和骨组织软化萎缩，主要见鼻甲骨，尤其是鼻甲骨下弯曲，多为单侧。

④病原学诊断。涂片镜检，可见有巴氏杆菌和败血巴氏杆菌。

（11）猪气喘病。

①流行病学。尤以哺乳仔猪和幼猪易感，自然感染仅见猪，无明显季节性，但以冬、春寒冷季节多见。

②典型症状。干咳，气喘，腹式呼吸，X线检查肺部有阴影。

③病理变化。肺脏病变对称胰样变或肉样变，纵隔淋巴结灰白色髓样肿大。

④病原学诊断。免疫扩散试验阳性。

（12）猪钩端螺旋体病。

①流行病学。各年龄段猪均可感染，多见于夏秋季多雨季节。

②典型症状。黄疸，血红蛋白或血尿皮下水肿，流产。

③病理变化。皮下组织黄染；淋巴结肿大，肝肿大，呈土黄色。膀胱积有血尿，肾脏肿大，有凹凸不平的白色小斑点或小结节。胸腔或心包积液。

④病原学诊断。粪便涂片检查可见钩端螺旋体，即可确诊。

（13）猪附红细胞体病。

①流行病学。多见于夏、秋季节，吸血昆虫活跃的季节。

②典型症状。体温39～41.5℃。皮肤显著红色，眼结膜、口腔黏膜黄染，苍白。

③病理变化。血液稀薄，樱桃红色；蓝灰脾脏，并有米粒大灰白色结节，肺门、纵隔淋巴结土黄色肿大。

④病原学诊断。血液涂片镜检可见病原体。

第十九章
猪病防治中如何做到科学使用兽药

　　兽药是用于防治动物疫病的，如果在养猪生产中防控疫病使用兽药不当，不仅不会取得良好的防治效果，而且会造成严重的损失。养猪生产中防控疫病要科学合理使用兽药，这直接关系到养猪场的生产效率、经济效益与食品安全问题，一定要高度重视。

第一节
规模化猪场滥用药物现象分析

现在的养猪界有一种这样的误区：在兽医临床上过分依赖药物，不管有没有用，凭感觉听"专家"一股脑儿把药物往饲料、饮水中倒，频繁地给猪注射药物。对兽药在临床使用上出现的一些误区剖析如下。

1. 药物广泛使用，误以为原粉的效果比复方制剂好

规模化养猪场在大量使用抗生素治疗和保健时，几乎在猪的每一个生产阶段都使用一星期以上的药物，使用抗生素种类越来越广泛，数量越来越大。还有很多养殖户受兽药经销商误导，认为原粉的效果比复方制剂的效果好，在疾病治疗和动物保健中大量使用原粉。由于原粉用量少，容易造成搅拌不均匀，再加上原粉没有添加药物增效剂或缓释剂，导致药物疗效下降。

2. 误认为抗生素、激素是"万金油"

很多养殖户误以为抗生素包治各种炎症，还能作为预防性用药，在养殖过程中经常使用抗生素和激素，以增强猪的抗病能力，加快增重速度；殊不知激素类药短时间使用是有很好的效果，但长时间使用会造成机体的内分泌系统紊乱，还能造成免疫抑制。实际上抗生素仅适用于由敏感细菌、真菌等引起的炎症，而对病毒性疾病等疗效并不明显，绝不是包治各种炎症的"万金油"。

3. 对使用药物的安全性了解不够，盲目加大用药剂量

药物的使用剂量逐渐放大，并且没有节制，如使用土霉素超过标准计量300倍；氟苯尼考超过30倍；磺胺类药物超过200倍。有人认为剂量越大预防治疗效果越好，其实不然。有些药物安全系数较小，治疗量和中毒量较接近，大剂量使用很容易引起副作用甚至中毒，或慢性药物蓄积中毒，损害机体肝、肾功能，致使自身解毒功能下降，给防治疾病带来困难，危害健康；破坏肠道正常菌群的生态平衡，杀死敏感细菌群，而不敏感的致病菌继续繁殖，引起二重感染；细菌易产生抗药性，随着耐药菌株的形成和增加，导致各种抗菌药物

临诊使用寿命越来越短，可供选择的药物越来越少，这不但会给临床治疗带来困难，而且加大了用药成本。

4. 迷信进口药品或新特药

有些饲养者认为，进口药、新特药效果好，不管价格多贵都用。实际上有很多种药虽然名字不一样，其药物的有效成分大同小异。加之有些厂家在说明书上不注明有效成分，更造成了用药中的混乱。

5. 不了解药物的主要成分，滥用药物

在治疗猪病时，养殖户不看药物的主要成分，只看商品名称，出现滥用药、用错药的情况。比如有些养猪场只要发现高热疾病，便连续大剂量使用安乃近等解热药，造成猪体虚脱昏迷，导致病情加重，致使疫情难以控制，延误治疗，造成损失。

6. 不按规定疗程用药，不注重药物配合使用

有些饲养者在治疗过程中用药物2天看不出明显效果，就认为效果不理想，立即更换药物，有时一种疾病连续更换几种不同的药物。这样做往往达不到应有的治疗效果，并且会延误治疗时机，造成疫病难以控制。还有的饲养者用一种药物治疗见有好转就停药，结果导致疾病复发而很难治愈。还有误以为剂量大、品种多总有有效的，殊不知这样很容易引起动物体内细菌耐药范围的增加，使以后的治疗增加难度。同时使用两种以上的抗生素，有可能造成用药无效的后果（药物配伍禁忌和拮抗）。

7. 为了追求生长速度和利润，滥用抗生素或违禁药物

有些养猪户为达到快速催肥猪的目的，在猪饲料中随意添加抗生素、镇静剂、激素、瘦肉精等，这样做很可能导致细菌的耐药性增高，而耐药性增高将会引起细菌变异，当变异由量变累积后产生质变，就可能导致由这种细菌产生的疾病流行。另外，长期或无节制地使用某些抗生素、磺胺类或激素类催肥药物、添加剂等，致使其大量残留在畜产品中被人类利用，危害人类的健康。

8. 重治疗，轻预防

许多饲养场预防用药意识差，不发病不用药，其后果是疾病发展到中、后期才实施治疗，严重影响了治疗效果，加大了用药成本。

9. 只图省力，不注意给药途径

有些养猪场为了图省事，将应该注射的疫苗拌在饲料里或饮水中使用，还有防疫注射时"打飞针"把疫苗注入脂肪层，结果造成防疫失败。在临床治疗上，有很多药物给药途径不同，疗效也大不相同。如氨基糖苷类（链霉素、庆大霉素等），胃肠道很难吸收，只有采用肌内注射或静脉滴注才能取得很好的效果。肌内注射是猪病临床最常用的给药途径，进行肌内注射，必须保证药物不能注入脂肪，因为注入脂肪中的药物很难被吸收，且易导致无菌性脓肿。

10. 误认为疫苗是万能的

在选用疫苗方面随意跟风，疫苗的保护是有条件的，是在一定攻击量的条件下才具有保护作用。就算免疫非常成功，如果环境中致病微生物的攻击量超过一定的数量，仍然有发病的可能。有些养猪场对疫苗的选择太随意，对专家的意见盲从，对不同品种疫苗的特点不去探究，别人一说好马上就选择使用，到底这个品种的疫苗适不适合自己猪场，根本不去考虑。尽管疫苗免疫是预防群发性疾病的主要手段，但高密度的免疫接种引起的免疫抑制是许多猪场猪群免疫抑制的重要原因。错误的免疫接种会造成免疫耐受或因抗原竞争而造成免疫失败。初次免疫时，母源抗体过高、疫苗接种剂量过大或过小、频繁接种都会使机体对抗原刺激不产生应答反应而导致免疫抑制。

第二节
猪场合理使用兽药应注意的问题

兽医临床上同时使用两种以上的药物预防与治疗疾病称为联合用药，其目的是提高防治效果，消除或减轻药物的毒副作用，减少耐药性的产生。防治疫病中联合用药要注意以下问题。

1. 正确诊断疾病，科学合理对症用药

对疾病正确诊断是治疗用药的前提，药物防治是对诊断结果的验证。因此，养猪生产中防治疾病一定要正确诊断，结合药物的性质和药理作用，针对疾病的病原体和临床特征，科学合理地采取对症联合使用兽药，以增强对病原体的杀灭作用，扩大抗病毒与抗细菌的功能，减少耐药性的产生，提高机体免疫力，才能达到药物预防与临床治疗的理想效果。如果对疾病诊断不正确，盲目联合用药，特别是滥用抗菌药物，结果不仅不能取得良好的防治效果，反而会影响与降低药物的疗效，增大药物的不良反应，诱发耐药性的产生，延误疾病的治疗，导致二重感染的发生，产生严重的不良后果。

2. 注意药物的配伍禁忌

兽医临床上联合用药时要考虑药物作用的协同、拮抗、不良反应，特别要注意药物的配伍禁忌。两种以上药物混合使用或者先后应用时，药物之间的相互影响和干扰，可能发生相互作用，出现使药物中和、水解、破坏失效等理化反应，这时可能发生混浊、沉淀、产生气体或变色等外观异常的现象，称为配伍禁忌。因此，联合用药如配伍不当，可降低药物疗效或增大药物的毒性。在养猪生产中防治疾病联合使用两种以上兽药时一定要慎重，避免药物配伍禁忌，防止发生医疗事故。

3. 注意药动学的相互作用

联合用药时，在机体内的器官、组织（如胃肠道、肝脏等）中或作用部位（如细胞膜、受体部位等）药物均可发生相互作用，使药效与不良反应增强或减弱。因此，联合用药要多采用具有协同作用、降低毒副作用的两种药物，科学合理配伍。同类药物一般不宜联合使用；应避免联合使用毒性相同的药物；联合用药的药物种类也不要过多（少用"三联""四联"），使用药物种类越多发生不良反应的概率越大。所以联合用药一定要注意药动学的相互作用。当临床上发生多种病原体混合感染或继发感染或出现严重耐药性菌（毒）株时，要及时进行实验室检验，根据药敏试验的结果，选用最敏感的药物联合组方实施治疗，以充分发挥不同药物之间的协同作用与促进作用，才有可能取得良好的防治效果。

4. 注意药物的使用剂量、疗程与给药方法

使用药物防治猪的疫病，必须使药物在机体内达到一定的浓度，才能发挥其药效作用。因此，按药物规定的每次或每天的剂量，并按规定时间和次数给药，保证有足够的疗程，这是防治疾病取得疗效的关键环节。防治中随意加大用药剂量、延长疗效，易导致药物在机体内产生残留，严重者可引发药物中毒反应。同时也造成药物浪费，增加成本。但也不能随意减少药物使用剂量，缩短疗程，因为药物剂量不够，疗程过短，根本不能完全杀灭病原体，一旦停止用药，受抑制的病原体又会重新生长、繁殖，出现严重的复发症状，同时还易诱发病原体产生耐药性，增加防治的困难。治疗疾病时要根据病情的轻重缓急、用药目的与药物的性质来确定最佳的给药方法。比如病情危重或药物局部刺激性较强时，以静脉注射给药为好。正常情况下，常用肌内或皮下注射给药。治疗胃肠疾病，宜采用口服给药。混饲给药用量要准确，混合要均匀；饮水给药要掌握好药物溶解性和浓度；口服给药既要避免药物对消化道黏膜的刺激作用，又要考虑消化液对药物的破坏作用。体表与黏膜给药既要防止中毒，又要避免引发皮炎。兽医临床上治疗用药，一般猪的传染病治疗连续用 3～5 天，直到症状消失后再用 2 天即可；慢性疾病的治疗，通常用药 10 天为一个疗程。

5. 注意药物对疫苗免疫接种的影响

目前兽医药品中有的药物对动物用的疫苗免疫接种有提升作用，有的对疫苗免疫接种产生抑制作用。因此，在联合使用药物防治疫病时，要充分注意药物对疫苗免疫接种的影响。尽可能选用具有提高免疫力作用的药物组方使用，以保障疫苗免疫的效果。一般情况下，猪场实施弱毒活疫苗免疫接种时，在注射疫苗的前 3 天与后 3 天停止使用抗菌药物和抗病毒药物，否则会影响弱毒活疫苗的免疫效果，导致疫苗免疫接种失败。免疫接种灭活疫苗（死疫苗）时，不会受其影响。

6. 注意防止药物蓄积中毒和毒副作用

有些兽药在机体内代谢与排泄非常缓慢，如果连续给药时间过长、剂量过大，易造成药物在体内蓄积中毒，损害肝、肾功能，应尽可能避免使用这些药物。有的药物可防治疾病，但也对动物机体有一定的毒副作用。所以，在联合使用

这类药物时，必须慎重，避免长期使用或随意加大使用剂量。如长期使用喹诺酮类药物会引起猪的肝、肾功能异常。长期使用卡那霉素、呋喃唑酮等药物，对猪的机体 B 淋巴细胞的增殖有抑制作用，还会降低疫苗的免疫效果。大剂量、长时间使用氯霉素添加饲喂，会抑制猪的骨髓造血功能，引起再生障碍性贫血，影响猪的生长发育，故已禁用。

7. 注意猪的品种、性别、年龄与个体差异

猪的品种与个体不同，其生理功能和生化反应也不同，对同一种药物的敏感性存在一定的差异。个体差异表现出对药物的耐药性和高敏性不同，具有对某种药物耐药性的个体可接受甚至超过其中毒量，也不引起中毒。而对具有高敏性的个体，即使小剂量的药物也可产生强烈的反应，甚至引起中毒。由于仔猪、老年猪和母猪的药物代谢酶活性较低，所以对药物的敏感性比成年猪和公猪要高，因此联合用药要适当地控制药物的剂量。比如妊娠母猪对拟胆碱药物非常敏感，该药易引起母猪流产，使用时要严格控制药物剂量。

第三节
猪场常用药物合理选用、配伍及使用方法

用于猪的治疗药物主要有青霉素类药物、磺胺类药物、四环素类药物、大环内酯类药物、氨基糖苷类药物、头孢菌素类药物、林可胺类药物等。下面对这些药物在临床上的选用、配伍及使用方法逐一进行介绍。

1. 抗生素药物的合理选用

抗生素药物的合理选用见表 4-19-1。

表4-19-1　抗生素药物的合理选用

抗原微生物		所致疾病	首选药物	次选药物
革兰氏阳性菌	猪丹毒杆菌	猪丹毒、关节炎	青霉素 G	红霉素
	金黄色葡萄球菌	败血症、化脓创、心内膜炎、乳腺炎	青霉素 G	红霉素、头孢类、林可霉素、磺胺类
	耐青霉素金黄色葡萄球菌	化脓创、乳腺炎、败血症、心内膜炎	耐青霉素酶的半合成青霉素	阿莫西林、红霉素、庆大霉素、林可霉素
	链球菌	链球菌性化脓创、肺炎、乳腺炎、猪链球菌	青霉素 G	红霉素、头孢类、磺胺类
革兰氏阴性菌	大肠杆菌	小猪黄痢、白痢、水肿病、腹泻、泌尿生殖道感染、腹膜炎、败血症	喹诺酮类、氟苯尼考	多西环素、氨基糖苷类、磺胺类
	沙门氏菌	肠炎、下痢、仔猪副伤寒	喹诺酮类、氟苯尼考	阿莫西林、氨苄西林、磺胺类
	巴氏杆菌	猪肺疫	氨基糖苷类、头孢类	磺胺类、喹诺酮类、四环素类
	嗜血杆菌	肺炎、胸膜肺炎	林可霉素、氨苄西林	喹诺酮类、氨基糖苷类、四环素类
其他	霉形体（支原体肺炎）	猪喘气病	泰妙菌素、替米考星	泰乐菌素、北里霉素、多西环素、林可霉素、喹诺酮类
	猪密螺旋体	猪痢疾	痢菌净	泰乐菌素、林可霉素
	钩端螺旋体		青霉素 G	链霉素、四环素
	弓形体	猪弓形虫病	磺胺类 + 甲氧苄啶	

2. 常见药物配伍结果

常见药物配伍结果见表4-19-2。

表4-19-2　常见药物配伍结果

类别	药物	配伍药物	结果
青霉素类	氨苄西林、阿莫西林、青霉素G钾	链霉素、新霉素、多黏霉素、喹诺酮类、庆大霉素、卡那霉素	疗效增强
		替米考星、多西环素、氟苯尼考	降低疗效
		维生素C、多聚糖磷脂酶	沉淀、分解失效
		氨茶碱、磺胺类	沉淀、分解失效
头孢类	头孢拉定、头孢氨苄	硫酸新霉素、庆大霉素、喹诺酮类、硫酸黏杆菌素	疗效增强
		氨茶碱、维生素C、磺胺类、多西环素、氟苯尼考	沉淀、分解失效、降低疗效
氨基糖苷类	硫酸新霉素、庆大霉素、卡那霉素、链霉素	氨苄西林、头孢拉定、头孢氨苄、多西环素、甲氧苄啶	疗效增强
		维生素C	抗菌减弱
		同类药物	毒性增强
大环内酯类	硫氰酸红霉素、替米考星	硫酸新霉素、庆大霉素、氟苯尼考	增强疗效
		林可霉素	降低疗效
		磺胺类、氨茶碱	毒性增强
		氯化钠、氧化钙	沉淀、析出游离
多黏菌类	硫酸黏杆菌素	多西环素、氟苯尼考、头孢氨苄、替米考星、喹诺酮类	疗效增强
		硫酸阿托品、头孢类、硫酸新霉素、庆大霉素	毒性增强
四环素类	多西环素、金霉素	同类药物及泰乐菌素、泰妙菌素、甲氧苄啶	增强疗效（减少使用量）
		氨茶碱	分解失效
		三价阳离子	形成不溶性难吸收的络合物
喹诺酮类	诺氟沙星、恩诺沙星、环丙沙星	头孢拉定、头孢氨苄、氨苄西林钠、链霉素、硫酸新霉素、庆大霉素、磺胺类	疗效增强
		四环素、氟苯尼考	疗效降低
		氨茶碱	析出沉淀
		金属阳离子 Ga^{2+}、Mg^{2+}、Fe^{2+}、Al^{3+}	形成不溶性络合物

类别	药物	配伍药物	结果
茶碱类	氨茶碱	维生素 C、多西环素、盐酸肾上腺素等酸性药物	混浊分解失效
		喹诺酮类	降低疗效
林可霉素类	盐酸林可霉素	甲硝唑	疗效增强
		替米考星	疗效降低
		磺胺类、氨茶碱	混浊、失效
抗球虫药	氨丙啉	维生素 B$_1$	疗效降低
	二甲硫胺	维生素 B$_1$	疗效降低
	莫能霉素或马杜霉素或盐酸霉素	泰妙菌素、竹桃霉素	抑制动物生长，甚至中毒死亡
影响组织代谢药	维生素 B$_1$	生物碱、碱性药液	沉淀
		氧化剂、还原剂	分解、失效
		氨苄西林、头孢类、多黏菌素	破坏、失效
	维生素 B$_2$	碱性药液	破坏、失效
		氨苄西林、头孢类、多黏菌素、四环素、金霉素、土霉素、硫酸新霉素、卡那霉素、林可霉素	破坏、灭活
	氯化钙	碳酸氢钠、碳酸氢钠溶液	沉淀
	葡萄糖酸钙	碳酸氢钠、碳酸氢钠溶液、水杨酸盐、苯甲酸盐溶液	碳酸氢钠、碳酸氢钠溶液

3. 猪场常用抗生素药和抗寄生虫病药的使用方法

猪场常见抗生素药和抗寄生虫病药的使用方法见表 4-19-3。

表 4-19-3 猪场常用抗生素药和抗寄生虫病药的使用方法

名称	制剂	用法与用量	休药期
青霉素钠（钾）	注射粉针	肌内注射：1 次量每千克体重 2 万 ~3 万国际单位	
氨苄西林钠	注射粉针	肌内或静脉注射：1 次量每千克体重 10~20 毫克，1 天 2~3 次，连用 2~3 天	

名称	制剂	用法与用量	休药期
羟氨苄青霉素（阿莫西林）	注射粉针	肌内或静脉注射：1次量每千克体重10～20毫克，1天2～3次，连用2～3天	
普鲁卡因青霉素	注射粉针或注射液	肌内注射：1次量每千克体重2万～3万国际单位，1天1次，连用2～3天	
头孢噻呋钠	注射粉针	肌内注射：1次量每千克体重3～5毫克，1天1次，连用2～3天	
硫酸链霉素	注射粉针	肌内注射：1次量每千克体重10～15毫克，1天2次，连用2～3天	
硫酸庆大霉素	注射液	肌内注射：1次量每千克体重2～4毫克，1天2次，连用2～3天	40天
硫酸庆大霉素—小诺米星	注射液	肌内注射：1次量每千克体重1～2毫克，1天2次，连用2～3天	
硫酸新霉素	粉剂	拌料或饮水：每千克体重10毫克，连用3～5天	3天
硫酸阿米卡星	注射液	皮下或肌内注射：1次量每千克体重5～10毫克，连用3～5天	
盐酸林可霉素—大观霉素（按1：2比例）	预混剂	混饲：每1000千克饲料44克，连用5～7天	5天
	可溶性粉剂	混饮：每千克体重5毫克，连用3～5天	5天
	注射针剂	肌内注射：1次量每千克体重5～10毫克	
硫酸安普霉素	可溶性粉剂	混饮：每千克体重12.5毫克，连用5～7天	21天
土霉素	预混剂	混饲：每千克体重10～25毫克，1天2次，连用2～3天	5天
	长效注射剂	肌内注射：1次量每千克体重10～25毫克，1天1次，连用2～3天	28天
盐酸金霉素	预混剂	混饲：每千克体重10～25毫克，连用3～5天	5天
盐酸四环素	预混剂	混饲：每千克体重10～25毫克，连用3～5天	5天
盐酸多西环素	预混剂	混饲：每千克体重3～5毫克，连用3～5天	5天

续表 2

名称	制剂	用法与用量	休药期
氟苯尼考	预混剂	混饲：每千克体重 20～30 毫克，连用 3～5 天	30 天
	注射针剂	肌内注射：1 次量每千克体重 20 毫克，每间隔 48 小时 1 次，连用 2 次	30 天
烟酸诺氟沙星	注射液	肌内注射：1 次量每千克体重 10～25 毫克。	10 天
	可溶性粉剂	口服：每千克体重 10 毫克，连用 5～7 天。	8 天
烟酸环丙沙星	注射液	肌内或静脉注射：1 次量每千克体重 2 毫克。	10 天
恩诺沙星口服液	注射液	肌内或静脉注射：1 次量每千克体重 2.5 毫克，1 日 2 次，连用 3～5 天	10 天
	口服液	口服（仔猪灌服）：1 次量每千克体重 10～25 毫克，1 天 2 次，连用 3～5 天	8 天
甲磺酸达诺沙星	注射液	肌内注射：1 次量每千克体重 1.25～2.5 毫克，1 天 2 次，连用 3～5 天	25 天
乙酰甲喹（痢菌净）	注射液	肌内注射：1 次量每千克体重 2～5 毫克	
	预混剂	拌料混饲：每千克体重 5～10 毫克，1 天 2 次，连用 3 天	
喹乙醇	预混剂	混饲：饲料中添加严格控制在 0.005%～0.01%，连用 3 天	35 天
越霉素 A	预混剂	混饲：每千克体重 5～10 毫克，连用 5～7 天。	
乳糖酸红霉素	注射粉针	静脉注射：1 次量每千克体重 2～5 毫克，1 天 2 次，连用 3 天	
吉他霉素（北里霉素）	片剂	口服：每千克体重 20～40 毫克，连用 3～5 天。	7 天
	预混剂	混饲：每千克体重 20～40 毫克，连用 3～5 天	
酒石酸北里霉素	可溶性粉剂	混饮：每千克体重 10～20 毫克，连用 1～5 天	7 天
泰乐菌素	注射液	肌内注射：1 次量每千克体重 8～10 毫克，1 天 2 次，连用 3 天	14 天
酒石酸泰乐菌素	注射液	皮下或肌内注射：1 次量每千克体重 5～15 毫克，1 天 2 次，连用 3 天	14 天

续表 3

名称	制剂	用法与用量	休药期
磷酸泰乐菌素	预混剂	混饲：每千克体重 8～10 毫克，连用 3～5 天	14 天
磷酸替米考星	预混剂	混饲：每千克体重 4～5 毫克，连用 5～7 天	14 天
延胡索酸泰妙菌素	可溶性粉剂	混饮：每千克体重 4～6 毫克，连用 5 天	7 天
	预混剂	混饲：每千克体重 4～10 毫克，连用 5～7 天	5 天
杆菌肽锌	预混剂	混饲：每千克体重 4～40 毫克，连用 5～7 天	7 天
杆菌肽锌—硫酸黏杆菌素	预混剂	混饲：每千克体重 2～20 毫克，连用 5～7 天	7 天
硫酸黏杆菌素	可溶性粉剂	混饮：每千克体重 2 毫克 ～20 毫克，连用 5～7 天	7 天
	预混剂	混饲：每千克体重 2～20 毫克，连用 5～7 天	5 天
硫酸小檗碱	注射液	肌内注射：1 次量每千克体重 50～100 毫克	
林可霉素	注射液	肌内注射：1 次量每千克体重 4 毫克 ～8 毫克，1 天 2 次	2 天
	预混剂	混饲：每千克体重 4～8 毫克，连用 5～7 天	
	可溶性粉剂	混饮：每千克体重 4～8 毫克，连用 5～7 天	5 天
黄霉素	预混剂	混饲：每千克体重 5 毫克，连用 5～7 天	
磺胺嘧啶	注射液	静脉或肌内注射：1 次量每千克体重 20～30 毫克，1 天 2 次，连用 3 天	2 天
	片剂或粉剂	内服：1 次量每千克体重首次 0.14～0.2 克，维持量 0.07～0.1 克，连用 3 天	
磺胺二甲基嘧啶	注射液	静脉或肌内注射：1 次量每千克体重 50～100 毫克，1 天 2 次，连用 3 天	
	片剂或粉剂	内服：1 次量每千克体重首次 0.14～0.2 克，维持量 0.07～0.1 克，连用 3 天	
磺胺甲基异噁唑	片剂或粉剂	内服：1 次量每千克体重首次 0.14～0.2 克，维持量 0.07～0.1 克，1 天 2 次，连用 3 天	

名称	制剂	用法与用量	休药期
复方磺胺对甲氧嘧啶钠注射液	注射液	肌内注射：1次量每千克体重15～25毫克，1天2次，连用3天	
甲氧苄啶	复方制剂	内服：常与磺胺药1:（4～5）配合使用	
二甲氧苄啶	复方制剂	内服：常与磺胺药1:（4～5）配合使用	
阿维菌素或伊维菌素	注射液	皮下注射：1次量每千克体重0.2～0.3毫克	18天
妥曲珠利（百球清）	溶液剂	小猪灌服：1次量每千克体重7～20毫克	

第四节
后非洲猪瘟时代及饲料"禁抗"之后猪场用药策略

农业农村部于2019年7月10日发布第194号公告，明确要求自2020年7月1日起，所有商业饲料生产中停止使用促生长用抗生素，2020年12月31日起，停止除中药外的所有促生长类药物饲料添加剂在商业饲料中使用，这预示着以"药"养猪的模式将成为过去。在非洲猪瘟防控和"禁抗"已常态化下的当今，如何科学使用兽药，做好疫病防控，现做以下总结。

1. 猪场用药的怪现象及原因分析

关于药物保健的概念最早起源于外资企业，现在官方没有统一的说法和定义。他们宣传的"有病用药治疗，无病用药保健"的观念至今仍影响着我国大部分猪场。不论猪生病与否，都要定期加药"保健"，药物保健已成为养猪人的一种心理"安慰剂"。在一些猪场，只要猪群发病，不论是病毒性疫病、细菌性疫病还是管理造成的，兽医都会使用抗生素，因此导致抗生素处于一种盲目使用和滥用的状态，其主要原因如下。

（1）猪场环境恶化导致猪疾病的频发是引起滥用抗生素的导火索。养猪的红利驱使着无数的淘金者加入，养猪场遍地开花，已超出土地的承载量，猪群饲养密度过大，形成了局部特有的不利的小气候，再加上对环保治理资金投入不足，导致局部地区生态恶化，成为发病的突破口。

（2）兽医防治水平低下是滥用抗生素的根源。猪场执业兽医寥寥无几，何谈"水平"？如2019年1月2日，东北某集团公司73 000头生猪存栏的猪场暴发非洲猪瘟后，官方溯源提及的兽医竟然"用一个针头给同舍、同圈几千头生猪进行疫苗接种"。从目前服务于猪场的兽医工作者整体情况来看，多数只不过是打针熟练的操作工，真正能独立处理猪场疫病的比较少。

（3）主管部门监管不力为无序使用抗生素开启方便之门。作为行业主管部门，监督企业依法生产、经营、正确使用兽药是义不容辞的责任，但是由于养殖行业的特殊性，造成执法部门在监管力度上不足。从整个行业上来看，缺乏相应的执法力度。

2. 非洲猪瘟防控及饲料"禁抗"之后猪场用药策略和方法

猪肉安全关系到国计民生，滥用抗生素不仅仅危害猪肉安全，也给环境带来一定危害。在当前环境下，探索一种"无抗"养殖模式，是养猪业未来发展的主要方向。

（1）从提高机体免疫力入手，做到未病先防。《黄帝内经》说，正气存内，邪不可干，邪之所凑，其气必虚。其中所提及的正气指免疫力和抵抗力。从兽医角度来说，动物疾病的发生多为气血失常所致，因此，未病先防，把疾病消灭在萌芽状态，不失为上策。例如根据不同的时期和季节在饲料中添加黄芪、刺五加、女贞子和越橘等增强动物机体免疫力和抗病力的中草药。

（2）使用环保型功能性添加剂替代抗生素，以确保猪群的健康生长。环保型功能性饲料添加剂，具有提高免疫力和抗应激能力，改善机体亚健康状态及降低发病率等作用，是一种具有动物保健功能的饲料添加剂。

①微生态制剂。微生态制剂是根据微生态学原理，利用正常微生物菌群制成的调整机体微生态平衡的活的微生物制剂。具有调节动物胃肠内的菌群平衡，抑制有害菌的生长，增加免疫和抗病力的作用，可以促进猪群生长发育，提高饲料转化率、日增重及减少腹泻发生的概率。

②抗菌肽。顾名思义，抗菌肽是一类有抗菌活性的多肽，由30~60个氨基酸残基组成，具有广谱抗菌性。抗菌肽通过与细胞膜脂质双分子层结合形成通道，或直接穿透细胞膜，进而使细胞裂解、死亡，可杀灭细菌、真菌、原虫及病毒等，且具有调节胃肠道菌群的功能，目前已广泛应用于畜牧生产中，其自身特性使其在临床中可在一定程度上替代抗生素。

③有机酸制剂。有机酸是一种具有酸性的有机化合物的总称，饲料中常用有机酸添加剂有柠檬酸、富马酸、乳酸、丙酸、苹果酸、山梨酸及其盐类。饲料中添加酸化剂的主要作用：一是降低胃肠道内的 pH，为有益微生物提供最适宜的生存环境，间接降低细菌数量；二是抗菌，有机酸在降低环境 pH 的同时，还可以通过破坏细菌细胞膜，干扰细菌酶的合成，影响细菌 DNA 的复制，产生直接的抗革兰氏阴性菌的作用；三是有利于提高机体调节免疫系统及抗病能力。

④植物提取物。植物提取物是从植物中提取的有效成分，具有生物学功能的活性物质，作为抗生素的替代品，具有改善胃肠道菌群、促进生长、抗细菌、抗真菌、抗病毒的效应，从而达到预防疾病的目的。

3. 防控非洲猪瘟及"禁抗"背景下的用药模式

在近几年养殖行业遭受重大疫病袭击的非常时期，现介绍一种比较适合后非洲猪瘟时代及"禁抗"背景下猪场的用药模式。

（1）预防非洲猪瘟的策略。非洲猪瘟临床主要表现为高热、皮肤发绀和各脏器出血等，属中医温病范畴，其病是因"邪之所凑，其气必虚"而起，可遵循"先补气补血，扶正固本"的防治原则。如以历史名方益气固表的玉屏风散为基础，在兽医临床上进行组合，其比例为黄芪 3 份，当归、白芍 2 份，白术、防风 1 份，制成超细粉（通常指大于 200 目细度）后在每吨饲料中添加 3 千克，连用 15 天；该方具有增益正气，养阴补血、活血益气固表，表里兼顾，驱外邪等功效，其效果显著。

（2）新生仔猪的保健。为预防仔猪大肠杆菌，仔猪出生后灌服益生素 2 毫升，连服 3 天；仔猪 1 日龄、15 日龄分别补血补铁 1 毫升、1.5 毫升，同时注射黄芪多糖 1 毫升、1.5 毫升以提高机体的免疫力。

（3）保育仔猪的保健。为防止仔猪断奶应激综合征的发生，在每立方水中添加葡萄糖 5 千克、多种维生素及黄芪多糖 500 克，连喂 7 天；为控制其他病毒性疾病，在每吨饲料中添加溶菌酶、卵黄素各 500 克，连喂 7 天。

（4）种猪、中猪、大猪的保健。长期在饲料中添加溶菌酶、卵黄素，定期添加玉屏风散方剂。

（5）驱虫性预防用药。猪的寄生虫病感染是隐性的，造成的经济损失不可估量，做好寄生虫病的预防至关重要。目前猪场多采用"4+1"或"4+2"驱虫模式："4+1"模式是种公猪、种母猪每3个月驱虫一次（即1年4次）；引进猪及后备公母猪并入种猪群时驱虫一次；初生仔猪在保育阶段50~60日龄驱虫一次。"4+2"模式是在"4+1"模式的基础上，对90~100日龄的育肥小猪再强化驱虫1次。"4+1"模式或"4+2"模式驱虫的方法，选择高效的"伊维菌素+阿苯达唑"复方驱虫剂，每吨饲料添加1千克，连喂7天。

4. 确保药物疗效的有效措施

好的方案必须要有一定的配套措施，否则难以达到预期目的。为此，养殖企业一是要建立健全相应的生物安全体系，强化"人流、物流、猪流"，防蚊、蝇、鸟、鼠及病残猪无害化处理的关键环节的管理，切断感染源；二是严格执行生猪标准化流程管理，为猪提供一个良好的生活环境，以减少疾病的发生概率；三是要加强全员素养和专业技能培训，增强员工的责任感，推行"清单管理"，有助于提高员工的工作效率。

"无抗"时代已经来临，兽医工作者一定要经得起考验，抛弃旧的思维模式，从治疗兽医向预防管理兽医过渡，做到不依赖抗生素，在"禁抗""替抗"形势下，坚持传承中医兽药的创新与发展，采用中医兽药微生态保健，做到不用或少用抗生素，规范接种疫苗，认真贯彻养重于防、养防并重的原则，这样才有望化解非洲猪瘟危机。

第二十章
非洲猪瘟流行的新特点及防控案例分享

　　非洲猪瘟引起的猪高发病率和死亡率，已给我国养猪产业造成巨大经济损失，使生猪产业遭受沉重打击，导致部分生猪养殖场停产停业，猪肉产品供需平衡失调，猪肉价格涨幅大，给人民生活生产造成严重影响。非洲猪瘟早期很难发现、疫情根除难、防控难度极大，一旦暴发，将会给感染猪场造成毁灭性的损失，严重影响我国生猪养殖业的发展，因此，加强非洲猪瘟的防控和疫苗的研发势在必行。

第一节
关注非洲猪瘟临床表现的新特点

非洲猪瘟在经过多次传染、传代后，必然会出现变化，表现为潜伏期长、猪带毒时间长、传播速度变慢、死亡率降低的慢性非洲猪瘟、温和性非洲猪瘟。同时非法疫苗的出现，使得非洲猪瘟临床早期发现难度增加，精准剔除操作困难，一旦发现时，往往全群已经大面积感染，损失惨重。因此，为了进一步做好防范，对非洲猪瘟的临床新特点进行总结如下。

1. 流行病学

当猪场出现以下这些既往病史时，必须引起高度重视：大多有直接、间接使用非法非洲猪瘟疫苗的历史，外购猪苗或引种了使用非法非洲猪瘟疫苗的后代；感染过非洲猪瘟后的复养场；猪咳嗽、喘气久治不愈或腹泻断断续续出现；伴随赶猪、转群、分娩等应激因素之后出现。

2. 临床症状

猪群类别不同、感染病毒毒力不同、感染时间不同，症状表现会有较大差异，临床症状表现比较复杂。

母猪偶见体温升高、流产、死胎率高、有时出现木乃伊胎，发情延迟，返情比例增加，乳房皮肤有时出现溃疡或结痂；胎儿可能全身水肿，胎盘、皮肤、心肌或肝脏有瘀血点。

仔猪一般没有明显的症状；在发病初期可能见到咳嗽、喘气等症状，个别猪会有神经症状。

育肥猪临床症状不典型，与强毒感染明显不同。病猪表现为低热或体温正常，食欲下降，长期消瘦；使用抗生素后，临床症状会减轻，采食有所改善；眼睛有脓性分泌物，鼻孔也有脓性分泌物流出；有的病猪表现为咳嗽、喘气；有的病猪表现为关节肿大、跛行；有的病猪表现皮肤溃疡、坏死、溃疡面大小不一；极少数病猪臀部、耳朵、皮肤变色，发绀。这些症状可能同时出现或部分出现。

3. 剖检变化

淋巴结肿大出血、切面呈大理石样；肺苍白如纸，表面有纤维素性渗出，出现 1~2 个 2~5 厘米结节；心包少量积液，心肌水肿，表面有散在出血点；肝轻微肿胀，淤血；肾表面有散在出血点，针尖大小，肾乳头出血；脾脏没有明显变化；膀胱黏膜充血；胃黏膜充血；回盲口有溃疡灶，小肠和大肠肠道黏膜有弥漫性点状出血，粪便干硬呈球状，扁桃体充血。

4. 实验室检测

慢性、温和性病例核酸检测不易检出，出现明显临床症状后，口、鼻、肛拭子非洲猪瘟核酸检测呈阳性。病原检测呈现间歇弱阳性；当猪群受应激因素如赶猪、转群、分娩的影响，核酸检测可能由阴转阳。咳嗽、喘气久治不愈病例，初期非洲猪瘟核酸阴性，多次检测后可能出现非洲猪瘟阳性病例，病死猪非洲猪瘟阳性检出率 25% 左右。抗体检测可作为弱毒株、疫苗毒排查的有效补充，但在感染初期可能会出现病毒载量低、抗体产生慢的抗原、抗体双空白期，而出现漏检。口、鼻、肛拭子有时检测阴性，但血液检测时可能会出现阳性。对流产胎衣，病猪剖检取淋巴结、脾脏等检测，疑似病例弱毒株、疫苗毒检出率会大大升高。非洲猪瘟核酸检测会出现隔代传染病例，即母猪检测阴性，而后代呈阳性病例。

5. 提示与建议

非洲猪瘟目前无药可医，主要依靠生物安全措施，但防治并发病与继发病，对非洲猪瘟防控有重要辅助作用。对原种场、扩繁场及一些问题场，净化是控制疾病的必由之路，防控非洲猪瘟也是如此，发现即清除。免疫、控制、监测、稳定是净化手段，但花费时间长、费用高，技术、人员、硬件做不到位有转阳的可能。随着时间的推移，非洲猪瘟毒力减弱之后，也可能如猪蓝耳病一样，带毒生产。科学引种、合理驯化要引起足够重视，控制外来疾病传入是猪场稳定生产的保障。切记：慢性非洲猪瘟、温和性非洲猪瘟必须定期、持续开展非洲猪瘟检测；对疑似病例、久治不愈病例可多次反复检测加以确认；非洲猪瘟抗体检测可作为弱毒株、疫苗毒排查的有效补充；慢性、温和性非洲猪瘟的确诊，必须结合临床多种表现综合诊断。

第二节
非洲猪瘟防控进展回顾

近几年防控非洲猪瘟已经进入了持久战，疫情的散发将常态化。因此，我们采取的防控措施必须简便有效、可持续和可操作，要紧紧围绕如何切断非洲猪瘟病毒进入猪场生产区和如何提高猪感染非洲猪瘟病毒的阈值两条主线制订方案，这样才能彻底打赢防控非洲猪瘟的持久战。

1. 非洲猪瘟疫情的定点清除方案日益成熟

随着国家对非洲猪瘟疫情处置方案的不断调整，许多猪场逐渐探索出了从猪场内部分区扑杀，到以舍为单位、以栏为单位、以圈为单位扑杀的处置方案；既有效地控制住了疫情，又最大限度地减少了损失。定点清除方案成功的前提：猪场内部日常的生物安全管理到位；感染猪早发现早处理，其中如何尽早发现感染猪，也从早期的以定期检测口腔液为主，发展到更经济和易操作的根据采食或精神状态发现异常猪。

2. 防控疫病的生物安全措施更具操作性

生物安全措施的核心是切断病原体与易感动物接触的机会，所以相关的生物安全措施也从早期的建立区域性清洗消毒中心和一千米外的卖猪中转站，发展到以猪场围墙为第一道防线。猪场只有严格管理好卖猪台、人员进出通道、饲料及其他物料进入通道和粪污及死猪出口等4个进出猪场生产区的口子，不让非洲猪瘟病毒通过这4个进出口进入生产区，才能缩短防控战线，使生物安全措施更加可持续和可操作。

3. 消毒技术和药物选择更加理性

猪场内外的消毒方法从以简单的喷洒为主，发展到综合使用喷雾消毒、熏蒸消毒、热蒸汽消毒等更全面更彻底的立体消毒方法。消毒药物的选择也从盲目跟风，发展到注重实际效果和是否对人、猪安全及不污染环境。

4. 提升猪群感染非洲猪瘟阈值的部分中药和益生菌产品得到了临床验证

在商品化非洲猪瘟疫苗上市之前，保护易感猪的唯一可行方法就是提高猪的非特异性免疫力，提升猪对非洲猪瘟病毒的感染阈值。目前已有部分中药或益生菌产品在非洲猪瘟疫点的定点清除和复养过程中取得了较好的临床效果。

5. 基础免疫在降低非洲猪瘟发病率和死亡率上的作用得到了认可

在防控非洲猪瘟的临床案例中，不同猪场的疫情蔓延速度和死亡率存在较大的差异。经流行病学调查，证实做好猪场的猪蓝耳病、猪圆环病毒病、猪伪狂犬病和猪支原体肺炎等免疫抑制病的防控对非洲猪瘟疫点的定点清除作用巨大。某位猪场负责人片面理解了"注射"可能会传播疫病的风险，在猪场没有非洲猪瘟疫情的情况下停止了基础免疫工作。结果在非洲猪瘟疫情真正来临时，由于猪群已经处于免疫抑制状态，使得疫情迅速蔓延，死亡率几乎达到100%，损失惨重。

第三节
防控非洲猪瘟的有效模式——清单管理

山西临汾彦畅春养猪有限公司是一个大型生猪养殖企业（年出栏生猪5万头），面对汹涌而来的非洲猪瘟，企业承受极大的压力。沈阳首例非洲猪瘟疫情发生后，总经理在第一时间就向笔者及其团队电话咨询疫情的动态，并邀请帮助他们建立防控体系。因来往比较密切，对该公司的管理和饲养模式——"四阶段饲养三次转群"的工艺流程（种猪配种怀孕→分娩产仔→保育→育成、育肥→出栏）比较了解，根据当时国内外非洲猪瘟疫情的动态及趋势，以大道至简、便于操作的原则，确定猪场以5S卫生管理为标准，对危害点实行清单管理。从几年来该公司和其他地区总体的运营情况来看，防控效果显著，现介绍如下：

1. 清单管理的内涵及特点

清单管理是由福州日出东方管理咨询有限公司，为了配合《ISO9001中国式质量管理》实施而推出的一种有效的管理工具，由于简单实用，后来被各行业所采用，并取得良好的社会效应。

（1）清单管理的内涵。就词义而言，清单是指详细登记有关项目的单子；所谓清单管理是指针对某个领域职能范围内的管理活动，按照某种顺序以表格的方式呈现，形成条目明晰、准确、一目了然的清单，从而创建流程化、标准化、制度化的标准，以"动态式"管理控制清单的模式。

（2）清单管理的特点。一是能显著提升管理水平。清单化管理的核心是超前，具有目标明确简明扼要，可检性强，突出全面提醒、细节提醒等特点，简单实用，能提升综合管理水平及员工的技术素质和操作能力。二是可减少"无能之错"的风险。古人曰"人非圣人，孰能无过"，因此，人们在日常工作中，难免会犯错误。这些错误概括起来有两种：一种是无知之错，另一种是无能之错。前者因没有掌握正确的知识而犯错，可以原谅；后者是虽然掌握了正确的知识，却没有正确地使用知识而犯错，是不能被原谅的。清单作为一种可视化的强制约束，可以保证关键步骤和重要内容不遗漏，降低人为因素造成错误的风险。三是实现可追溯性。清单管理是针对某职能部门的一项管理，在理清"责、权、利"关系的同时，建立"动态式"的管理控制清单，犹如内部管理多了一面镜子、一把尺子，可以测出工作中不到位的地方，测出距离标准的差距，随时反映该项目管理变动状态，方便追溯，实现可追溯性，以便于对存在的问题修正，极大提高工作效率。

2. 运作模式

公司成立以总经理为第一责任人的"防非"领导小组，对各岗位的分工、卫生标准及生物安全危害关键点以文件的方式进行了细化，并制定了奖罚措施，确保养猪生产安全运营。

（1）落实防控责任。山西临汾彦畅春养猪有限公司在"防非"人员组成后，对各职责分工进行细化，对每个防控环节如何操作进行培训；建立监督机制，监督每个防疫环节落实情况，确保无漏洞可钻。见表4-20-1。

表 4-20-1　山西临汾彦畅春养猪有限公司"防非"人员组成与职责

"防非" 人员组成	职责
场长（总经理）	本场"防非"领导小组实行总经理负责制，总经理为第一责任人。 总经理确保"防非"物资的及时供给。 协调各职能部门在工作中的衔接及相互配合。 监督"防非"过程各项措施的执行和落实。 及时通报执行中存在的问题及纠偏方案。 总结经验，弘扬正气，树立典型，实行奖优罚劣。
兽医及技术主管	兽医总监直接对总经理负责，并牵头拟订全场非洲猪瘟防控的整体方案。 随时掌握周边疫情动态，做好精准防控及应急处理预案。 负责全场各个环节消毒药物的使用和消毒效果监测。 监督本场兽药、疫苗使用状况，并跟踪使用效果。 做好全场死猪、死胎、木乃伊胎、胎衣及其废弃物的无害化处理工作。 按官方要求及时准确地填写相关记录。
门卫	把好大门，严格执行本场的消毒防疫制度并填写相关记录。 按 5S 工作标准要求，搞好本区域内清洁卫生。 严禁外来人员进入，本场职工凭请假凭条外出，进场时履行消毒程序。 在指定的位置负责运物资车辆进场的消毒；对运猪车辆及出猪台的消毒要固定专人。 大门口消毒池根据情况及时更换消毒液，保持有效的浓度。
饲养人员	严格遵守场规场纪，执行封闭隔离制度。 按消毒防疫要求，协助本段主管做好本职工作。 不折不扣地执行本场 5S 工作标准。 对猪群做到时时观察，发现异常问题及时上报。 认真填写本舍的相关记录，做到准确无误。

（2）猪场 5S 管理体系。5S 管理源于日本，即整理（Seiri）、整顿（Seiton）、清扫（Seiso）、清洁（Seiketsu）和素养（Shitsuke），是一种管理文化，强调以现场管理为基础，以简要的方式罗列出工作重点。将 5S 管理嵌入养猪企业管理中，可以大大减少工作量，从而提高企业的管理效率。见表 4-20-2。

表 4-20-2　山西临汾彦畅春养猪有限公司 5S 管理标准

项目	工作标准
整理	对各栋舍内的物品每月进行 1 次盘查汇总。 对本舍库存的物品判定需要与否。对需要的物品留下，对不需要的物品及时移出。
整顿	对物品进行分类。 决定物品存放位置、方式、数量，画线定位。 物品要摆放整齐，做到有条不紊，对其进行标示，实行定时管理。

续表

项目	工作标准
清扫	清除场区内的物料垃圾、脏污，保持场区清洁、干净。 对猪场的设备、仪器要及时维护、清扫，以确保其正常运行。 明确责任到人，按清扫程序操作，以保持清洁优良的环境。
清洁	根据整理、整顿、清扫实施成果，制定出清洁制度。 保持良好的清洁状态，彻底铲除"脏乱差"的源头。 认真落实清洁制度，定期检查评比。
素养	从"爱岗敬业"培养开始，提升"人的品质"。 做到友爱相处，建立良好的人际关系。 严格执行操作规程，依规行事，养成良好的工作习惯。

（3）生物安全制度。猪场生物安全是关系猪场生存的生命线，从业者要充分地理解其真正意义和价值，创新管理模式，树立正确的管理理念，以科学的管理手段来落实防控工作的各种措施，确保猪场健康稳步、有序的发展。见表 4-20-3。

表 4-20-3　山西临汾彦畅春养猪有限公司生猪安全管理措施

项目	实施细则	分值
人员管理	本场相关技术人员，一定要牢记场规场纪，不得参与从事行业内的对外兼职活动。 外来人员一律不得入内，有业务来往者，由总经理指派相关人员，在场区外接待室对接；本场职工休假回场，在场区外隔离室隔离 3 天，经非洲猪瘟检测确定无病毒携带者方可入场，但进场时必须经过再一次洗澡、消毒、更衣后才能进入生产区。 人员要注意个人卫生，不得留长指甲，工作服每周要清洗消毒 2 次，不能带出生产区。 生产区人员出入猪舍要洗手消毒，然后经脚盆消毒进入舍内。 生产区人员不得相互串岗。场内实行四级警戒制度：四级——红；三级——粉；两级——黄；一级——绿。红色表示正在发生群体疫病，粉色表示有疫病征兆，黄色表示有个别病例，绿色表示健康状况稳定。任何一栋猪舍处于三级以上警戒时，全体饲养人员限制在本车间工作。	30
场区管理	办公区和生活区地面要求无积水、垃圾、污泥、烟头、杂草、乱摆乱放。 无论生产区或生活区及道路所有的硬化区域，用 5% 氢氧化钠溶液 +20% 生石灰搅拌成乳状，2 周白化处理 1 次；每周用 2% 氢氧化钠溶液对周围环境消毒 1 次。 猪舍周围的植被要定期修剪，保持美观整洁。 场区的排污道要及时清理，保持排水畅通，定期撒适量的氢氧化钠。 对场区内的蚊、蝇、老鼠及鸟类要做到有效的防护。	10

项目	实施细则	分值
进场物资管理	库房的地面要无积尘、无杂物，物品和原料摆放整齐。 饲料或原料、兽药来源要有合规的进货渠道且来自非疫区，不得购买动物源性饲料，如原料血浆蛋白粉、肉骨粉等。 外购成品料或原料进场时，须对外包装表面消毒，必要时进行开包熏蒸消毒。 严禁从市场购买偶蹄动物产品。 购回的食材用品，要经过臭氧熏蒸处理。	10
消毒措施	选择对非洲猪瘟病毒敏感的药物，如10%的苯及苯酚溶液、次氯酸、强碱类及戊二醛溶液等。 消毒前必须反复彻底地清洗所有的污染物、待干燥后再开始消毒。 车辆入场前在指定的消毒区域进行严格的消毒，包括车辆内外，尤其是底盘，做到不留死角，消毒30分后方可进入指定位置；拉猪车及出猪台由专人负责，一定要按照"清扫＋浸泡＋冲洗＋消毒＋干燥"的程序进行清理消毒。 接触猪群、污染物的工具，用前、用后严格消毒。 全场各环节每周带猪消毒1次，选用过硫酸氢钾、戊二醛（20%）1∶300溶液或10%癸甲溴铵溶液雾化密闭消毒5～8分/次，周边疫情紧张时每周消毒2次，夏天建议在早、晚气温低时进行，同时关闭风机。 猪舍清空时，按照"清扫＋浸泡＋冲洗＋消毒＋熏蒸＋干燥"程序消毒，同时对饮水系统要进行消毒处理，用2%的次氯酸把所有管道充满消毒液，待24小时后用清水冲洗水线。	30
免疫注意事项	严格执行本场的防疫程序，做好日常免疫和季节性普防，每3个月做1次抗体检测。 严格执行操作规程，免疫接种的器材如注射器、针头、镊子、稀释液瓶等要洗净，并经煮沸消毒后方可使用。 把控好疫苗使用的细节，使用前要核实疫苗的有效期及有无破损，封口是否严密，瓶签是否完整，不合格均做报废处理。 稀释后的疫苗溶液要固定一个注射针头，避免反复吸取时污染瓶内疫苗，要求一头猪更换一次针头。 做好防疫记录，对使用批次的疫苗要留样备检，接种后疫苗的废弃物要及时送无害化处理车间。	10
无害化处理	严格遵守《病死及病害动物无害化处理技术规范》，对死因不明、残次猪、胎衣及流产物及时清除，同时做好被污染场地的清理消毒。 对可收集的粪便，按粪便无害化处理卫生要求的有关规定，由种植基地进行堆积发酵处理。 对处理的污水，按《畜禽养殖业污染物排放标准》检测合格后，再输送种植基地。 垃圾、医疗废弃物按有关规定进行无害化处理。 主管要及时汇总上报日常工作情况并填写相关报表。	10
合计		100

第四节
非洲猪瘟复养成功与失败的案例分享

当前我国非洲猪瘟防控已成常态化，生猪产能正在逐渐恢复。为此，国家出台了一系列利好政策，加上市场猪价行情向好，很多养殖企业加入生猪复养行列，然而猪场复养却是一个复杂的系统工程，有成功的，也有失败的，现将笔者及其团队有关复养成功的典型案例和复养失败的教训进行分析，和读者共同分享。

1. 非洲猪瘟复养成功的标准

哈尔滨兽医研究所仇华吉研究员提出了非洲猪瘟成功复养的两类标准，即狭义和广义。狭义的复养成功是自猪引进饲养 60 天后，未发生新的疫情，经临床症状观察及病原学、血清学检测均为阴性，说明猪场内部洗消彻底，不存在内源性病毒；如果超过非洲猪瘟病毒最长潜伏期 30 天的 2 倍（60 天）而感染，说明猪场饲养管理及生物安全防控体系存在一定的漏洞，有可能是外源性病毒进入，与本次复养无关。广义的复养成功标准是指在一个饲养周期（比如彻底洗消后引进仔猪饲养至育肥出栏，或母猪配种产仔至育肥出栏）内未发生疫情，表明猪场生物安全防控体系基本上消除或阻断了内源性和外源性病毒，可以认为复养成功。

2. 非洲猪瘟发病案例

（1）案例一。

①猪场背景资料。山西省左云县某规模化猪场，地处山区，场址比较偏僻，周围 5 千米没有居民及养殖户，硬件条件比较先进，自 2010 年投产以来，生产成绩优秀，2018 年 11 月 25 日月盘存报表显示：母猪和商品猪的比例为 1：10.09。

②发病及处理经过。2018 年 12 月 7 日，一栋妊娠猪舍的 1 头母猪出现高热，体温 41.3℃，鼻腔流涕、双目流泪、咳嗽伴有呕吐，兽医注射氟尼辛葡甲胺及抗生素类的药物无效；1 天后 2 头母猪又出现类似情况，但第 1 天发病的母猪

已出现呼吸困难、肢体末端发绀等症状，当时处于非洲猪瘟防控的非常时期，该业主按程序上报，官方随机采 12 头猪血清样本，经检测，非洲猪瘟病毒全部阳性，12 月 10 日，产房母猪、生长肥育猪相继感染，出现了明显的非洲猪瘟外观症状，当地"防非"指挥部组织人员立即进行扑杀，12 月 13 日全部清场。

（2）案例二。

①猪场背景资料。安徽省青阳县某商品猪场，母猪存栏 325 头，产房乳猪、保育仔猪、生长肥猪存栏 2 800 头，猪场周围有丘陵坡地 300 亩环抱，属典型的生态养殖模式，该地区 2018 年 9 月周边已有非洲猪瘟疫情发生，并有向其他地区传播的风险。

②发病及处理经过。2018 年 9 月 26 日早上开始，有一栋肥猪舍出现 2 头肥猪不食，体温升高到 41.3℃，其中一头全身发红，呼吸困难，卧地不起。另一头精神沉郁、耳朵发紫、咳嗽、喘气，采取对症治疗后，其中一头猪中午死亡。下午 5 点发现有 2 头肥猪无症状突发死亡。9 月 27 日上午，发现其他肥猪舍有不吃及发热症状。同时还发现怀孕舍有 1 头母猪流产，2 头发热，体温都超过 41℃。下午 3 点 1 头肥猪突发死亡。该场兽医进行剖检，可见外观多处呈败血性斑块，心包积液，肝、脾脏肿大，脾脏呈黑色且超出正常范围 3 倍以上，胃肠黏膜弥漫性出血，猪全身淋巴结、肾脏均有出血点。初步判定为非洲猪瘟感染并上报，当地职能部门采 15 头（含发病猪 5 头）样本送检，9 月 29 日经权威部门复检，确诊为非洲猪瘟，并指令由当地"防非"部门进行扑杀，并于10 月 2 日封锁了猪场及周边的疫点。

3. 复养成功采取的措施

（1）端正心态，从容应对。面对非洲猪瘟的来势汹汹，他们不是坐冬说冷意，而是厚冬探春意，从容应对。在区域解封后，他们以中国农业科学院哈尔滨兽医研究所编制的《规模化猪场复养技术要点》为蓝本，对复养条件进行认真细致的评估，做到有的放矢。

（2）脚踏实地干事，不流于口头形式。围绕复养指南对照落实，从"以人为本、科学养猪"的理念出发，查找漏洞，具体做法如下：

①视员工如一家。如某猪场停产期间，他们不但没有解雇任何员工，还按月及时发放员工工资。在员工没有为企业做事情的情况下持续数月，能享受到如此的待遇，真正让员工找到了归属感，从而提升了全员心往一处想、劲往一

处使的工作激情。

②对场区周围环境及内部环境废弃物的处理。一是强化人员进场的消毒措施，以减少由此带来的传播风险。所有进场员工，在指定的宾馆隔离 5 天，衣服用 1% 过硫酸氢钾溶液浸泡消毒，入场时先经过消毒、洗澡后，更换由场方提供的衣物方可进入场区。对人员原来的衣物指定专人浸泡消毒后，放在门岗外的隔离区。二是对猪场区域内的杂草、废弃物按垃圾分类进行焚烧与填埋；对场区污物，用水彻底冲洗干净、晾干，再用 3% 氢氧化钠溶液消毒。三是对场区周围内外 5 米处采用火焰消毒处理，以表面变成焦土为标准，然后撒上 3 厘米厚的生石灰 + 氢氧化钠（20∶1）进行覆盖消毒。四是对场区硬化道路用 20% 石灰乳 +2% 氢氧化钠混合溶液全面白化。

③场区门卫室、更衣隔离室、办公室、寝室、浴室、库房、食堂等设施的处理：清理杂物，对室内用水冲洗直到没有明显的附着物，然后交替使用 2% 戊二醛和 1% 二氯异氰尿酸钠溶液消毒，连续消毒 3 次，每次间隔 5 天；对所有消毒的房间，室内墙壁用 20% 石灰乳 +2% 氢氧化钠混合溶液涂刷再消毒；启用前再用臭氧消毒 24 小时。

④猪舍内部的消毒：把场区内污物、粪便、饲料、垫料、垃圾等初步清理后，集中收集于包装袋内，无害化处理；对猪舍内部使用高压喷水枪由上至下反复冲洗顶棚、墙壁及栏架等，达到干净无污物的标准，晾干后用 1∶300 洗洁净溶液进行喷洒，30 分后用清水冲洗干燥后，再用 2% 戊二醛和 1% 硫酸氢钾溶液复合物进行消毒，二者使用间隔 30 分；对舍内外的粪沟、水沟、排污沟（含盖板）用 3% 氢氧化钠溶液浸泡 12 小时后把水排空，用水冲洗干净晾干，然后再用 3% 氢氧化钠溶液冲洗沟壁和沟底，最后对排污区域用 20% 石灰乳 +2% 氢氧化钠混合溶液全面覆盖；对猪场内可以拆卸的设备，拆卸后用 2% 氢氧化钠溶液浸泡 4 小时，再用清水冲洗干净，组装前用 2% 戊二醛溶液再次消毒；所有水线使用 2% 的次氯酸进行消毒，确保所有管道充满消毒液，待 24 小时后用清水冲洗水线。

⑤其他要求。涉及生产区内的消毒场所，每 7 天消毒 1 次，连续 5 次；最后对所有猪舍再熏蒸 1 次；完成消毒后，分区域取样送检，呈阴性视为消毒合格。

（3）建立完整的生物安全体系。完善基础设施，切断一切可能传播的途径，如售猪区域，人、车、物的入场等隐患，做到生活区、生产区分开。制定人员、物资、车辆进出流程，建立物流运输系统。增设进场人员隔离间及车辆烘干设施，使其入场前人、车、物流预先处理，达到内外阻断；猪场内部设立生猪中转台，把出售猪的装猪台迁移到场区 3 千米以外，杜绝其他收猪车辆和猪场内部人员的接触；猪场的员工禁止随意外出，避免自身携带病毒带来感染的风险。

（4）为员工创造一个良好的生活环境。要想养好猪，必须为员工提供一个良好的生活环境。为此，他们改善了生活设施，提高了员工的伙食标准，宿舍以宾馆的标准进行改建，配备了空调、网络、电视；生活标准以每人每天 15 元为基数，以一周为单位制定食谱，确保员工有一个舒心的环境，同时也为储备优秀人才打下基础。

（5）复养后生产情况追踪。

①解封后的准备。一切机会都是留给有准备的人的，他们从清场到区域解封，一直在关心疫情动态和政府的方针政策，积极谋划复养方案。2019 年 3 月底复养工作正式启动，按相关要求及规模化猪场复养技术要点，结合本地的实际情况，制订了严密可行的操作方案。到 2019 年 5 月中旬，已完成生物安全的硬件改造及消毒工作，经过 3 次检查场区内的环境，非洲猪瘟病毒为阴性，开始实施引种计划。

②引种管理。认真考察供种场及签订供种合同细则，包括送猪车辆路线的规划、送猪时间、接猪人员等细节的安排。安徽青阳县首批引进 30 头种猪、山西左云县首批引进 56 头种猪，到场现两周后，采集口腔液送检，确定非洲猪瘟病毒为阴性。饲养期间每 3 周送检 1 次，连续 3 次都保持阴性，才开始陆续引种。

③生产情况。安徽青阳、山西左云，从 2019 年 6 月到 9 月，分别引进种公猪 5 头、8 头；种母猪 266 头和 488 头。到 2020 年，青阳存栏商品仔猪 2 700 多头，出栏商品猪 360 头；左云存栏商品猪 3 800 多头，出栏商品猪 570 头。生产正常，复养成功。

4. 非洲猪瘟复养失败案例

浙江省兰溪市某规模化猪场占地 560 亩，处在丘陵之间且有良好的绿化环境，周围没有居民及养殖户，自然环境非常适合养猪。该场设计规模为年出栏 3 万头商品猪，猪场硬件及配套设施完善，但自从 2016 年投产以来，没有满负荷生产过，存栏母猪一般维持在 1 100 头左右，年出栏商品猪最高产量 13 500 头，生产成绩较差，2018 年 9 月在第一波疫病中"中招"后，一直处于关闭状态。

2020年年初，在地方政府的大力支持下，该猪场开始复养。从3月开始，分3个批次引进三元母猪450头。引种后不久猪群就发生异常，按"拔牙"的方式进行处理，截止到2020年7月已处理150多头，一直有零星的猪只发病。7月26日，笔者受邀前去该场，用猪瘟试纸检测了3头异常猪只，结果都呈强阳性，通过对本场疫病回顾及现场诊断，确认复养失败，并告知业主上报，出现如此的结局，不得不让人反思。

（1）管理混乱，全员没有生物安全的理念。负责人做事"事必躬亲"，譬如外购物品、外来车辆、人员的消毒都由负责人一人操作，看上去让人别扭，负责人说如此重要的岗位，让别人操作不放心；在生产管理上，负责人"一竿子插到底"，导致管理非常混乱，实行一人多岗，没有工作流程及标准，员工既是打料工也是送料工，同时还兼饲养员；猪场清洁工一人管理多栋圈舍，工具交叉使用；技术人员巡视猪舍时，没有严格的出入消毒程序；处理异常猪的车辆和工具，不经消毒随便进入猪舍，全员没有生物安全观念，时时刻刻存在病毒传播的风险。

（2）消毒意识淡薄，更谈不上科学化。对场区发病后的废弃物从现场来看，根本就没有进行无害化处理。负责人做了一件让人啼笑皆非的事情，用原来过期且污染的预混料去配制饲料，且不谈营养方面的危害，可能会携带病毒而造成传播源。看到场区粪污遍地、杂物随处乱扔的状态，和负责人交流时提及对环境进行清理消毒再处理，负责人却回答：猪舍内外的粪污采样检测，非洲猪瘟病毒都是阴性。如此严重的污染环境，负责人却说检测的病毒结果是阴性，怎能让人相信。可见清洁消毒对该场来说即使消毒也是一种形式，形同虚设。

（3）不注重硬件基本条件的改造。经历这场非洲猪瘟疫情的侵袭，养猪人对猪场的生物安全都提到了最高级别，把售猪台迁至场区以外，增加防鸟、防蚊的设施，对道路实行净、污道分流等基础设施的改造。但该场的出猪台仍然设置在生产区门口，处理异常猪的车辆直接进入生产区，传播的风险可想而知，如此情景，也不难理解负责人说的"现在猪场都是带毒生产"的含义了。

（4）人文管理缺失，有失诚信度。对员工谈不上关爱，视员工如同"机器人"。一是没有合理的酬薪设计；二是员工的食宿条件非常差；三是对员工管理粗暴。在和谐文明和法治社会的大环境下，这种负责人的做事风格很少见，即使能兑现自己的承诺，可能也不会有会做事、能做事的人跟随着干，何谈养猪？

参考文献

1. 张再杰，李秋梅. 我国生猪价格周期性波动的机理分析［J］. 广东蚕业，2020，54（4）：108-109，122.

2. 王雨凡，王旭有. 生猪价格波动规律形成机理研究［J］. 中国猪业，2021（1）：34-37.

3. 杨雪，李文献. 生猪市场价格形成机制逻辑分析和量化体系的构建［J］. 中国证券期货，2021（3）：4-15.

4. 韩超. 浅析"猪周期"带来的经济影响［J］. 中国管理信息化，2016，19（11）：142-143.

5. 赵全新. 我国"猪周期"怪圈的形成与破解路径选择［J］. 价格理论与实践，2017（4）：44-48.

6. 陈来华，李娟，王亚辉. 我国生猪行业的动态变化及2021年展望分析［J］. 中国食物与营养，2021，27（8）：5-9.

7. 旷浩源，应若平. 中国近三十年农户养猪技术变迁［J］. 农学通报，2011，27（29）：1-8.

8. 郭凯. 市场经济条件下农户养猪经济学分析［J］. 边疆经济与文化，2008，51（3）：37-38.

9. 王明浩. 猪肉价格波动对居民消费需求的影响［J］. 经济研究导刊，2021，478（20）：36-40.

10. 郑文堂，邓蓉，肖红波，等. 我国生猪产业发展历程及未来发展趋势分析［J］. 现代化农业，2015，430（5）：48-51.

11. 王林云. 进入生态文明时代，中国特色的养猪业应该做什么［J］. 中国猪业，2021，16（1）：24-27.

12. 朱相师. 后非洲猪瘟时代规模化猪场提质增效的措施［J］. 养殖与饲料，2022，21（6）：130-134.

13. 郭宗义，李兴桂. 论新建猪场的准确定位［J］. 中国猪业，2021，16（4）：76-78.

14. 王改琴. 案例分享: 6A级无抗饲料是怎样炼成的? [J]. 今日养猪业, 2020, (4): 45-48.

15. 易宏波, 王丽, 侯磊. 商品猪全程绿色高效无抗饲料配制技术体系 [J]. 广东畜牧兽医科技, 2021, 46 (3) 1-2.

16. 朱相师. 后非洲猪瘟时代养猪生产中存在的问题与对策 [J]. 养殖与饲料, 2022, 21 (7): 41-44.

17. 卫秀余, 张明庚, 余红梅, 等. 2021年猪病诊断回顾[J]. 今日养猪业, 2021(1): 37-38.

18. 章红兵. 近年来猪病盘点与防控建议 [J]. 今日养猪业, 2021 (1): 32-36.

19. 王连仕, 李鹏, 闫广伟. 猪场生猪生产常见猪病诊断指标 [J]. 养殖与饲料, 2009 (5): 32-35.

20. 王修武, 贺东生. 近两年我国猪病流行情况和防控策略 [J]. 今日养猪业, 2021 (1): 24-31.

21. 曹广芝, 张路锋, 邢栖森, 等. 后非洲猪瘟时代及饲料禁抗之后猪场用药策略和方法 [J]. 河南畜牧兽医 (综合版), 2021, 42 (17) 26-27.

22. 曹广芝, 张路锋, 赵鸿璋. 清单式管理是解决后非洲猪瘟时代猪场生物安全问题的有效途径 [J]. 养猪, 2022 (6): 86-88.

23. 邢栖森, 曹广芝, 张路锋, 等. 非洲猪瘟背景下生猪复养成功与失败的案例分析 [J]. 养殖与饲料, 2020 (12): 159-162.

24. 赵鸿璋, 曹广芝. 后非洲猪瘟时代猪场经营与管理 [M]. 郑州: 中原农民出版社, 2020.

25. 赵鸿璋, 曹广芝, 朱相师. 规模化高效养猪12讲 [M]. 北京: 化学工业出版社, 2015.

26. 邓莉萍, 谈松林. 清单式管理——猪场现代化管理的有效工具 [M]. 北京: 中国农业出版社, 2016.